Martin Seilmayer

Untersuchungen zu magnetohydrodynamischen Instabilitäten in Flüssigmetallen

TUDpress

Reihe Maxwell
Herausgegeben von Hans Georg Krauthäuser und Ralf Theo Jacobs
Band 2

Martin Seilmayer

Untersuchungen zu magnetohydrodynamischen Instabilitäten in Flüssigmetallen

TUDpress

Die vorliegende Arbeit wurde unter dem Titel „Untersuchungen zu magnetohydrodynamischen Instabilitäten in Flüssigmetallen" von der Fakultät Elektrotechnik und Informationstechnik der Technischen Universität Dresden zur Erlangung des akademischen Grades eines Doktoringenieurs (Dr.-Ing.) als Dissertation genehmigt.

Bibliografische Information der Deutschen Nationalbibliothek
Die Deutsche Nationalbibliothek verzeichnet diese Publikation in der Deutschen Nationalbibliografie; detaillierte bibliografische Daten sind im Internet über http://dnb.d-nb.de abrufbar.

Bibliographic information published by the Deutsche Nationalbibliothek
The Deutsche Nationalbibliothek lists this publication in the Deutsche Nationalbibliografie; detailed bibliographic data are available in the Internet at http://dnb.d-nb.de.

ISBN 978-3-95908-032-3

Verlag der Wissenschaften GmbH
Bergstr. 70 | D-01069 Dresden
Tel.: +49 351 47969720 | Fax: +49 351 47960819
http://www.tudpress.de

Gesetzt vom Autor.
Printed in Germany.

Technische Universität Dresden

Untersuchungen zu magnetohydrodynamischen Instabilitäten in Flüssigmetallen

Martin Seilmayer

von der Fakultät Elektrotechnik und Informationstechnik der Technischen Universität Dresden

zur Erlangung des akademischen Grades eines

Doktoringenieurs

(Dr.-Ing.)

genehmigte Dissertation

Vorsitzender:	Prof. Dr.-Ing. habil. U. Hampel
Gutachter:	Prof. Dr. rer. nat. habil. H. G. Krauthäuser
	Prof. Dr. rer. nat. habil. G. Rüdiger
Tag der Einreichung:	19.09.2014
Tag der Verteidigung:	18.05.2015

Für meinen Sohn Darius und meine Frau Christiane.

Inhaltsverzeichnis

Abstract

This dissertation, "Studies on magnetohydrodynamic instabilities in liquid metal flows," focuses on two different experiments in a cylindrical Taylor-Couette (TC) geometry. This fundamental setup consists of an inner and an outer cylinder, which are mounted concentrically. The different radii are defined by the parameters r_i and r_o. The rotation of both cylinders can be set independently by their angular frequencies $\Omega_\mathrm{i} = 2\pi f_\mathrm{i}$ and $\Omega_\mathrm{o} = 2\pi f_\mathrm{o}$. The gap between them is filled with the fluid whose flow is to be investigated. For an ideal non-viscous fluid, Rayleigh's criterion

$$\frac{\mathrm{d}}{\mathrm{d}r}(r^2\Omega(r))^2 > 0 \tag{1}$$

states that the flow between two rotating and concentric cylinders with infinite length is stable against small perturbations as long as the angular momentum increases outward [1]. Rayleigh's criterion can be interpreted in a way that an ideal TC-flow remains laminar if the pressure and centrifugal forces are in a stable equilibrium state. A more general setting is now introduced with an azimuthal magnetic field $B_\varphi(r)$ being applied to the electrical conducting fluid. For this different situation Michael [2] and Chandrasekhar [3] derived an extended stability criterion only for axisymmetric perturbations which is valid for an ideally conducting and non-viscous fluid:

$$\underbrace{\frac{1}{r^3}\frac{\mathrm{d}}{\mathrm{d}r}\left(r^2\Omega\left(r\right)\right)^2}_{\text{Rayleigh}} - \frac{r}{\mu_0\rho}\frac{\mathrm{d}}{\mathrm{d}r}\left(\left(\frac{B_\varphi\left(r\right)}{r}\right)^2\right) > 0. \tag{2}$$

The first experiment described in the present dissertation consists of a TC-setup using the eutectic alloy $\mathrm{Ga}^{67}\mathrm{In}^{20,5}\mathrm{Sn}^{12,5}$ as working fluid. In addition to the common installation an insulated current on the rotation axis with up to 20 kA generates the necessary magnetic field $B_\varphi \propto 1/r$. Michael's criterion (2) indicates in that case that the flow is stable with respect to axisymmetric perturbations. However, this does not apply for non-axisymmetric perturbations. It was shown theoretically by Rüdiger et al. [4, 5] that the interaction of an azimuthal magnetic field with a laminar rotational flow may become unstable against non-axisymmetric disturbances. This phenomenon is called Azimuthal Magnetorotational Instability (AMRI). The present work gives the first experimental evidence for AMRI in a liquid metal TC-experiment. It is shown that a hydrodynamically stable flow can be disturbed by an applied current free azimuthal magnetic field B_φ. The instability itself is then identified as a traveling wave co-rotating with the cylinders.

The second configuration investigated in this work is characterized by a magnetic field profile proportional to the radius $B_\varphi \propto r$. The basis for such an experiment is the remarkable stability criterion from Tayler [6, 7]

$$-\frac{\mathrm{d}}{\mathrm{d}r}(rB_\varphi^2(r)) > 0. \tag{3}$$

It tells that even an ideal fluid at rest can become unstable against non-axisymmetric disturbances. The Tayler instability (TI) in liquid metals can be considered as the incompressible version of the kink instability that is widely known in plasma physics. The TI-experiment with the eutectic alloy $Ga^{67}In^{20,5}Sn^{12,5}$ confirms the numerical results given by Rüdiger et al. [8, 9] who calculated the onset for the instability in an incompressible liquid metal column with finite conductivity at round about 3 kA.

Both observed phenomena are strongly related to astrophysical processes in which angular momentum transport plays an essential role. What was missing so far was a clear experimental evidence for the described interaction mechanisms between a rotational flow and a magnetic field. This dissertation reports the analysis and results of the first experiments on the two fundamental instabilities AMRI and TI.

Allgemeine Definitionen

Die in dieser Arbeit verwendete mathematische Notation lehnt sich an die Vereinbarungen und Schreibweisen aus dem „Taschenbuch der Mathematik“ an [10]. Aus Gründen der Eindeutigkeit und Lesbarkeit werden nachfolgend die wichtigsten Elemente noch einmal dargestellt.

In geschweifte Klammern eingeschlossene Elemente $\{\ldots; \ldots\}$ stellen eine Aufzählung oder eine Liste dar. Weiterhin ist ein Vektor $\vec{A}$ definiert durch ein Tupel von drei Vektorkomponenten. Die i Einheitsvektoren $\vec{e}_i$ spannen dazu einen Vektorraum auf, so dass sich für kartesische Koordinaten mit $\{\vec{e}_x; \vec{e}_y; \vec{e}_z\}$ beziehungsweise für zylindrische Koordinaten mit $\{\vec{e}_r; \vec{e}_\varphi; \vec{e}_z\}$ der Vektor $\vec{A}$ wie folgt ergibt:

$$\vec{A} = A_x\vec{e}_x + A_y\vec{e}_y + A_z\vec{e}_z = \begin{pmatrix} A_x \\ A_y \\ A_z \end{pmatrix}, \tag{1}$$

$$= A_r\vec{e}_r + A_\varphi\vec{e}_\varphi + A_z\vec{e}_z = \begin{pmatrix} A_r \\ A_\varphi \\ A_z \end{pmatrix}. \tag{2}$$

Die Faktoren $\{A_x; A_y; A_z\}$ sowie $\{A_r; A_\varphi; A_z\}$ heißen Vektorkomponenten und können ebenfalls durch Funktionen von $\{x; y; z\}$ oder auch $\{r; \varphi; z\}$ ausgedrückt werden. Zur Verkürzung der Schreibweise, bezeichnet eine indizierte Vektorkomponente mit Pfeil

$$\vec{A}_\varphi = 0\,\vec{e}_r + A_\varphi\,\vec{e}_\varphi + 0\,\vec{e}_z = \begin{pmatrix} 0 \\ A_\varphi \\ 0 \end{pmatrix} \tag{3}$$

einen Vektor, der ausschließlich diese Komponente enthält. Der Betrag eines Vektors $\vec{A}$ wird durch dessen einfachen Bezeichner $|\vec{A}| \equiv A$ dargestellt.

Die üblichen Differentialoperationen werden mithilfe des vektoriellen Nablaoperators $\vec{\nabla}$ gebildet. Dazu sei die Definition in beiden Koordinatensystemen

$$\vec{\nabla} = \frac{\partial}{\partial x}\vec{e}_x + \frac{\partial}{\partial y}\vec{e}_y + \frac{\partial}{\partial z}\vec{e}_z \tag{4}$$

$$= \frac{\partial}{\partial r}\vec{e}_r + \frac{1}{r}\frac{\partial}{\partial \varphi}\vec{e}_\varphi + \frac{\partial}{\partial z}\vec{e}_z \tag{5}$$

gegeben. Für die bessere Übersicht wird die Vektorschreibweise des Nablaoperators äquivalent zur nicht vektoriellen Darstellung ohne Pfeil definiert

$$\vec{\nabla} \equiv \nabla. \tag{6}$$

Abschließend werden nacheinander die Vektoroperationen Divergenz und Rotation eines Vektorfeldes $\vec{A}$ in kartesischen und zylindrischen Koordinaten angegeben.

Divergenz:

$$\nabla \cdot \vec{A} = \operatorname{div} \vec{A} = \frac{\partial A_x}{\partial x} + \frac{\partial A_y}{\partial y} + \frac{\partial A_z}{\partial z} \tag{7}$$

$$= \frac{1}{r}\frac{\partial}{\partial r}(rA_r) + \frac{1}{r}\frac{\partial A_\varphi}{\partial \varphi} + \frac{\partial A_z}{\partial z} \tag{8}$$

Rotation:

$$\begin{aligned}\nabla \times \vec{A} = \operatorname{rot} \vec{A} &= \left(\frac{\partial A_z}{\partial y} - \frac{\partial A_y}{\partial z}\right)\vec{e}_x \\ &+ \left(\frac{\partial A_x}{\partial z} - \frac{\partial A_z}{\partial x}\right)\vec{e}_y \\ &+ \left(\frac{\partial A_y}{\partial x} - \frac{\partial A_x}{\partial y}\right)\vec{e}_z\end{aligned}$$

$$= \left(\frac{1}{r}\frac{\partial A_z}{\partial \varphi} - \frac{\partial A_\varphi}{\partial z}\right)\vec{e}_r \tag{9}$$

$$\begin{aligned}&+ \left(\frac{\partial A_r}{\partial z} - \frac{\partial A_z}{\partial r}\right)\vec{e}_\varphi \\ &+ \frac{1}{r}\left(\frac{\partial (rA_\varphi)}{\partial r} - \frac{\partial A_r}{\partial \varphi}\right)\vec{e}_z\end{aligned} \tag{10}$$

Der Gradient eines von $\{x;\, y;\, z\}$ abhängigen Skalarfeldes $s(x, y, z)$ wird mit dem ∇-Operator wie folgt dargestellt:

$$\nabla s = \operatorname{grad} s = \frac{\partial s}{\partial x}\vec{e}_x + \frac{\partial s}{\partial y}\vec{e}_y + \frac{\partial s}{\partial z}\vec{e}_z \tag{11}$$

$$= \frac{\partial s}{\partial r}\vec{e}_r + \frac{1}{r}\frac{\partial s}{\partial \varphi}\vec{e}_\varphi + \frac{\partial s}{\partial z}\vec{e}_z. \tag{12}$$

Abschließend sollen für die vorliegende Arbeit einige Notationen benannt werden. Die dargestellten Definitionen entsprechen den Schreibweisen aus [10].

Symbol	*Anwendung*
$\propto$	proportional zu
$\approx$	der Betrag der Größe a entspricht rund der Größe b; $a \approx b$
$\sim$	der Betrag der Größe a liegt etwa in der Größenordnung von b; $a \sim b$
∞	Unendlich
$\mathrm{si}\,(x)$	Sinc-Funktion $\mathrm{si}\,(x) \equiv \frac{\sin(x)}{x}$
$\mathcal{N}\,(E, s)$	Normalverteilung mit dem Erwartungswert E und der Streuung s
$\mathcal{O}\,(\dots)$	Landau-O, es bedeutet in der Größenordnung von …
Δ	Spanne zwischen einem Minimum und einem Maximum
$\delta(\mathrm{t})$	Dirac'sche Distribution $\delta\,(\mathrm{t}) = \begin{cases} \infty & ,\mathrm{t} = 0 \\ 0 & ,\mathrm{t} \neq 0 \end{cases}$ mit $\int_{-\infty}^{\infty} \delta\,(\mathrm{t})\,\mathrm{d}t = 1$
π	Kreiszahl $\pi \approx 3{,}141\,59\dots$
$\mathfrak{Re}\,(z)$	Realteil von $z = x + \mathrm{i}y$
$\mathfrak{Im}\,(z)$	Imaginärteil von $z = x + \mathrm{i}y$

Verzeichnis der verwendeten Symbole

Die im Text verwendeten Einheiten und Symbole werden nach den geltenden Vorgaben des internationalen SI-Einheiten Systems [11] verwendet. Ergänzend dazu werden nachfolgend die wichtigsten Symbole aufgelistet, die in der vorliegenden Arbeit Verwendung finden.

Symbol	*Einheit*	*Bedeutung*
$\vec{B}$	T	magnetische Flussdichte, es gilt $\lvert\vec{B}\rvert \equiv B$
$\vec{E}$	V/m	elektrische Feldstärke, es gilt $\lvert\vec{E}\rvert \equiv E$
E_{kin}	J	kinetische Energie
$\vec{J}$	A/m^2	Stromdichte, es gilt $\lvert\vec{J}\rvert \equiv J$
L_{c}	m	eine die Strömung bestimmende Abmessung der untersuchten Anordnung
$\{a;\, b;\, e\}$		beliebige Parameter
d_{s}	m	Breite des Zylinderspaltes einer konzentrischen Doppelzylinderanordnung $d_{\mathrm{s}} = r_{\mathrm{a}} - r_{\mathrm{i}}$
$\vec{f}$	N/m^3	Kraftdichte
l_z	m	Wellenlänge entlang der z-Koordinate
$q_{\mathrm{T}};\, q_{\mathrm{S}}$		Sicherheitsfaktor
$\{x;\, y;\, z\}$		Variablen oder Indizes der kartesischen Einheitsvektoren
$\hat{\eta}$		Geometrieparameter $\hat{\eta} = r_{\mathrm{i}}/r_{\mathrm{a}}$
η_{F}	kg/(m · s)	dynamische Viskosität eines Fluids

Symbol	*Einheit*	*Bedeutung*
η_{M}	$\mathrm{m^2/s}$	magnetische Diffusionskonstante $\eta_{\mathrm{M}} = (\mu_0\sigma)^{-1}$
$\hat{\mu}$		Geometrieparameter $\hat{\mu} = \Omega_{\mathrm{a}}/\Omega_{\mathrm{i}}$
μ_0	$\mathrm{V\cdot s/(A\cdot m)}$	magnetische Feldkonstante $\mu_0 = 4\pi\cdot 10^{-7}\,\frac{\mathrm{V\cdot s}}{\mathrm{A\cdot m}}$
μ_{B}		Verhältnis magnetischer Flussdichten $\mu_{\mathrm{B}} = B_\varphi(r_{\mathrm{a}})/B_\varphi(r_{\mathrm{i}})$
μ_{r}		relative Permeabilität, Materialeigenschaft
ε_0	$\mathrm{A\cdot s/(V\cdot m)}$	Dielektrizitätskonstante $\varepsilon_0 = \left(\mu_0 c_0^2\right)^{-1}$
$\{k;\,n\}$		ganze Zahl $\{k;\,n\} \leq N,\ \{k;\,n\} \in \mathbb{Z}$
h	m	Höhe einer Anordnung
C	F	Symbol und Kapazität eines elektrischen Kondensators
Dn		n-ter Datensatz, z. B. D150 für den Datensatz mit der fortlaufenden Nummer 150
$F;\ \vec{F}$	N	bezeichnet einen Kraftbetrag. Als Index bezieht sich $_F$ stets auf Eigenschaften eines Fluids.
Ha		dimensionslose Hartmann-Zahl
N		Anzahl oder Größe einer Grundgesamtheit
P	W	elektrische Leistung
Pm		dimensionslose magnetische Prandtl-Zahl
R	Ω	Symbol eines elektrischen Widerstands
Rb		magnetische Rossby-Zahl
Re		dimensionslose Reynolds-Zahl
Rm		magnetische Reynolds-Zahl

Symbol	*Einheit*	*Bedeutung*
Ro		Rossby-Zahl
S		dimensionslose Lundquist-Zahl; i-ter Sensor S_i
T	s; °C; K	Periodendauer $T = f^{-1}$, oder Temperatur
c; c_0	m/s	Lichtgeschwindigkeit c und Vakuumlichtgeschwindigkeit $c_0 = 299\,792\,458\ \frac{\mathrm{m}}{\mathrm{s}}$
f	Hz	Frequenz oder als Funktionendefinition $A = f(\dots)$
k	m^{-1}	Wellenzahl
m		azimutale Modenzahl
r	m	bezeichnet den Abstand vom Zentrum einer runden Anordnung in einer zylindrischen Geometrie
v; $\vec{v}$	m/s	Geschwindigkeit, auch als Feldgröße $\vec{v}$ definiert, für den Geschwindigkeitsbetrag gilt $\lvert\vec{v}\rvert \equiv v$
Ω; ω	s^{-1}	Kreisfrequenz, $\Omega = \omega = 2\pi f$; ω bezieht sich auf Signale sowie Funktionen und Ω auf Randbedingungen und Strömungen
a	rad, 1/m	Winkel, Längenausdehnungskoeffizient
λ	s	Realteil der Wachstumsrate
μ	$\mathrm{V \cdot s/(A \cdot m)}$	magnetische Permeabilität $\mu = \mu_0 \mu_\mathrm{r}$
ν	$\mathrm{m^2/s}$	kinematische Viskosität $\nu = \eta_\mathrm{F}/\rho$
ρ	$\mathrm{kg/m^3}$	Dichte
σ	$(\Omega \cdot \mathrm{m})^{-1}$	elektrische Leitfähigkeit
φ	rad; °	Winkelposition, Phasenlage eines Signals

Abkürzungsverzeichnis

Abkürzungen	*Bedeutung*
$\{r;\varphi;z\}$	$\{r;\varphi;z\}$ indizieren die drei Komponenten und Richtungen der Vektoren in Zylinderkoordinaten
{i; a}	als Index, z. B. r_i oder r_a deuten {i; a} den Bezug zu einer inneren oder äußeren Geometrie an
Ω	mit $_\Omega$ wird immer ein Bezug zu einer rotierenden Struktur hergestellt
B	der Index $_\mathrm{B}$ deutet immer einen Zusammenhang zum Magnetfeld an
Case	als Index deutet $_\mathrm{Case}$ den Bezug eines elektrischen Bauteils zum Gerätegehäuse an
Envir	als Index deutet $_\mathrm{Envir}$ den Bezug eines elektrischen Bauteils zur Umgebung an
M	der Index $_\mathrm{M}$ stellt einen Bezug zwischen der indizierten Variablen zu einem Magnetfeld her
dr	der Index $_\mathrm{dr}$ deutet die Drift einer Welle im ruhenden Laborsystem an
eff	als Index deutet $_\mathrm{eff}$ an, dass die Variable den Effektivwert der bezeichneten Größe angibt
rms	„root mean square” – Wurzel aus dem Eigengewichtsmittel der mit $_\mathrm{rms}$ indizierten Variablen
AC	Wechselstrom
AMRI	azimutale MRI

Abkürzungen	*Bedeutung*
Ch_i	Oszilloskopkanal der Nummer i
d. h.	dass heißt
DC	Gleichstrom
DFT	Diskrete Fourier Transformation
DOP	Ultraschall-Doppler-Velocimeter der Firma „Signal Processing S. A." zur Messung von Geschwindigkeiten
DRESDYN	DREsden Sodium facility for DYNamo and thermohydraulic studies
et al.	und andere
F	Farad, als Einheit der elektrischen Kapazität verwendet $1\,\mathrm{F} = 1\,\mathrm{A \cdot s/V}$
ff.	und folgende
FFT	Schnelle Fourier Transformation
FT	Fourier Transformation
Ga	Gallium
H	Henry, als Einheit der Induktivität verwendet $1\,\mathrm{H} = 1\,\mathrm{V \cdot s/A}$
HMRI	Helikale MRI
Hz	Hertz, verwendet als Einheit $1\,\mathrm{Hz} = 1/\mathrm{s}$
HZDR	Helmholtz-Zentrum Dresden-Rossendorf
In	Indium
krit	kritisch; als Index bedeutet $_{\mathrm{krit}}$, dass die Variable einen Schwellenwert darstellt
L	Leiterpaar
LDA	Laser-Doppler-Anemometrie

Abkürzungen	*Bedeutung*
MG	Maxwell-Gleichungen
MHD	Magnetohydrodynamik
MRI	Magnetorotationsinstabilität
NSG	Navier-Stokes Gleichungen
P	Position eines Sensors
P-P	Spitze zu Spitze; („Peak to Peak")
PRF	Pulswiederholrate („Pulse repetition frequency")
SMPS	Schaltnetzteil („Switching Mode Power Supply")
SMRI	Standard MRI
Sn	Zinn
T	Tesla, als Einheit der magnetischen Flussdichte verwendet $1\,\mathrm{T} = 1\,\mathrm{V} \cdot \mathrm{s/m}^2$
TC	Taylor-Couette
TI	Tayler-Instabilität
TVF	Taylor-Vortex-Flow
UDV	Ultraschall-Doppler-Geschwindigkeitsmessverfahren (Ultrasound-Doppler-Velocimetry)
W	Watt, als Einheit der elektrischen Leistung verwendet $1\,\mathrm{W} = 1\,\mathrm{V} \cdot \mathrm{A}$
z. B.	zum Beispiel
Ω	Ohm, als Einheit des elektrischen Widerstands verwendet $1\,\Omega = 1\,\mathrm{V/A}$

1 Einleitung und theoretische Grundlagen

Mitte des zwanzigsten Jahrhunderts führte die Synthese der Fluidmechanik und der Elektrodynamik auf das Gebiet der Hydromagnetik, welche sich im Laufe der Zeit unter dem Namen Magnetohydrodynamik (MHD) etablierte. Als Teilgebiet der Physik beschreibt die MHD die gegenseitige Beziehung zwischen elektromagnetischen Feldern und bewegten stromleitenden Fluiden. Flüssige Metalle und Plasmen sind solche Stoffe, bei denen, wegen der hervorragenden elektrischen Leitfähigkeit, die MHD-Effekte besonderen Einfluss auf das Strömungsverhalten haben können. Ein klassisches Anwendungsbeispiel kommt deshalb aus der Metallurgie. Hohe Temperaturen, eine komplexe Strömungsdynamik und die chemische Beschaffenheit erschweren bei der Metallherstellung den Umgang mit den Schmelzen oft erheblich. So können beispielsweise beim Stranggießen von Stahl durch oberflächennahe Wirbel unkontrolliert Gase und Schlacke ins Volumen gezogen werden. Ein pragmatischer Ansatz, dies zu unterbinden, besteht in einer kontaktlosen Strömungskontrolle mithilfe von Magnetfeldern, die von außen auf die Schmelze einwirken. Das Prinzip beruht dabei auf der Lorentzkraft, welche das Resultat einer Relativbewegung zwischen einem Magnetfeld und dem elektrischen Leiter ist. Die technische Lösung, einen dämpfenden Einfluss auf die Strömung auszuüben, ist in diesem Fall die Magnetfeldbremse, bei der das Fluid durch die Kraftwirkung eines statischen Magnetfeldes verlangsamt wird. Magnetische Pumpen oder Rührer arbeiten auf ähnliche Weise, jedoch beruht deren Funktionsprinzip auf einem zeitlich veränderlichen Magnetfeld, das über die Lorentzkraft zu einer Fluidbewegung führt [12, 13].

Die beschriebenen technischen Anwendungen sollen verdeutlichen, dass sich ein Magnetfeld auf die Strömung eines stromleitenden Fluids maßgeblich auswirken kann. In gleicher Weise beeinflusst ein bewegter elektrischer Leiter durch den Induktionseffekt das ihn umgebende Magnetfeld. Diese Magnetfeldänderungen sind außerhalb der Strömung messbar. Andererseits entsteht gleichzeitig eine für die Strömung typische elektrische Potentialverteilung an der Oberfläche des Fluids, die sich nur mithilfe von Messelektroden bestimmen lässt. Unterschiedliche kontaktlose und invasive Messtechniken nutzen die beiden elektromagnetischen Messgrößen aus, um Rückschlüsse über den Durchfluss oder die Geschwindigkeitsverteilung in der Strömung zu ziehen. Als Beispiele für die kontaktlose messtechnische Umsetzung des Induktionsprinzips lassen sich das „magnetic flywheel“ [14, 15] oder die kontaktlose induktive Strömungstomografie [16] anführen. Im Unterschied dazu beruhen Potentialsonden auf einem Messprinzip, welches die durch ein Magnetfeld induzierte elektrische Spannung zwischen zwei dünnen Drahtspitzen am Ende der Sonde zur lokalen Geschwindigkeitsmessung auswertet [17–19]. Das benötigte Messfeld wird hierfür entweder durch einen Dauermagneten [17] an der Spitze der Potentialsonde oder durch ein globales Magnetfeld [20, 21] erzeugt.

Ein wichtiger Meilenstein zum Verständnis der komplexen Zusammenhänge zwischen Fluidbewegung und Magnetfeld war die Entdeckung eines hydromagnetischen Wellenphänomens, das als Alfvén-Welle bezeichnet wird. Es handelt sich dabei um die Ausbreitung von mechanischen Schwingungen entlang der magnetischen Feldlinien. Die Herleitung dieses Phänomens aus den hydrodynamischen und elektromagnetischen Grundgleichungen gelang erstmals 1942 H. Alfvén [22]. Danach wiesen bereits 1949 die Arbeiten von S. Lundquist die postulierten Wellen in einem Versuch mit Quecksilber experimentell nach [23]. Aufgrund der wechselseitigen Auswirkungen der Strömung eines stromleitenden Fluids in Verbindung mit Magnetfeldern besitzt die Alfvén-Welle eine besondere Bedeutung in der Astrophysik. Sie erklärt hier verschiedene Energietransportmechanismen in den Plasmen der Sonne und Wellenphänomene in der Metallschmelze des Erdinneren. So zeigen aktuelle Messungen beispielsweise, dass die Korona, die Millionen Grad heiße und ionisierte äußere Atmosphäre der Sonne, die benötigte Wärme über einen Energietransport durch Alfvén-Wellen erhält [24].

Eine der fundamentalen Fragen der astrophysikalischen MHD lautet, ob und wie Magnetfelder durch Strömungen generiert werden können. Ein prominentes Beispiel aus der Geophysik ist der Geodynamo, der das Erdmagnetfeld hervorbringt. Verantwortlich dafür ist eine als Dynamo bezeichnete Strömungsstruktur, die im flüssigen äußeren Erdkern, zwischen Erdmantel und innerem festen Kern, durch Konvektion und Rotation hervorgerufen wird [25, S. 398][26]. Ebenso lässt sich der Ursprung des Sonnenmagnetfeldes auf einen solaren Dynamoprozess im Inneren des Zentralgestirns zurückführen.

Die erste Idee dazu formulierte J. Larmor bereits im Jahre 1919, um sich der Frage von G. Hale [27] nach der Herkunft und Bedeutung von Magnetfeldern in der Sonne zu nähern. Larmor vermutete einen Prozess, der durch eine „... innere zirkulierende Strömung, nach dem Prinzip eines selbsterregten Generators, ein permanentes Magnetfeld erzeugt ...“ [28].

Ausgehend von dieser technischen Analogie hat sich bis heute die Dynamotheorie als anerkannte Erklärung für planetare und stellare Magnetfelder etabliert. Obwohl die grundlegende Fragestellung nach der Herkunft kosmischer Magnetfelder eher astrophysikalischer Natur ist, bilden die damit verbundenen Konzepte und Prinzipien auch die Grundlage für verschiedene Laborexperimente.

Die unterschiedlichen Versuche, wie der Rigaer Dynamo [29] oder das Karlsruher Dynamoexperiment [30] bestätigen, dass unter bestimmten Voraussetzungen eine Strömung selbst im Labor aus sich heraus ein Magnetfeld generieren kann [31, 32]. Einen interessanten Aspekt dieser Experimente stellt deren Sättigungsmechanismus dar, der das Anwachsen der Feldstärke begrenzt. Ausgelöst wird dieser Prozess durch die Rückwirkung des erzeugten Magnetfeldes auf die ursprüngliche Strömung [33].

Das oben angeführte technologische Beispiel der Magnetfeldbremse zeigt, dass ein Magnetfeld dämpfend auf eine Fluidbewegung wirken kann. Umgekehrt stellt sich aber auch die Frage, welchen Einfluss ein Magnetfeld auf eine hydrodynamisch stabile Strömung hat. Denn entgegen der verbreiteten Interpretation der Lenz'schen Regel, dass die elektromagnetische Kraftwirkung stets einen stabilisierenden und beruhigenden Einfluss mit sich bringt, ist auch das Gegenteil der Fall. Eine hydrodynamisch stabile Strömung lässt sich durch ein magnetisches Feld destabilisieren. Eine kleine Störung im Geschwindigkeitsfeld kann hier ungehindert anwachsen, so dass ein vom Ausgangszustand verschiedener neuer Zustand die Folge ist. Dieser Übergang wird als Instabilität bezeichnet und kann zu Turbulenz, einem chaotischen Verhalten der Strömung, sowie zu neuen stationären oder instationären Strukturen und Wechselwirkungen führen.

Ein spezielles und astrophysikalisch bedeutendes Problem der MHD betrifft die Stabilität von Rotationsströmungen in Verbindung mit Magnetfeldern. Die ersten theoretischen Arbeiten zu dieser grundlegenden Konfiguration wurden bereits in den 1950er und 1960er Jahren von E. P. Velikhov [34] und S. Chandrasekhar [3] veröffentlicht. Sie untersuchten allgemein den stabilisierenden beziehungsweise destabilisierenden Einfluss von Magnetfeldern auf rotierende Fluide. Es stellte sich dabei heraus, dass tatsächlich je nach Ausgangszustand beide Effekte erzielt werden können.

Sobald eine Strömung mit nach außen anwachsender Rotationsgeschwindigkeit durch ein Magnetfeld destabilisiert wird, kann ebenfalls ein zusätzlicher Drehimpulstransport innerhalb des Fluids stattfinden. Einem Massenelement, das sich auf einer inneren Bahn bewegt, ist es durch die magnetische Kopplung möglich, seinen Drehimpuls an ein zweites, weiter außen liegendes Fluidelement abzugeben, um auf diesem Weg weiter ins Zentrum der Rotationsströmung zu gelangen. Das äußere Teilchen, das weiteren Impuls bekommen hat, driftet so nach außen und entfernt sich vom Rotationsmittelpunkt.

Die astrophysikalischen Konsequenzen, die sich aus dieser MHD-Instabilität ergeben, deckten erst einige Jahrzehnte später, im Jahr 1991, die Astrophysiker S. Balbus und J. Hawley auf. Sie zeigten, dass sich das lange Zeit ungelöste Problem des verstärkten Drehimpulstransports durch die Turbulenzbildung in Akkretionsscheiben mithilfe der von Velikhov und Chandrasekhar entdeckten MHD-Instabilität, der Magnetorotationsinstabilität (MRI), lösen lässt [35].

Eine Akkretionsscheibe bezeichnet eine Materiescheibe, die um ihr eigenes Gravitationszentrum rotiert und Materie nach innen transportiert, wo sie sich zu einem Zentralobjekt anreichert. Die Kernproblematik bei der zeitlichen Entwicklung dieser kosmischen Strukturen stellt das Zustandekommen von Turbulenz und des notwendigen Drehimpulstransports nach außen dar. Ausgehend von dem hydrodynamischen Gleichgewicht zwischen Fliehkraft und Gravitation, das durch die Kepler'schen Gesetze beschrieben wird, ist die Strömung in einer Akkretionsscheibe hydrodynamisch stabil.

Die differentielle Rotation der Materie um das Gravitationszentrum ist durch eine Geschwindigkeitsverteilung mit einem nach außen hin zunehmenden Drehimpuls bei gleichzeitig abnehmender Winkelgeschwindigkeit gekennzeichnet. Aus hydrodynamischer Sicht kann dadurch weder die Turbulenz noch der gesuchte molekulare Drehimpulstransport erklärt werden. Hinzu kommt, dass die molekulare Viskosität der stellaren Gasscheibe bei weitem nicht ausreichend ist, um die gesuchten Austauschprozesse innerhalb der Materieströmung zu erklären [36].

In ihrer Arbeit zeigten S. Balbus und J. Hawley [35] jedoch, dass bereits ein schwaches externes Magnetfeld ausreicht, um die hydrodynamisch stabile differentielle Rotation einer Akkretionsscheibe zu destabilisieren. Diese Entdeckung stellt eine wichtige Erkenntnis für die Astrophysik dar, denn durch die besondere Wirkungsweise der MRI gelingt es die Entwicklungen in Akkretionsscheiben um schwarze Löcher [37] und einige Prozesse in der Sonne [38] besser zu verstehen. Insbesondere in Bezug auf Galaxien scheint es denkbar, dass die MRI nicht nur verantwortlich für die Turbulenzbildung, sondern auch an einem galaktischen Dynamoprozess beteiligt ist, der die globalen Magnetfelder einer Galaxie hervorbringt [39–41].

MRI Strömungen sind dadurch gekennzeichnet, dass die Ursache des benötigten Magnetfeldes seinen Ursprung außerhalb des betrachteten Fluids hat und deshalb als „stromfrei“ bezeichnet wird [5]. So könnte beispielsweise das Dipolfeld des Sterns eines noch jungen Sonnensystems in der umgebenden Materiescheibe eine stromfreie axiale Magnetfeldkomponente B_z hervorrufen. Die differentielle Rotation der Akkretionsscheibe führt schließlich, aufgrund der MRI, zu Turbulenz und Akkretion in der protoplanetaren Schreibe [42].

Im Hinblick auf ein Laborexperiment in einem zylindrischen Versuchsbehälter kann ein stromfreies axiales Feld $\vec{B}_z$ durch eine Helmholtz-Spulenanordnung oder im Inneren einer langen Spule erzeugt werden. Für die Standardversion der MRI, mit einem rein axialen Feld betragen die erforderlichen Rotationsfrequenzen einige Hertz und die benötigten Magnetfeldstärken können in der Größenordnung von bis zu einem Tesla liegen. Technologisch sind diese Versuche sehr herausfordernd, weil mit zunehmender Drehgeschwindigkeit sekundäre Effekte eine laminare Grundströmung, die erst durch $\vec{B}_z$ destabilisiert werden soll, verhindern [43, 44]. Überraschend war deswegen das Ergebnis der Arbeiten von R. Hollerbach und G. Rüdiger et al. [5, 45]. Sie zeigten, dass die zum Einsetzen der Instabilität erforderlichen Magnetfeldstärken und Winkelgeschwindigkeiten erheblich kleiner werden, wenn eine Kombination aus axialem und azimutalem Feld oder auch nur ein rein azimutales Feld $\vec{B}_\varphi$ in Betracht gezogen wird.

Im Experiment von F. Stefani et al. [46] zur helikalen MRI wird daher der Feldkomponente B_z, die durch eine Zylinderspule erzeugt wird, das stromfreie Feld eines vom Fluid isolierten stromführenden Leiters mit $B_\varphi \propto 1/r$ überlagert. Der axiale Strompfad bildet dabei die Symmetrieachse der Zylinderanordnung. In Summe entsteht das namensgebende helikale Magnetfeld, das sich aus den Anteilen $\vec{B}_z + \vec{B}_\varphi$ zusammensetzt. Es zeigt sich, dass schon Magnetfeldstärken von einigen Millitesla eine hydrodynamisch stabile Rotationsströmung mit Frequenzen von einem Zehntelhertz destabilisieren können.

In Abgrenzung zu den stromfreien Feldkonfigurationen der MRI kommt bei „stromgetriebenen“ Instabilitäten das Magnetfeld durch den Ladungstransport innerhalb des betrachteten Fluids zustande. Im Falle einer zylindrischen Geometrie führt ein homogener axialer Strom des leitfähigen Fluidzylinders zu einer zum Radius r proportionalen Magnetfeldstärke $B_\varphi \propto r$, wenn r den Abstand vom Zentrum des Strompfades bezeichnet. In Verbindung mit dem eigenen Feld kommt es innerhalb des Leiters zu einer radial nach innen gerichteten Volumenkraft. Bei einem kompressiblen Fluid, wie zum Beispiel dem Plasma eines Lichtbogens, entsteht durch den axialen Strom eine Instabilität, die sich durch eine lokale axialsymmetrische Einschnürung oder eine nicht-axialsymmetrische Verwerfung äußert [47–49].

In Analogie zum Verhalten eines kompressiblen Fluids lässt sich ebenfalls für ein inkompressibles Flüssigmetall zeigen, dass auch bei einer konstanten zylindrischen Geometrie eine Instabilität entsteht [50]. Dieser Effekt heißt Tayler-Instabilität (TI) und besitzt die bemerkenswerte Eigenschaft, dass sich selbst ein ruhendes Fluid, mit

$\vec{v} = 0$, bei hinreichend großen axialen Strömen destabilisieren lässt. Für ein ideal leitfähiges und nicht viskoses Fluid leitete R. J. Tayler als erster ein analytisches Stabilitätskriterium her [6, 7]. Dem gegenüber stehen die numerischen Arbeiten von G. Rüdiger et al., in denen viskose und inkompressible Fluide mit einer endlichen Leitfähigkeit untersucht werden [8, 50]. Er kommt zu dem Ergebnis, dass auch in diesem Fall die TI in einem ruhenden Fluid bei hinreichend großen Strömen einsetzen muss. Im Unterschied zur MRI, welche ihre Energie aus der differenziellen Rotation der Strömung bezieht, stammt bei der TI die Energie aus dem Magnetfeld selbst. Die resultierende Fluidbewegung als Folge dieser stromgetriebenen Instabilität ermöglicht, ähnlich zur MRI, ebenfalls einen Energie- und Impulstransport in der Strömung. Damit klärt sich eventuell ein Widerspruch auf, welcher bisher zwischen bestehenden hydrodynamischen Modellen und Beobachtungen bezüglich der Rotationsraten einiger Neutronen- und weißer Zwergsterne herrscht. Die gängigen hydrodynamischen Theorien überschätzen hierbei den verbleibenden Drehimpuls am Ende des Entstehungsprozesses eines solchen Sterns. Ein magnetischer Drehimpulstransportmechanismus, wie ihn die TI bietet, erklärt möglicherweise, wie ein Stern in seinem letzten Entwicklungsstadium den überschüssigen Drehimpuls abgeben kann, bevor er kollabiert [51, 52]. Ein nicht-linearer Dynamoprozess, bei dem die TI eine zentrale Rolle einnimmt, ist unter dem Namen Tayler-Spruit Dynamo bekannt, in seiner astrophysikalischen Relevanz aber umstritten [53–56].

Magnetohydrodynamische Effekte, wie die Alfvén-Welle oder die beiden vorgestellten Instabilitäten, zeigen, dass sich ein Geschwindigkeitsfeld $\vec{v}$ und ein Magnetfeld $\vec{B}$ in unterschiedlichster Art und Weise wechselseitig beeinflussen können. Sinnbildlich drückt Abbildung 1.1 diese untrennbare Verknüpfung durch das bekannte chinesische Taiji-Symbol aus. Die freie Interpretation des Yin-Yang Zeichens bedeutet hier, dass zwei unterschiedliche Kräfte voneinander abhängen und sich gleichzeitig aufeinander beziehen können [57]. Passend zur Kernidee der Alfvén-Welle beschreibt die Abbildung einen Kreisprozess, bei dem eine Änderung der Geschwindigkeit zu einer Variation im Magnetfeld führt, wodurch schließlich die Bewegung selbst beeinflusst wird.

In der vorliegenden Arbeit wird der Einfluss von Magnetfeldern auf rotierende Strömungen untersucht. Ziel ist es, die zugrundeliegenden Erkenntnisse zur MRI und TI durch Laborexperimente zu untermauern. Den Grundstein für die Durchführung entsprechender Versuche legten mit ihren theoretischen und experimentellen Arbeiten zur Hydrodynamik Lord Rayleigh, M. M. Couette und G. I. Taylor bereits im ausgehenden 19ten und zu Beginn des zwanzigsten Jahrhunderts [1, 58, 59]. Es etablierte sich im Laufe der Zeit ein Aufbau zur Untersuchung von Instabilitäten, der bis

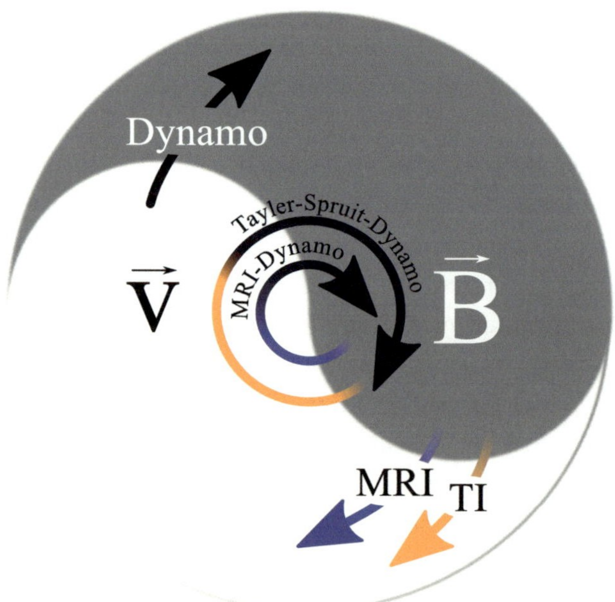

Abbildung 1.1: Das Yin-Yang der Magnetohydrodynamik stellt die Wechselwirkung zwischen einem Geschwindigkeitsfeld und dem Magnetfeld als Kreisprozess dar. Die MRI und die TI sind zwei nicht-axialsymmetrische MHD-Instabilitäten, bei denen ein Magnetfeld eine hydrodynamisch stabile Strömung destabilisiert. Die als Dynamos bezeichneten Strömungen können darüber hinaus selbst Magnetfelder generieren.

heute unter dem Namen „Taylor-Couette-Experiment“ bekannt ist. Darunter ist eine Versuchsanordnung zu verstehen, in der zwei drehend gelagerte Zylinder konzentrisch angeordnet sind. Im Spalt zwischen den Zylindern befindet sich ein Fluid, wie zum Beispiel Wasser oder Luft. Die Zugabe von Partikeln ist bei den transparenten Fluiden der Hydrodynamik eine häufig genutzte Variante, die Stromlinien sichtbar zu machen.

Um Effekte der MHD zu untersuchen, werden Flüssigkeiten mit einer guten elektrischen Leitfähigkeit benötigt. Für den Einsatz im Labor eignen sich dazu Flüssigmetalle, wie zum Beispiel Quecksilber oder eutektische Legierungen, wie Gallium-Indium-Zinn, die bei Raumtemperatur flüssig sind. Weiterhin zählen die kompressiblen Plasmen zu den möglichen Fluiden, in denen sich MHD-Effekte beobachten lassen.

Aus den stofflichen Eigenschaften der leitfähigen Materialien folgen allerdings zwei messtechnische Herausforderungen. Zum einen sind Metallschmelzen undurchsichtig, wodurch etablierte optische Messmethoden zur Strömungsmessung nicht mehr anwendbar sind. Zum anderen besteht bei den durchsichtigen Plasmen die Schwierigkeit darin, dass sie nur mit großem Aufwand über spezielle Magnetfeldkonfigurationen in einen Versuchsraum eingeschlossen und kontrolliert werden können. Die große Komplexität der Plasmaexperimente führt außerdem dazu, dass sich in den meisten Aufbauten viele Effekte und Instabilitäten überlagern können, so dass es unter Umständen kompliziert werden kann, einen einzelnen Zusammenhang isoliert zu betrachten. Die Entwicklungen neuer Messverfahren für Flüssigmetalle und Plasmen sowie der Fortschritt der Computertechnik der letzten Jahrzehnte ermöglichen es erst jetzt, die messtechnischen Hindernisse für elektrisch leitfähige Fluide zu überwinden, um den Weg für entsprechende Experimente zu bereiten. Beispielsweise steht zur Abbildung der Geschwindigkeitsverteilung in Flüssigmetallen das Ultraschall-Doppler-Velocimeter (DOP) zur Verfügung [60, 61]. Für den Einsatz in Plasmen, die in der Regel keine Partikel zur Visualisierung tragen können, wurde unter anderem die Laser-Doppler-Anemometrie (LDA) als Messmethode konzipiert [62, 63].

Ausgehend von der klassischen Taylor-Couette-Anordnung und in Kombination mit moderner Messtechnik wurden zwei neue Flüssigmetallexperimente durchgeführt. Die im Rahmen dieser Dissertation dargelegten Ergebnisse sollen dabei zu einem tieferen Verständnis der azimutalen Magnetorotationsinstabilität und der Tayler-Instabilität beitragen.

Das Experiment zur azimutalen MRI (AMRI) besteht aus einer rotierenden Taylor-Couette-Anordnung. Ein vom Fluid isolierter axialer Strom erzeugt das namensgebende azimutale Magnetfeld mit einem radialen Profil $B_\varphi \propto 1/r$. Die Parameter der Winkelgeschwindigkeiten des Innen- und Außenzylinders werden dabei so gewählt, dass ohne magnetisches Feld eine hydrodynamisch stabile laminare Strömung im Zylinderspalt entsteht. Das angelegte Magnetfeld destabilisiert schließlich diese Strömung, so dass eine wellenförmige Sekundärströmung entsteht. Aufgrund ihrer charakteristischen Frequenzen und räumlichen Struktur lässt sich diese der AMRI zuordnen.

In einem zweiten Aufbau, dem Experiment zur TI, wird eine stromgetriebene Instabilität in den Mittelpunkt der Untersuchungen gerückt. Aufgrund der besonderen Eigenschaft, auch ein Fluid in Ruhe zu destabilisieren, wird in diesem Versuch auf die Rotation der Zylinder verzichtet. Lediglich ein elektrischer Strom fließt in axialer Richtung durch das Fluid hindurch. Zusammen mit seinem eigenen Magnetfeld entsteht eine nach innen gerichtete radiale Kraft, welche die Ursache für die untersuchte Instabilität ist. Die grundlegende Geometrie beider Experimente lässt sich als Taylor-Couette-Zelle charakterisieren. Dabei sind die beiden untersuchten MHD-Instabilitäten über die radiale Verteilung der Umlaufgeschwindigkeit im Zylinderspalt und die Magnetfeldgeometrie miteinander verknüpft.

Eine allgemeine Formulierung für den azimutalen Magnetfeldverlauf lässt sich als Funktion vom Radius in der Form $B_\varphi \propto r^a$ ausdrücken. Der Parameter $a = -1$ ist dabei eindeutig dem stromfreien Feld der MRI zugeordnet. Im Gegensatz dazu beschreibt $a = 1$ das resultierende Magnetfeld des axialen Stromes innerhalb eines zylindrischen Leiters, welches die TI hervorruft. Es stellt sich damit die weiterführende Frage, welche Eigenschaften der Übergang $-1 \leq a \leq 1$ zwischen TI und AMRI besitzt [64–66].

Ein kombiniertes MRI/TI-Natriumexperiment, das sich dieser Thematik widmen wird, ist für die Zukunft geplant. Mithilfe der neuen Anlage soll es dann möglich sein, in einer einzigen Taylor-Couette-Anordnung beliebige Magnetfeldkonfigurationen $B_\varphi = ar^{-1} + br$ zu erzeugen, um so beide Instabilitäten sowie den Übergang zwischen ihnen zu untersuchen [67].

Nach dem einleitenden ersten Kapitel, das sich den theoretischen Grundlagen widmet, unterteilt sich die nachfolgende Arbeit in drei weitere Teile. Zunächst legen die beiden Folgekapitel für jedes Experiment einzeln den Aufbau, die Durchführung und die Ergebnisse dar, bevor im letzten Teil dieser Arbeit die Resultate gegenübergestellt und diskutiert werden. Ein Ausblick auf die angesprochenen weiterführenden Experimente schließt die Arbeit ab.

1.1 Grundlagen und Begriffserklärung

Dieser Abschnitt widmet sich der mathematischen Beschreibung der Magnetohydrodynamik, die sich aus den Navier-Stokes Gleichungen (NSG) in Verbindung mit den Maxwellgleichungen (MG) zusammensetzt. Gemeinsam bilden sie ein System von nicht-linearen Differentialgleichungen, welches den gegenseitigen Einfluss von elektromagnetischen Feldern und Fluidbewegung abbildet. Für das grundsätzliche Verständnis, in welcher Weise die beiden Gleichungen miteinander verknüpft werden, dienen die folgenden Ausführungen. Dabei soll die gewählte Form der Darstellung helfen, die dokumentierten Theorien und Experimente der kommenden Abschnitte dieser Arbeit besser einzuordnen.

Die Grundgleichung der Fluidmechanik für inkompressible Fluide wird durch die Navier-Stokes Gleichungen

$$\rho\left(\frac{\partial \vec{v}}{\partial t} + (\vec{v}\cdot\nabla)\,\vec{v}\right) = -\nabla p + \eta_{\mathrm{F}}\nabla^2\vec{v} + \vec{F} \tag{1.1}$$

dargestellt und drückt die Impulsbilanz eines Fluids im ruhenden Laborkoordinatensystem aus. Die linke Seite von (1.1) enthält die substantielle Beschleunigung, welche mit der Dichte ρ multipliziert eine Volumenkraftdichte ergibt. Die rechte Seite hingegen summiert alle auf das Fluid wirkenden Volumen- und Oberflächenkräfte. Darunter zählen zum Beispiel die durch die dynamische Viskosität η_{F} hervorgerufenen inneren Reibungskräfte. Der letzte Term $\vec{F}$ deutet an, dass sich auch weitere Komponenten, die das Fluid beeinflussen, wie etwa die Schwerkraft oder die Lorentzkraft, hinzufügen lassen.

Die Kontinuitätsgleichung

$$\frac{\partial \rho}{\partial t} + \rho\nabla\cdot\vec{v} = 0, \tag{1.2}$$

die hier erst einmal in der allgemeinen kompressiblen Form gegeben ist, vervollständigt das Gleichungssystem, das die Bewegung eines Fluids unter dem Einfluss innerer und äußerer Kräfte beschreibt.

In der MHD ist der Einfluss des Magnetfeldes von Bedeutung, das über die Lorentzkraft $\vec{F} = \vec{f}_{\mathrm{L}}$ in die NSG (1.1) integriert wird. Die Volumenkraftdichte $\vec{f}_{\mathrm{L}}$ entsteht dabei durch eine Relativbewegung zwischen magnetischem Feld und Fluid.

Es entsteht die Lorentzkraft, die durch

$$\vec{f}_\mathrm{L} = \vec{J} \times \vec{B} = \underbrace{\sigma \left(\vec{E} + \vec{v} \times \vec{B} \right)}_{\text{Ohm'sches Gesetz}} \times \vec{B} \tag{1.3}$$

ausgedrückt werden kann. Für einen ruhenden Leiter besagt das Ohm'sche Gesetz in stationärer Näherung $\vec{v} = 0$, dass die Stromdichte

$$\vec{J} = \sigma \vec{E}_0 \tag{1.4}$$

proportional zum angelegten elektrischen Feld $\vec{E} = \vec{E}_0$ ist. Mit $\vec{E}_0$ wird hier das elektrische Feld im ruhenden Bezugssystem ausgedrückt. Weiterhin gibt der Proportionalitätsfaktor σ die elektrische Leitfähigkeit des untersuchten Stoffes an.

Sind in einem kartesischen Koordinatensystem $\vec{J} = \vec{J}_x$ und $\vec{B} = \vec{B}_y$ orthogonal zu einander, also $\vec{J} \perp \vec{B}$, folgt aus (1.3), dass eine Volumenkraftdichte $\vec{f}_\mathrm{L} = \vec{J}_x \times \vec{B}_y = \vec{f}_z$ entsteht, die einen Materialtransport in z-Richtung nach sich ziehen kann. Bewegt sich schließlich der Leiter oder strömt im Kontext der MHD das elektrisch leitfähige Fluid in einem magnetischen Feld $\vec{B}$ mit der Geschwindigkeit $\vec{v}$, resultiert durch die Komponente $\vec{v} \times \vec{B}$ ein vom Geschwindigkeitsfeld abhängiger zusätzlicher Anteil der Stromdichte. Die Lorentzkraft $\vec{f}_\mathrm{L}$ wird demnach sowohl von der Bewegung als auch durch die Anordnung von $\vec{J} = \sigma \vec{E}_0$ und $\vec{B}$ bestimmt.

Gleichung (1.3) deutet bereits an, dass durch die Wirkung eines Magnetfeldes auf ein elektrisch leitfähiges Fluid die NSG und die MG miteinander verknüpft werden müssen. Gilt die quasistationäre Näherung, lassen sich die Grundgleichungen der Magnetohydrodynamik formulieren. Die nachfolgend dargestellte Argumentation bezieht sich auf Quelle [68, S. 39–42].

Grundgleichungen der Magnetohydrodynamik Da sich diese Arbeit auf Laborexperimente mit Flüssigmetallen konzentriert, die als inkompressible Fluide modelliert werden können, lautet die erste Annahme, dass das eingesetzte Fluid eine räumlich und zeitlich konstante Dichte mit $\nabla \rho = 0$ beziehungsweise $\partial \rho / \partial t = 0$ aufweist. Aus der Kontinuitätsgleichung (1.2) folgt daher die Divergenzfreiheit des Geschwindigkeitsfeldes $\vec{v}$:

$$\nabla \cdot \vec{v} = 0. \tag{1.5}$$

Darüber hinaus habe die verwendete Metallschmelze eine konstante kinematische Viskosität $\eta_\mathrm{F} = \mathrm{const.}$, so dass dieser Parameter als Stoffkonstante in die Gleichungen aufgenommen wird. Metallische Schmelzen besitzen aufgrund der fehlenden kristallinen Struktur keine ausgeprägten magnetischen Eigenschaften, so dass die relative magnetische Permeabilität $\mu_\mathrm{r} = 1$ beträgt. Ebenso hat die relative elektrische Permittivität einen typischen Wert für metallische Leiter von $\varepsilon_\mathrm{r} = 1$. Im Folgenden gilt deshalb für die Materialkonstanten $\mu = \mu_0$ und $\varepsilon = \varepsilon_0$.

Eine wichtige Vereinfachung ergibt sich durch die Annahme, dass alle Vorgänge mit Geschwindigkeiten ablaufen, die viel kleiner sind als die Lichtgeschwindigkeit c_0. Diese quasistationäre Bedingung der Magnetohydrodynamik lautet

$$\frac{v_0^2}{c_0^2} = \left(\frac{\omega L_\mathrm{c}}{c_0}\right)^2 \ll 1 \tag{1.6}$$

und wird nachfolgend genauer betrachtet. Die Lichtgeschwindigkeit ist durch die Feldkonstanten ε_0 und μ_0 mit $c_0 = \sqrt{\varepsilon_0 \mu_0}$ definiert. Effekte, wie die Induktion oder das Ohm'sche Gesetz können so durch die nichtrelativistische Näherung für kleine Geschwindigkeiten angegeben werden. Darüber hinaus kann eine Geschwindigkeit v_0 ebenso durch eine periodische Änderung ω in Verbindung mit der charakteristischen Länge L_c des betrachteten Systems ausgedrückt werden. Es gilt damit die Relation $v_0 \sim \omega L_\mathrm{c}$.

Die hohe Leitfähigkeit von Metallschmelzen mit $\sigma \approx \mathcal{O}(10^6\,(\Omega\mathrm{m})^{-1})$ ermöglicht bei langsamen Änderungen und Bewegungen im Fluid gemäß (1.6) einen raschen Ladungsausgleich. Die Verschiebungsströme $\vec{D}$ lassen sich also vernachlässigen, da ihre zeitliche Änderung $\partial\vec{D}/\partial t = \varepsilon_0 \partial\vec{E}/\partial t$ gegen null geht. Aus dem Ampère'schen Gesetz

$$\nabla \times B = \mu_0 \vec{J} + \frac{1}{c_0^2}\frac{\partial \vec{E}}{\partial t} \tag{1.7}$$

gehen zwei Relationen hervor, welche eine Aussage über die Verschiebungsströme und die zeitliche Variation ω zulassen.

Die rechten beiden Summanden aus (1.7) führen in Verbindung mit dem Ohm'schen Gesetz

$$\vec{J} = \sigma\left(\vec{E}_0 + \vec{v} \times \vec{B}\right) \tag{1.8}$$

für $\vec{v} \to 0$ zur Relation

$$\mu_0 \vec{J} = \mu_0 \sigma \vec{E}_0 \gg c_0^{-2} \partial\vec{E}/\partial t, \tag{1.9}$$

welche das Verhältnis zwischen Stromdichte und der Änderung der Verschiebungsströme ausdrückt. Die zeitliche Ableitung des elektrischen Feldes wird durch die periodische Änderung $\partial\vec{E}/\partial t \sim \omega\vec{E}_0$ substituiert, so dass sich die Abschätzung

$$\omega \ll \mu_0 c_0^2 \sigma \approx \mathcal{O}\left(10^6\,\mathrm{s}^{-1}\right) \tag{1.10}$$

ergibt. Die elektrische Leitfähigkeit σ besitze hier eine typische Größenordnung für Metallschmelzen, wie sie oben im Text oder in Anlage 1 zu finden ist.

Die Interpretation von (1.10) lautet schließlich, dass die Verschiebungsströme in metallischen Schmelzen wegen der guten elektrischen Leitfähigkeit minimal sind, so lange alle Änderungen ω im Fluid viel langsamer als mit $\mu_0 c_0^2 \sigma$ stattfinden.

Es stellt sich nun die Frage, in welchem Verhältnis der Betrag der Rotation des Magnetfeldes $|\nabla \times B|$ zu den Verschiebungsströmen in (1.7) steht, wenn die Stromdichte $\vec{J}$ maßgeblich das betrachtete Magnetfeld erzeugen soll. Eine betragsmäßige Abschätzung liefert

$$\frac{\left|\frac{1}{c_0^2}\frac{\partial \vec{E}}{\partial t}\right|}{\left|\nabla \times \vec{B}\right|} \sim \frac{\omega E_0/c_0^2}{B_0/L_\mathrm{c}} \sim \frac{v_0 \omega L_\mathrm{c}}{c_0^2} \sim \frac{v_0^2}{c_0^2} \ll 1. \tag{1.11}$$

Der Betrag der Rotation geht in den linken zwei Termen als $|\nabla \times B| \sim B_0/L_\mathrm{c}$ ein, wobei die Ausdehnung L_c die charakteristische Abmessung des betrachteten Systems beschreibt. Der Quotient B_0/L_c wird auf diese Weise der räumlichen Ableitung gerecht. Eine sinnvolle Schlussfolgerung aus (1.11) zu ziehen, gelingt allein für die ideale MHD, sobald $\sigma^{-1} \to 0$ geht und sich dadurch das Ohm'sche Gesetz (1.8) vereinfacht. Für diesen Fall lässt sich ableiten, dass das Verhältnis zwischen E_0 und B_0 wie die Geschwindigkeit $v_0 \sim E_0/B_0$ skalieren muss, falls $E_0 \perp B_0$ gilt. Die Schlussfolgerung lautet nun, dass die Verschiebungsströme zur Vereinfachung der MG außer Acht gelassen werden können, sofern alle Vorgänge im Fluid mit $v_0^2 \ll c_0^2$ ablaufen.

Die vereinfachten Grundgleichungen der MHD für ein inkompressibles und elektrisch leitfähiges Fluid lassen sich schließlich mithilfe der Annahme (1.6) formulieren und über die Lorentzkraft $\vec{f}_\mathrm{L}$ in die NSG integrieren. Beginnend mit den Zusammenhängen der Fluidmechanik lauten die Kontinuitätsgleichung und die Impulsgleichung für ein inkompressibles Fluid wie folgt:

$$\nabla \cdot \vec{v} = 0,$$

$$\rho\left(\frac{\partial \vec{v}}{\partial t} + (\vec{v} \cdot \nabla)\,\vec{v}\right) = -\nabla p + \eta_\mathrm{F} \nabla^2 \vec{v} + \left(\vec{J} \times \vec{B}\right), \tag{1.12}$$

$$\frac{\partial \vec{B}}{\partial t} = \nabla \times \left(\vec{v} \times \vec{B}\right) + \frac{1}{\mu_0 \sigma} \nabla^2 \vec{B}, \tag{1.13}$$

$$\nabla \cdot \vec{B} = 0. \tag{1.14}$$

Aus den vereinfachten Maxwellgleichungen in der quasistationären Näherung lässt sich die Induktionsgleichung (1.13) gewinnen, welche die zeitliche Änderung des Magnetfeldes $\partial\vec{B}/\partial t$ mit der Geschwindigkeit $\vec{v}$ der Strömung eines elektrisch leitfähigen Mediums verknüpft. Der letzte Term dieser Gleichung beschreibt die räumliche Ausbreitung des Magnetfelds in einem elektrischen Leiter. Analog zum Einfluss der Viskosität eines Fluids η_{F} beschreibt hier die magnetische Diffusivität $\eta_{\mathrm{M}} = (\mu_0\sigma)^{-1}$, die bei Flüssigmetallen in der Größenordnung von $\eta_{\mathrm{M}} \approx \mathcal{O}\left(1\,\mathrm{m}^2/\sigma\right)$ liegt, das Vermögen des Feldes, einen Stoff zu durchdringen. Eine Herleitung der Gleichung (1.13) ist wegen der besonderen Bedeutung für die MHD in Anlage 6 angefügt [68, 69]. Gleichung (1.14) gibt abschließend die Divergenzfreiheit des Magnetfeldes an.

Dimensionslose Kennzahlen Die obigen MHD-Gleichungen (1.5) und (1.12) bis (1.14) beschreiben mathematisch die Wechselwirkung zwischen einer Strömung und dem Magnetfeld. Bei der Untersuchung dieses Gleichungssystems ist es üblich, alle Kenngrößen, die einen physikalischen Zusammenhang beschreiben, wie die Geschwindigkeit oder die Feldstärke in Form einer dimensionslosen Kennzahl anzugeben. Diese Vorgehensweise bietet den Vorteil, dass die Lösung der normierten Gleichungen zum Beispiel unabhängig von der konkreten Abmessung der Geometrie ist. Außerdem können auf diese Weise auch Abhängigkeiten zwischen den verschiedenen Einflussgrößen besser zum Ausdruck gebracht werden. Die so gewonnenen Erkenntnisse sind in gewisser Weise verallgemeinert und lassen sich auf eine Vielzahl ähnlicher Situationen renormieren. Die nachfolgend angeführten dimensionslosen Kennzahlen stellen die Vergleichbarkeit zwischen den experimentellen Ergebnissen dieser Arbeit und dem Verständnis der theoretischen und numerischen Vorhersagen sicher. Die genaue Definition dieser Parameter bezieht sich dabei stets auf die Taylor-Couette-Anordnung, welche die Grundlage der vorgestellten Versuche zur AMRI und TI ist.

Die untersuchte Anordnung einer Scherströmung zwischen zwei rotierenden Zylindern entspricht dem klassischen Taylor-Couette-Experiment [58]. Wirkt zusätzlich ein Magnetfeld auf die Strömung des elektrisch leitfähigen und viskosen Fluids, lassen sich die resultierenden Phänomene mithilfe der MHD-Gleichungen beschreiben. Ein dimensionsloses Gleichungssystem für ein solches Taylor-Couette-Experiment mit Magnetfeld wird nachfolgend entwickelt, um den Einfluss und die Bedeutung der einzelnen Kennzahlen zu verdeutlichen. Die Parameter für die Geometrie, die Strömungsgeschwindigkeit, den eingesetzten Stoff und die Stärke des angelegten Magnetfeldes werden dazu in geeignete Parameter projiziert.

Beginnend mit der wichtigsten Gleichung, der Impulsgleichung (1.12), wird zunächst durch die Dichte ρ des verwendeten Fluids dividiert, wobei die kinematische Viskosität ν durch $\nu = \eta_F/\rho$ definiert ist. Unter Vernachlässigung der Verschiebungsströme gilt das vereinfachte quasistationäre Ampère'sche Gesetz $\mu_0\vec{J} = \nabla \times \vec{B}$. Eingesetzt in die Impulsgleichung (1.12) folgt Gleichung (1.15), welche noch dimensionsbehaftete Variablen enthält.

$$\frac{\partial\vec{v}}{\partial t} + (\vec{v}\cdot\nabla)\,\vec{v} = -\frac{\nabla p}{\rho} + \underbrace{\nu\nabla^2\vec{v}}_{\text{Viskosität}} + \underbrace{\frac{1}{\mu_0\sigma}\left(\nabla\times\vec{B}\right)\times\vec{B}}_{\text{Lorentz-Kraft}} \tag{1.15}$$

Im nächsten Schritt werden die einzelnen Größen, wie Geschwindigkeiten, Zeitkonstanten und Kräfte des mathematischen Modells geeignet normiert.

Als erstes wird die Reynolds-Zahl *Re* eingeführt. Diese in der Fluidmechanik wichtige Kennzahl ist ein Maß für das Verhältnis zwischen Trägheits- und Zähigkeitskräften. Bei kleinen Geschwindigkeiten, die durch niedrige Werte für *Re* gekennzeichnet sind, ist eine Strömung laminar und stabil. Mit größer werdenden *Re* überwiegt ab einem bestimmten Grenzwert der Einfluss der Trägheit, so dass eine Strömung in einen nicht laminaren Zustand übergehen kann. Erstmals verwendete Osborne Reynolds diese Zahl, um Rohrströmungen für verschiedene Leitungsdurchmesser zu vergleichen [70]. Er entdeckte dabei, dass sich das Verhalten einer Rohrströmung ab einer bestimmten Fließgeschwindigkeit von laminaren zu turbulenten Strukturen änderte. Beim Versuch, ein Maß zu finden, das für verschiedene Rohrdurchmesser den gleichen Wert beim Übergang von laminarer zu turbulenter Strömung aufwies, zeigte sich, dass der Quotient aus dem Produkt von Geschwindigkeit und Rohrdurchmesser mit der Viskosität konstant war. Allgemein ist die nach O. Reynolds benannte Kennzahl *Re* wie folgt definiert:

$$Re = \frac{vL_c}{\nu} \tag{1.16}$$

Die charakteristische Länge L_c beschreibt dabei die strömungsbestimmende Geometrie. Für eine Taylor-Couette-Zylinderanordnung erweist sich der geometrische Mittelwert $L_c = \sqrt{r_i\,(r_a - r_i)}$ als sinnvoll. Bei dem Radienverhältnis von $r_i/r_a = 0{,}5$, das in den MRI-Experimenten dieser Arbeit vorliegt, beträgt $L_c = r_i$, so dass sich alle betreffenden Größen auf den Innenradius des Experiments beziehen. Die Umfangsgeschwindigkeit des inneren Zylinders $v_\varphi = \Omega_i r_i$ mit der Kreisfrequenz $\Omega_i = 2\pi f_i$ ist die systembestimmende Geschwindigkeit und führt, für das betrachtete

Doppelzylindersystem, zur Reynolds-Zahl

$$Re = \frac{\Omega_\mathrm{i} r_\mathrm{i}^2}{\nu}. \tag{1.17}$$

Weiterhin ist die Hartmann-Zahl

$$Ha = BL_\mathrm{c}\sqrt{\frac{\sigma}{\eta_\mathrm{F}}} = \frac{B_\mathrm{i} r_\mathrm{i}}{\sqrt{\mu_0 \rho \nu \eta_\mathrm{M}}} \tag{1.18}$$

für die in dieser Arbeit vorgestellten Experimente von Bedeutung. Sie gibt das radizierte Verhältnis zwischen magnetisch induzierten und viskosen Kräften an. Im physikalischen Kontext ist die Hartmann-Zahl ein Maß für die Magnetfeldstärke und wird allgemein durch Gleichung (1.18) definiert. Für die behandelte Doppelzylinderanordnung ergibt sich die Hartmann-Zahl ebenfalls aus dem geometrischen Mittel der Radien mit $L_\mathrm{c} = \sqrt{r_\mathrm{i}\,(r_\mathrm{a} - r_\mathrm{i})} = r_\mathrm{i}$ als charakteristischer Länge, der magnetischen Diffusivität $\eta_\mathrm{M} = (\mu_0 \sigma)^{-1}$ sowie der dynamischen Viskosität $\eta_\mathrm{F} = \rho\nu$. Die Größe B_i bezeichnet dabei den Betrag der magnetischen Flussdichte am Innenzylinder. Die restlichen Parameter beschreiben die üblichen Natur- oder Stoffkonstanten. Das Verhältnis zwischen der kinematischen Viskosität ν und der magnetischen Diffusivität η_M wird mithilfe der magnetischen Prandtl-Zahl

$$Pm = \frac{\nu}{\eta_\mathrm{M}} \tag{1.19}$$

ausgedrückt.

Zum Verständnis der theoretischen Betrachtungen in den folgenden Kapiteln wird abschließend die magnetische Reynolds-Zahl

$$Rm = \frac{v\,L_\mathrm{c}}{\eta_\mathrm{M}} = Pm\,Re \tag{1.20}$$

definiert. Analog zur hydrodynamischen Reynolds-Zahl beschreibt sie das Verhältnis von Konvektion zur magnetischen Diffusion.

Nach der Einführung der notwendigen dimensionslosen Kennzahlen zur Beschreibung der Experimente ist es sinnvoll, ebenfalls die Gleichungen neu zu normieren. Mit der Wahl einer der Geometrie entsprechenden charakteristischen Länge L_c sowie einer das System bestimmenden Geschwindigkeit $\Omega_\mathrm{i} r_\mathrm{i}$, der Umfangsgeschwindigkeit am inneren Zylinder, lassen sich die Impulsgleichung (1.15) und die Induktionsgleichung (1.13) normieren. Die Zeitkoordinate skaliert dabei mit $L_\mathrm{c}/(\Omega_\mathrm{i} r_\mathrm{i})$. Das normierte

Gleichungssystem

$$\frac{\partial \vec{v}'}{\partial t'} + (\vec{v}' \cdot \nabla')\,\vec{v}' = -\nabla' p' + \frac{1}{Re}\nabla'^2 \vec{v}' + \frac{Ha^2}{Pm\,Re^2}\left(\nabla' \times \vec{B}'\right) \times \vec{B}' \tag{1.21}$$

$$\frac{\partial \vec{B}'}{\partial t'} = \nabla' \times \left(\vec{v}' \times \vec{B}'\right) + \frac{1}{Pm\,Re}\nabla'^2 \vec{B}' \tag{1.22}$$

ist danach nur noch von den dimensionslosen Variablen Re und Ha, sowie Pm abhängig. Die Komponenten t', $\vec{v}'$ und $\vec{B}'$ sowie der Operator ∇' stellen ebenfalls normierte Größen dar. In Anlage 8 ist dazu eine Herleitung der hier verwendeten Umformung nachzulesen [68, 71, 72]. Im Hinblick auf eine numerische Simulation eines Laborexperiments stellt die Berechnung der letzten Summanden aus den Gleichungen (1.21) und (1.22) eine besondere Herausforderung dar. Denn, die im Labor eingesetzten Flüssigmetalle besitzen ein $Pm \approx \mathcal{O}\left(10^{-6\ldots-5}\right)$, so dass $Ha^2/\left(Pm\,Re^2\right) \gg 1$ und $(Pm\,Re)^{-1} \gg 1$ unter Umständen sehr groß werden können. Rundungsfehler der verwendeten Routinen zur Lösung der Gleichungen fallen dann ins Gewicht und verfälschen so möglicherweise die Ergebnisse.

Weitere in dieser Arbeit genutzte Kennzahlen, wie die Rossby-Zahl Ro, die magnetische Rossby-Zahl Rb sowie die Lundquist-Zahl S, werden an den betreffenden Stellen eingeführt, wo sie zur Erklärung der Sachverhalte notwendig sind. Eine Übersicht der dimensionslosen Kennzahlen ist in der folgenden Tabelle 1.1 aufgelistet. Nachdem die Grundgleichungen der MHD und deren Normierung dargestellt wurden, folgen in den nächsten drei Abschnitten die theoretischen Grundlagen, sowie eine detaillierte Motivation der beiden durchgeführten Experimente. Beginnend mit dem hydrodynamischen Grundlagenexperiment, dem Taylor-Couette-Versuch, werden nacheinander die Parameter der Geometrie und die notwendigen Normierungen definiert, welche für das experimentelle Vorgehen wichtig sind. Der Übergang zu den Flüssigmetallversuchen wird für jedes Experiment einzeln erklärt. Maßgebend für die Aufstellung des Parameterraums der Versuche und die Gegenüberstellung der Ergebnisse sind die theoretischen Arbeiten, welche die Vorhersagen liefern. Die Bezeichnung der Parameter und Kennzahlen lehnt sich dabei an die zitierten Literaturquellen an.

Tabelle 1.1: Wichtige dimensionslose Kennzahlen

Bezeichnung	*Berechnung*	*Erläuterung*	*Quelle*
Reynolds-Zahl	$Re = \frac{vL_\mathrm{c}}{\nu}$	Verhältnis zwischen Trägheits- und Zähigkeitskräften	[58]
Hartmann-Zahl	$Ha = BL_\mathrm{c}\sqrt{\frac{\sigma}{\eta_\mathrm{F}}}$	Verhältnis zwischen viskosen und magnetisch induzierten Reibungskräften	[13, 73]
magnetische Prandtl-Zahl	$Pm = \frac{\nu}{\eta_\mathrm{M}}$	Verhältnis zwischen viskoser und magnetischer Diffusion	[13, 73]
magnetische Reynolds-Zahl	$Rm = \frac{vL_\mathrm{c}}{\eta_\mathrm{M}}$	Verhältnis von Advektion zur magnetischen Diffusion	[13, 73]
Lundquist-Zahl	$S = \frac{\mu_0 L_\mathrm{c} v_\mathrm{a}}{\eta_\mathrm{M}} = Ha\sqrt{Pm}$ $v_\mathrm{a}\dots$ Alfvén Geschwindigkeit	Verhältnis zwischen nicht-resistiven und resistiven MHD-Effekten	[68, 72]
Rossby-Zahl	$Ro = \frac{r\frac{\mathrm{d}}{\mathrm{d}r}\Omega(r)}{2\Omega(r)}$	$\Omega(r)\dots$ radiale Verteilung der Kreisfrequenzen	[74]
mag. Rossby-Zahl	$Rb = \frac{r\frac{\mathrm{d}}{\mathrm{d}r}\left(\frac{B_\varphi(r)}{r}\right)}{2\left(\frac{B_\varphi(r)}{r}\right)}$	$B_\varphi(r)\dots$ radialer Magnetfeldverlauf	[74]

1.2 Taylor-Couette-Strömung zwischen zwei rotierenden Zylindern

Maurice Couette stellte im Rahmen seiner Dissertation zum Thema „Reibung in Flüssigkeiten“ [59] ein Viskosimeter zur Untersuchung von Wasser vor. Das Messgerät, das er 1890 in Paris präsentierte, bestand im Wesentlichen aus zwei konzentrisch angeordneten Zylindern. Der äußere Zylinder rotierte, wobei der Innenzylinder still stand und so gelagert war, dass das wirkende Drehmoment gemessen werden konnte. Im Zwischenraum befand sich das Fluid, dessen Viskosität bestimmt wurde [59, 75].

M. Couette entdeckte bei seinen Experimenten, dass es in Abhängigkeit von der Rotationsgeschwindigkeit des Außenzylinders mehrere Strömungsregime gibt. So besteht bei niedrigen Drehzahlen eine stationäre und laminare Strömung mit einem linearen Zusammenhang zwischen dem übertragenen Drehmoment und der Rotation. Das zweite Regime, das er beobachtete, setzte bei höheren Drehzahlen ein und wies kein proportionales Verhalten zur Drehfrequenz des Außenzylinders auf [75]. In seiner Arbeit bezog er sich unter anderem auf A. Mallock, der im selben Zeitraum in Großbritannien einen ähnlichen Aufbau konstruierte, welcher es außerdem ermöglichte, beide Zylinder unabhängig von einander in Rotation zu versetzen [75–77].

Eine stark vereinfachte Skizze einer solchen Anordnung stellt Abbildung 1.2 dar. Die Parameter $\Omega_{\mathrm{i,a}} = 2\pi f_{\mathrm{i,a}}$ bezeichnen die Winkelgeschwindigkeiten des inneren und äußeren Zylinders. Im Spalt zwischen den Zylinderwänden ist die laminare Grundströmung des Fluids angedeutet. Haben der Innen- und Außenzylinder verschiedene Winkelgeschwindigkeiten, entsteht eine Scherströmung, die als differenzielle Rotation bezeichnet wird. Die Scherung des Fluids ist dabei eine Folge der ungleichen Rotationfrequenzen der Zylinder. In Abhängigkeit von Ω_{i} und Ω_{a} können im Fluid verschiedene, vom laminaren Grundzustand abweichende, Strömungsstrukturen entstehen, die in Form stationärer Wirbel oder Wellen messbar werden.

Die Ergebnisse der Arbeiten von A. Mallock aus dem Jahr 1896 zur Untersuchung der Viskosität von Flüssigkeiten zeigten bereits, dass sich bei einem stehenden Außenzylinder $\Omega_{\mathrm{a}} = 0$ und rotierendem Innenzylinder $|\Omega_{\mathrm{i}}| > 0$ keine stabile Strömung einstellt. A. Mallock folgerte, dass diese Parameterkombination zur Bestimmung der Viskositätsmessung nicht geeignet sei [77]. Erst viel später, im Jahr 1923, stellte sich durch die theoretischen und praktischen Arbeiten von G. I. Taylor heraus, dass es für diesen Fall einen Schwellenwert der Innenrotation gibt, ab dem die laminare Strömung instabil wird [78].

Obwohl es seit Isaac Newton Studien zu inkompressiblen strömenden Fluiden

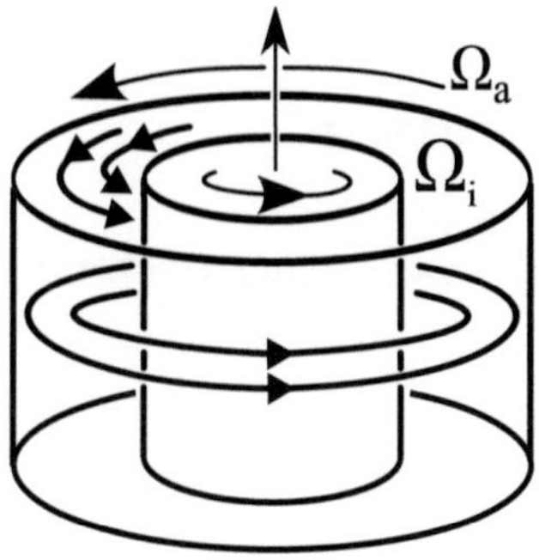

Abbildung 1.2: Skizze einer Taylor-Couette-Anordnung

zwischen zwei konzentrischen rotierenden Zylindern gab [78], war G. I. Taylor der erste, dem es gelang den Übergang vom laminaren Regime zur instabilen Strömung für reale Flüssigkeiten mathematisch zu beschreiben und experimentell zu überprüfen [58]. Dazu gebrauchte er eine neue Methode, die lineare Stabilitätsanalyse, um das Grundlagenexperiment der nach ihm und Couette benannten Taylor-Couette-Strömung (TC-Strömung) zu berechnen. Die Vorgehensweise und Funktion des Aufbaus wird durch folgendes Gedankenexperiment präzisiert.

Abbildung 1.2 zeigt schematisch eine Zylinderanordnung mit dem Verhältnis der Radien $r_\mathrm{i}/r_\mathrm{a} = 0{,}5$. Die äußere Rotation sei null, $\Omega_\mathrm{a} = 0$, und lediglich der innere Zylinder drehe sich mit Ω_i. Für kleine Drehgeschwindigkeiten, ausgedrückt durch ebenfalls kleine Reynolds-Zahlen $Re = \Omega_\mathrm{i} r_\mathrm{i}^2/\nu$, herrscht eine stationäre und laminare Strömung vor. Wird die Rotationsgeschwindigkeit erhöht, gibt es ein kritisches $\Omega_\mathrm{i,krit}$, ab dem sich das Verhalten der Strömung ändert. G. I. Taylor fand heraus, dass für die beschriebene Zylinderanordnung ab der kritischen Reynolds-Zahl $Re_\mathrm{krit} \approx 68$ das Regime umschlägt und die erste Instabilität, die sich durch torusförmige Wirbelstrukturen auszeichnet, einsetzt. Dieses Phänomen wird auch als Taylor-Vortex-Strömung (TVF) bezeichnet. Aus der hervorragenden Übereinstimmung zwischen den experimentellen Daten und der von G. I. Taylor durchgeführten linearen Stabilitätsanalyse folgt, dass sowohl die Navier-Stokes Gleichungen als auch die bis dahin angezweifelten „no-slip" Randbedingungen an den Zylinderwänden das Experiment hinreichend präzise abbilden konnten [78]. Denn bis zu diesem Zeitpunkt war unklar, ob der schlupffreie Übergang von der Strömung hin zur festen Zylinderwand durch $\lim_{r \to r_\mathrm{a}} v_\varphi(r) = \Omega_\mathrm{a} r_\mathrm{a}$ die physikalischen Gegebenheiten hinreichend genau modelliert. Mit G. I. Taylors Experimenten und Berechnungen konnte dies erstmalig geklärt werden.

Die theoretischen Arbeiten von G. I. Taylor [58] und später auch von S. Chandrasekhar [79] beschreiben die Strömung im Zylinderspalt unter der Bedingung eines unendlich langen Zylinders. Der für die Analyse notwendige stationäre und laminare Grundzustand der Kreisströmung lässt sich unter idealisierten Randbedingungen analytisch berechnen. Dazu wird nach einer stationären axialsymmetrischen Lösung der NSG gesucht, die nur Geschwindigkeitskomponenten $\vec{v} = \vec{e}_\varphi v_\varphi(r)$ in azimutaler Richtung besitzt und ausschließlich vom Radius r abhängt. Als Geometrieparameter werden nachfolgend die in der Literatur üblichen Kenngrößen

$$\hat{\eta} = \frac{r_\mathrm{i}}{r_\mathrm{a}} \tag{1.23}$$

als Verhältnis der Radien und mit

$$\hat{\mu} = \frac{\Omega_\mathrm{a}}{\Omega_\mathrm{i}} \tag{1.24}$$

der Quotient zwischen der äußeren und inneren Winkelgeschwindigkeit der Zylinder eingeführt.

Für einen unendlich langen Zylinder existiert eine analytische Herleitung der NSG, die zu folgendem Ausdruck führt [58]:

$$v_\varphi\left(r\right) = a_\Omega r + \frac{b_\Omega}{r}, \text{ mit } a_\Omega, b_\Omega \in \mathbb{R}. \tag{1.25}$$

Die radiale Geschwindigkeitsverteilung $v_\varphi(r)$ ist dabei abhängig von den Parametern a_Ω und b_Ω, die sich wiederum als Funktionen von $\hat{\eta}$ und $\hat{\mu}$ schreiben lassen. Die Lösung dafür lautet wie folgt [69, 79]:

$$v_\varphi\left(r\right) = \underbrace{\Omega_\mathrm{i}\frac{\hat{\eta}^2 - \hat{\mu}}{\hat{\eta}^2 - 1}}_{a_\Omega} r + \underbrace{\Omega_\mathrm{i} r_\mathrm{i}^2 \frac{1 - \hat{\mu}}{1 - \hat{\eta}^2}}_{b_\Omega} \frac{1}{r} \tag{1.26}$$

Die Winkelgeschwindigkeit $\Omega(r)$ lässt sich schließlich ableiten und genügt der folgenden Form

$$\Omega\left(r\right) = a_\Omega + \frac{b_\Omega}{r^2}. \tag{1.27}$$

Gesucht ist nun eine Aussage über die Stabilität dieser Strömung. Aus den Arbeiten von Lord Rayleigh, Taylor und Chandrasekhar geht hervor, dass eine TC-Strömung hydrodynamisch stabil ist, solange der Drehimpuls mit dem Radius nach außen hin zunimmt. Dies ist beispielsweise der Fall, wenn sich nur der Außenzylinder dreht. Die empirische Vorstellung, dass die Zentrifugalkraft die Strömung stabilisiert, ist an dieser Stelle korrekt.

Um zu zeigen, dass es sich hierbei tatsächlich um eine stabile Strömung handelt, soll ein dünner Fluidring mit dem Radius r_1 mit einem benachbarten dünnen Fluidring gleicher Masse mit dem Radius $r_2 < r_1$ getauscht werden. Das ist im vorliegenden Beispiel nur unter Aufwendung zusätzlicher Energie möglich. Die Strömung gilt damit als stabil, weil sie sich nur durch einen Energieeintrag von außen verändern lässt.

Aus der Energiebilanz dieses Tauschvorgangs leitete Rayleigh als Erster eine Formulierung ab, welche die Stabilität einer Strömung eines idealen nicht viskosen Fluids mit $\eta_\mathrm{F} = 0$ beschreibt. Das nach Lord Rayleigh benannte Stabilitätskriterium

$$\frac{\mathrm{d}}{\mathrm{d}r}\left(r^2 \Omega\left(r\right)\right)^2 > 0 \tag{1.28}$$

gilt für eine in z-Richtung unendlich ausgedehnte Zylinderanordnung und ist in Anlage 9 ausführlich beschrieben [1, 69, 80].

Aus Gleichung (1.27) und dem Kriterium (1.28) lässt sich ableiten, dass eine Strömung zwischen zwei gleichsinnig rotierenden Zylindern hydrodynamisch stabil ist, sobald das Verhältnis der Rotationsraten $\hat{\mu}$ größer als das Quadrat des Geometrieparameters $\hat{\eta}$ wird:

$$\hat{\mu} > \hat{\eta}^2. \tag{1.29}$$

Die Linie, welche $f\left(\Omega_\mathrm{i}, \Omega_\mathrm{a}\right)\big|_{\hat{\mu}=\hat{\eta}^2}$ beschreibt, wird als Rayleigh-Linie bezeichnet und definiert ein Regime, in dem $r^2\Omega = \mathrm{const.}$ gilt. Gleichung (1.29) stellt damit ein hinreichendes Kriterium für die Stabilität einer idealen Taylor-Couette-Strömung dar. Für den Fall, dass $\hat{\eta} = 0{,}5$ beträgt, ist eine Strömung stabil und stationär, wenn das Verhältnis der Rotationen $\hat{\mu} > \hat{\eta}^2 = 0{,}25$ beträgt [69].

Im Stabilitätsdiagramm in Abbildung 1.3 grenzt die Gleichung (1.28) für ideale nicht viskose Fluide mit der Rayleigh-Linie und für reale viskose Fluide mit der Taylor-Linie den stabilen vom instabilen Parameterbereich der TC-Strömung für $\hat{\eta} = 0{,}5$ ab. Die Taylor-Linie stellt dabei gleichzeitig das notwendige Kriterium, das für Stabilität gelten muss, dar. Es ist weiterhin zu erkennen, dass sich beide Stabilitätskurven asymptotisch annähern, so dass für große $Re \gg 1$ das hinreichende Kriterium nach Rayleigh aus Gleichung (1.29) genügt, um die Stabilität einer Strömung zu charakterisieren.

In seinen umfangreichen experimentellen Arbeiten zeigte Taylor nicht nur, dass die Viskosität η_F eines Fluids einen stabilisierenden Einfluss hat, sondern stellte gleichermaßen die Methode der linearen Stabilitätsanalyse zur Berechnung seiner Versuche unter Beweis. Für das Beispiel eines ruhenden Außenzylinders $Re_\mathrm{a} = 0$

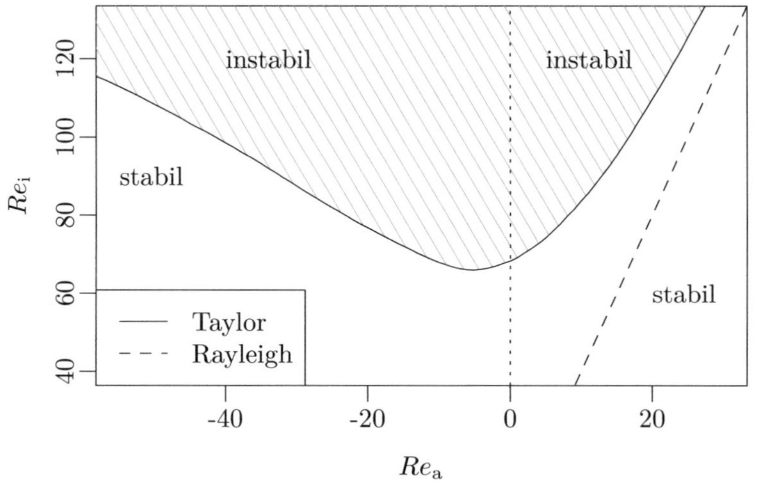

Abbildung 1.3: Das dargestellte Stabilitätsdiagramm für eine Taylor-Couette-Strömung gilt für $\hat{\eta} = 0{,}5$. Der schraffierte Parameterbereich deutet für reale Fluide mit $\eta_F > 0$ das Vorkommen der Taylor-Wirbel-Strömung (TVF) an [79, Abb. 3]. Die gestrichelte Linie beschreibt die Rayleigh-Linie und gilt für ideale Fluide mit $\eta_F = 0$. Entlang der Rayleigh-Linie gilt $r^2\Omega(r) = \text{const.}$.

und eines viskosen Fluids $\eta_F > 0$ hat die berechnete Linie marginaler Stabilität aus Abbildung 1.3 einen finiten Wert von $Re_i = 68$ [58]. Im Gegensatz dazu ist für ein ideales Fluid nach dem Rayleigh-Stabilitätskriterium (1.29) eine TC-Strömung auch für kleinste Re stets instabil.

Die nächsten Kapitel bauen darauf auf, dass die Grundströmung unter der Bedingung (1.29) hydrodynamisch stabil ist. Es wird sich jedoch zeigen, dass mit dem Einsatz eines elektrisch leitfähigen Fluids und durch Anlegen eines Magnetfeldes das einfache Rayleigh-Kriterium zur Charakterisierung der Stabilität einer TC-Strömung nicht mehr ausreicht. Vielmehr werden die Zusammenhänge bezüglich eines erweiterten Stabilitätskriteriums wesentlich komplexer.

Die Magnetfeldgeometrie $B_\varphi(r)$ im Zylinderspalt wird dabei analog zu Gleichung (1.26) definiert. Angelehnt an die übliche Schreibweise aus der Literatur geben die Parameter a_B und b_B den Anteil aus stromfreiem und stromgetriebenen Magnetfeld an und stehen in Abhängigkeit des Geometrieparameters $\hat{\eta}$. Sie lassen sich alternativ als Anteile des elektrischen Stroms interpretieren, der innerhalb des Fluids und isoliert davon fließt.

$$B_\varphi = a_B r + \frac{b_B}{r} \tag{1.30}$$

Ähnlich zum Quotienten der Innen- und Außenrotation $\hat{\mu}$ wird für den Magnetfeldverlauf der Parameter

$$\mu_{\mathrm{B}} = \frac{B_{\varphi}\left(r_{\mathrm{a}}\right)}{B_{\varphi}\left(r_{\mathrm{i}}\right)} \tag{1.31}$$

aus der Feldstärke am Innen- und Außenradius definiert.

Durch Einsetzen und Umformen entsteht

$$B_{\varphi}\left(r\right) = B_{\varphi}\left(r_{\mathrm{a}}\right)\left(\frac{r}{r_{\mathrm{a}}}\frac{\left|1-\frac{\hat{\eta}}{\mu_{\mathrm{B}}}\right|}{\hat{\eta}^{2}-1} + \frac{r_{\mathrm{a}}}{r}\frac{\hat{\eta}\left(\hat{\eta}-\frac{1}{\mu_{\mathrm{B}}}\right)}{\hat{\eta}^{2}-1}\right). \tag{1.32}$$

Die Normierung dieser Gleichung auf das Magnetfeld am Außenzylinder $B_{\varphi}(r_{\mathrm{a}})$ bietet den Vorteil, auch für Geometrien ohne Innenzylinder $r_{\mathrm{i}} = 0$ Lösungen zu liefern.

Verschiedene Werte für μ_{B} haben unterschiedliche Feldgeometrien zur Folge. Für ein stromfreies Feld im Zylinderspalt muss $a_{\mathrm{B}} = 0$ gelten. Für den Steuerparameter folgt $\mu_{\mathrm{B}} = \hat{\eta}$. Ein Magnetfeldverlauf von $B_{\varphi}\left(r\right) \propto r$ entspricht dabei $b_{\mathrm{B}} = 0$ und wird durch $\mu_{\mathrm{B}} = 1/\hat{\eta}$ ausgedrückt. Für eine Doppelzylinderanordnung mit den Radien r_{i} und r_{a}, in der ausschließlich im Zylinderspalt ein axialer Strom fließt, gilt $\mu_{\mathrm{B}} = \infty$. Es zeigt sich weiterhin, dass in diesem Fall das resultierende realistische Feld mit $a_{\mathrm{B}} \neq 0$ und $b_{\mathrm{B}} \neq 0$ beide Komponenten enthält. Für den Fall, dass $\hat{\eta} \ll 1$ ist, gilt als Näherung $\mu_{\mathrm{B}} = 1/\hat{\eta}$. Abschließend deutet die Variante $\mu_{\mathrm{B}} = 1$ ein nahezu konstantes Feld $B_{\varphi}\left(r\right) \approx \mathrm{const.}$ an. Abbildung 1.4 fasst für verschiedene μ_{B} den Feldverlauf grafisch zusammen. Dabei geben die gepunkteten Linien die Radien des inneren und äußeren Zylinders an.

Im Fokus dieser Arbeit stehen die Experimente zur azimutalen Magnetorotationsinstabilität (AMRI) und zur Tayler-Instabilität (TI). Sie haben gemeinsam, dass beide mit einer hydrodynamisch stabilen Grundströmung $\hat{\mu} > \hat{\eta}^{2}$ beziehungsweise $\vec{v} = 0$ durchgeführt werden. Es zeigt sich, dass die jeweils verschiedenen Magnetfeldkonfigurationen $B_{\varphi}\left(r\right)$ mit $\mu_{\mathrm{B}} = \hat{\eta}$ für die AMRI und $\mu_{\mathrm{B}} \approx 1/\hat{\eta}$, im Falle der TI, zur Instabilität führen. Die damit verbundene Fragestellung zur Stabilität von magnetisierten TC-Strömungen regen die in dieser Arbeit vorgestellten Experimente an und ergänzen damit das Bild über die MHD-Instabilitäten [81].

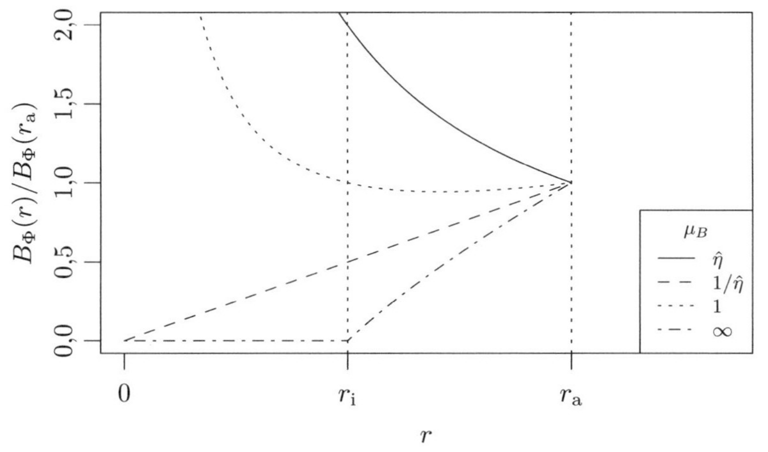

Abbildung 1.4: Dargestellt ist der normierte Betrag der Magnetfeldstärke $B_\varphi(r)$ für verschiedene Geometrieparameter μ_B. Für alle Kurven gilt $\hat{\eta} = 0{,}5$.

1.3 Magnetorotationsinstabilität

Mit den theoretischen Arbeiten von E. P. Velikhov [34], S. Chandrasekhar [69] und R. J. Donnelly et al. [82] wurde in den 1950er und 1960er Jahren untersucht, welchen Einfluss ein Magnetfeld auf die Strömung eines leitfähigen Fluids haben kann [83]. Chandrasekhar zeigte zunächst, dass ein axiales Magnetfeld $\vec{B}_z$ einen stabilisierenden Einfluss auf eine hydrodynamisch instabile Taylor-Couette-Strömung mit $\hat{\mu} < \hat{\eta}^2$ eines leitfähigen Materials mit $Pm \ll 1$ hat [3]. E. P. Velikhov hingegen stellte die Frage, wie sich eine hydrodynamisch stabile TC-Konfiguration unter dem Einfluss eines axialen Magnetfelds $\vec{B}_z$ verhalten würde. Er zeigte in seinen Berechnungen, dass ein ideales Fluid mit $\sigma \to \infty$ und $\eta_F = 0$ für alle Rotationsverhältnisse $\hat{\mu} < 1$ stets instabil ist [34]. Damit entstand ein neues Stabilitätskriterium

$$\frac{\mathrm{d}\Omega^2(r)}{\mathrm{d}r} > 0. \tag{1.33}$$

Das Kriterium (1.33) besagt, dass eine hydrodynamisch stabile TC-Konfiguration mit $\hat{\eta}^2 < \hat{\mu} < 1$ unter der Wirkung eines axialen Magnetfeldes instabil werden kann, was einige Zeit später durch eine Arbeit von Chandrasekhar bestätigt wurde [84]. Diese Art der Instabilität wird als Magnetorotationsinstabilität (MRI) bezeichnet. Die Bedingung (1.33) ist unabhängig vom Magnetfeld und gilt für ein ideales Fluid. Überraschenderweise führt in diesem Fall der Übergang von $B_z \to 0$ nicht zum hydrodynamischen Rayleigh-Kriterium (1.28), welches nur für $B_z = 0$ gilt. Der skizzierte Widerspruch wird als Velikhov-Chandrasekhar-Paradoxon bezeichnet. Numerische Arbeiten von G. Rüdiger et al. [85], H. Ji et al. [86], und A. Willis et al. [87] zeigen, dass sich dieser Widerspruch bei realen Flüssigkeiten mit $\eta_F > 0$ und $\sigma > 0$ löst und die Stabilitätsgrenze für $B_z \to 0$ gegen das Rayleigh-Kriterium (1.28) konvergiert. Einen analytischen und verallgemeinernden Ansatz zur Lösung des Paradoxon finden O. Kirillov et al. in ihrer Arbeit [88].

Die Bedeutung der MRI wurde mehr als drei Jahrzehnte lang unterschätzt. Erst mit den wegweisenden Arbeiten von S. Balbus und J. Hawley [35] trat die MRI als *die* magnetische Instabilität in den Fokus, die in der Lage ist, das Problem des Drehimpulstransports in Akkretionsscheiben zu lösen. Der zugrunde liegende Strukturbildungsprozess bei der Entwicklung von Zentralobjekten, wie zum Beispiel Sternen und schwarzer Löcher, startet damit, dass sich die divers verteilte Materie einer Gas- oder Staubwolke auf das Gravitationszentrum zubewegt und beginnt, um dieses zu rotieren. Dabei zieht sie sich zu einer scheibenförmigen Struktur, der Akkretionsscheibe zusammen. Aus rein hydrodynamischer Sicht wäre ein stabiler Zustand erreicht, sobald die Zentrifugalkraft und die Gravitationskraft im Gleichgewicht sind. Keplers Gesetz von der Bewegung der Planeten beschreibt dieses Gleichgewicht damit, dass die Bahngeschwindigkeit

$$v_\varphi = \Omega r \propto \frac{1}{\sqrt{r}} \tag{1.34}$$

indirekt proportional zur Wurzel des Abstandes vom Zentralgestirn ist. Das Profil der resultierenden Drehimpulsverteilung $L(r)$ einer Geschwindigkeitsverteilung nach Gleichung (1.34) lässt sich durch

$$L \propto v_\varphi r \to \Omega r^2 \propto \sqrt{r} \tag{1.35}$$

angeben. Gemäß (1.28) wäre eine solche Strömung mit einem nach außen hin anwachsendem Drehimpuls (1.35) hydrodynamisch stabil. Den weiteren Materietransport ins Zentrum der Akkretionsscheibe zu erklären, gelingt nur dann, wenn die mit der Umlauffrequenz Ω rotierenden Teilchen ihren spezifischen Drehimpuls $L \propto \Omega r^2$ durch einen geeigneten Transportmechanismus nach außen abgeben können. Anlage 9 und die Arbeit von H. Ji et al. [89] skizzieren dazu die Herleitung für die hydrodynamische Stabilität einer rotierenden Scherströmung.

In den 1970er Jahren entwickelten N. Shakura und R. Sunyaev ein Modell, das mithilfe von Turbulenz einer differenziell rotierenden Strömung die diskutierten Fragen zu beantworten versuchte [90]. Mit dem Hintergrund, dass solche astronomischen Strukturen eine viel zu geringe molekulare Viskosität besitzen, so dass die viskose

Kopplung der Teilchen den notwendigen Drehimpulstransport nicht erklärt [36], muss es einen anderen hinreichend starken Mechanismus geben, um Sterne und schwarze Löcher in der beobachteten Zeit zu formen [91]. Eine magnetohydrodynamische Instabilität, wie die MRI, stellt einen solchen alternativen Mechanismus für die notwendige Kopplung zwischen den Fluidelementen her.

Ein schwaches Magnetfeld, wie z. B. ein stellares Hintergrundfeld, ist bereits ausreichend, so dass ein Teil des Drehimpulses L_1 von einem Teilchen auf dem Radius r_1 an ein zweites Partikel auf einer äußeren Bahn $r_2 > r_1$ abgegeben werden kann. Folglich sinkt das erste Teilchen nach innen und gleichzeitig driftet das zweite durch den dazugewonnenen Drehimpuls weiter nach außen [89]. Eine Umverteilung der Materie findet statt. Auf diese Weise wird eine hydrodynamisch stabile Kepler Strömung in Verbindung mit einem schwachen axialen Magnetfeld MRI-instabil. Dabei ist für die MRI charakteristisch, dass die Energie für die Instabilität aus der Strömung kommt. Das notwendige Magnetfeld kann also außerhalb der betrachteten Strömung seinen Ursprung haben, so dass im gesamten betrachteten Fluid in diesem Fall kein elektrischer Strom fließen muss. Das angenommene B-Feld gilt damit als stromfrei. Es lässt sich darüber hinaus zeigen, dass der Mechanismus der MRI auch in der Lage ist, Turbulenz zu erzeugen, was eine essentielle Voraussetzung für die Bildung von Planeten in protoplanetaren Akkretionsscheiben darstellt [35, 37, 83, 89, 91].

Die experimentelle Untersuchung von Instabilitäten in strömenden Flüssigkeiten wird seit G. I. Taylor erfolgreich mit rotierenden Zylindersystemen durchgeführt. Der Aufbau einer konzentrischen Doppelzylinderanordnung, wie sie bereits in Abschnitt 1.2 erläutert wurde, stellt eine zuverlässige und erprobte Versuchsanordnung dar. Aus den theoretischen Ausführungen zur MRI ist bekannt, dass eine hydrodynamisch stabile Strömung mit differenzieller Rotation durch ein stromfreies Magnetfeld destabilisiert werden kann. Im Hinblick auf diese Konfiguration lassen sich für eine Taylor-Couette-Anwendung drei wesentliche Arten der MRI bezüglich einer technisch realisierbaren Magnetfeldgeometrie ableiten. In der folgenden Abbildung 1.5 sind die verschiedenen Typen der MRI sowie die Tayler-Instabilität, die in Kapitel 1.4 näher betrachtet wird, gegenübergestellt. Der Fokus der anschließenden Analyse der einzelnen Varianten liegt dabei auf der experimentellen Umsetzung mit Flüssigmetallexperimenten.

Die Standard-MRI (SMRI) mit einem axialen Magnetfeld $\vec{B}_z$ beschreibt die am häufigsten untersuchte Variante der MRI. Die Wirkungsweise dieser Instabilität in einer TC-Anordnung stellt Abbildung 1.5a schematisch dar. Die beiden angedeuteten Zylinder rotieren dabei mit den Kreisfrequenzen Ω_i und Ω_a. Zusätzlich wirkt ein homogenes Hintergrundfeld $\vec{B}_z$ in Richtung der Rotationsachse, welches die Strömung destabilisieren kann. Die vorliegende Feldkonfiguration wird als „non-zero net-flux“-

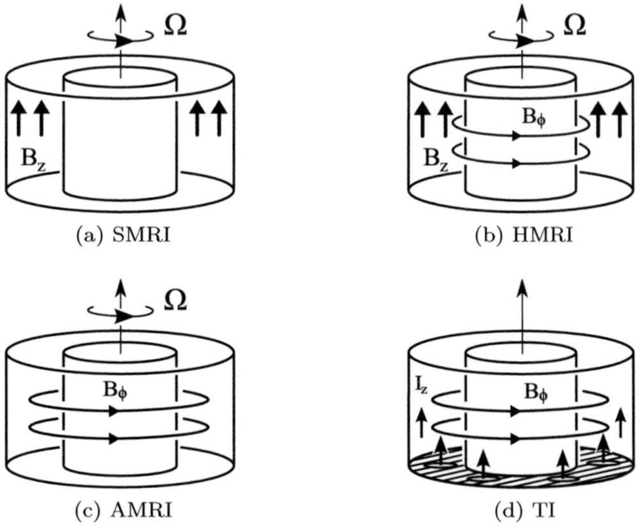

Abbildung 1.5: Varianten der Magnetorotations- und Tayler-Instabilität. Für jede Teilabbildung gilt jeweils ein zylindrisches Koordinatensystem. Teilabbildung (a) zeigt schematisch die Standard MRI (SMRI) mit der Rotation Ω und dem Magnetfeld $\vec{B}_0 = \vec{B}_z$; (b) deutet die Helikale MRI (HMRI) mit dem Magnetfeld $\vec{B}_0 = \vec{B}_z + \vec{B}_\varphi$ an; (c) stellt die Azimutale MRI (AMRI) mit $B_\varphi \propto r^{-1}$ dar; der Spezialfall der Tayler-Instabilität (TI) ist für $\Omega = 0$ und einen axialen elektrischen Strom durch das Fluid in Teilabbildung (d) zu sehen.

Feld bezeichnet, da sich die Magnetfeldlinien im betrachteten Volumen, hier im Zylinderspalt, nicht schließen.

Dem gegenüber steht die „zero net-flux“ Variante, die zum Beispiel ein azimutales Feld $\vec{B}_\varphi$ charakterisiert. In diesem Fall würden sich die Anteile der B_φ-Komponente im betrachteten Volumen zu null summieren. Für das bessere Verständnis der Parameter, unter denen die SMRI funktioniert, wird eine weitere dimensionslose Kennzahl, die Lundquist-Zahl

$$S = Ha\sqrt{Pm} \tag{1.36}$$

eingeführt. Sie ist in der Plasmaphysik ein Maß, welches das Verhältnis zwischen der Zeit, welche eine Alfvén-Welle benötigt, um ein Kontrollvolumen zu durchqueren und der magnetischen Diffusionszeit beschreibt. Die Lundquist-Zahl kann durch die schon vorgestellten Kennzahlen Ha und Pm nach (1.36) berechnet werden [68]. Die SMRI tritt für den Parameterbereich von $S = \mathcal{O}(1)$ und $Rm = PmRe = \mathcal{O}(10)$ auf [85]. Laborexperimente sind unter diesen Umständen herausfordernd, da für Metallschmelzen die dimensionslose Stoffkennzahl $Pm \approx 10^{-(5\ldots6)}$ beträgt [92, 93]. Dem gegenüber stehen die wichtigsten Vorteile dieser Materialien, wie die hohe elektrische Leitfähigkeit und die niedrige Schmelztemperatur. Für die eutektische Legierung $Ga^{67}In^{20,5}Sn^{12,5}$, nachfolgend GaInSn genannt, liegt die Schmelztemperatur sogar unter 0°C [94].

Mit $Rm = \mathcal{O}(10)$ folgt eine Reynolds-Zahl in der Größenordnung von $Re = \mathcal{O}(10^7)$. Die niedrigen magnetischen Prandtl-Zahlen der eingesetzten Schmelzen erfordern demnach für die Versuche entweder sehr hohe Geschwindigkeiten oder eine sehr große Abmessungen der Aufbauten $L_c \approx \mathcal{O}(1\,\mathrm{m})$, um die erforderlichen Reynolds-Zahlen zu erreichen. Eine Abschätzung nach Gleichung (1.17) ergibt, dass bei einer Doppelzylinderanordnung eine Rotationsfrequenz des inneren Zylinders von $f = \mathcal{O}(10\,\mathrm{Hz})$ notwendig wäre, damit die oben genannten Reynolds-Zahlen erreicht werden können. Solche Drehgeschwindigkeiten sind zwar technisch realisierbar, jedoch wird die Strömung bei sehr großen Re weitestgehend von den Effekten, die sich an den Deckeln jedes realen Experiments abspielen, bestimmt.

Das Taylor-Proudman Theorem erklärt dieses Verhalten. Es besagt, dass eine schnell rotierende Strömung eines homogenen Fluids auf jeder Schnittebene quer zur Rotationsachse die gleiche Struktur aufweist. Demnach breitet sich eine Störung, hervorgerufen an den Deckeln, mit zunehmender Rotationsgeschwindigkeit durch das gesamte Volumen des Experiments aus, bis sie es komplett ausfüllt. Die Konsequenz wäre, dass die gewünschte laminare Grundströmung mit der radialen Verteilung $\Omega(r) \propto r^{-2}$ durch die Effekte an den Deckeln dominiert wird und damit nicht zustande kommen kann [95]. Aus diesem Grund sind Laborexperimente zur SMRI mit Flüssigmetallen in einer TC-Geometrie nach heutigem technischem Stand schwer durchführbar, weil sie entweder zu groß würden oder zu schnell rotieren müssten [92, 93].

Diese Situation ändert sich, sobald die B_z-Komponente des Feldes mit einer B_φ-Komponente überlagert wird, wie es in Abbildung 1.5b zu sehen ist. Es entsteht ein helikales Magnetfeld, aus dem sich der Name der Instabilität „Helical MRI" (HMRI) herleitet. In ihren Arbeiten zeigten R. Hollerbach und G. Rüdiger et al., dass sich die für das Auftreten der HMRI wichtige kritische Reynolds-Zahl Re_{krit} von $Re_{\mathrm{krit}} = \mathcal{O}\left(10^6\right)$ für SMRI auf $Re_{\mathrm{krit}} = \mathcal{O}\left(10^3\right)$ für HMRI verringert [45, 96]. Die damit verbundenen Geschwindigkeiten und Rotationsfrequenzen von $f = \mathcal{O}(0{,}1\,\mathrm{Hz})$ sind in einen Parameterbereich gerückt, der sich im Labor einfach realisieren lässt. Ebenso trifft dies auf die für das Magnetfeld erforderlichen elektrischen Ströme zu. Sie liegen hier im Bereich von einigen Kiloampere und können von modernen und leistungsstarken Stromquellen, wie sie in der Galvanikindustrie zum Einsatz kommen, erzeugt werden. Der experimentelle Nachweis der HMRI gelang erstmals F. Stefani et al. im Jahr 2006 mit dem Potsdam-ROssendorf-Magnetic-InStability-Experiment „PROMISE" [46]. Es stellte sich heraus, dass selbst bei den moderaten Geschwindigkeiten die Effekte der Deckel das Experiment erheblich beeinflussen. Die Wechselwirkung der Strömung mit den Deckeln führte zu einer Sekundärströmung, welche lokal an der Deckeloberfläche radiale Komponenten v_r aufweist. Diese Ekman-Wirbel befinden sich bei niedrigen Geschwindigkeiten direkt an den Deckeln und dringen mit zunehmender Rotationsgeschwindigkeit immer weiter in das Volumen hinein [97]. Rotiert die obere und untere Begrenzung des Fluids mit einem der beiden Zylinder mit, ist lediglich eine der zwei äußeren Winkelgeschwindigkeiten als Randbedingung an den Enden des Zylinders gegeben.

Eine Minimierung der Ekman-Wirbel kann nur erreicht werden, indem diese Randbedingung näher an die ideale Strömung mit einem kontinuierlichen Verlauf der Umfangsgeschwindigkeit nach Gleichung (1.26) herangeführt wird. Dies geschieht durch Deckel, die in mehrere Ringe unterteilt sind. Bei PROMISE kommen zwei Scheiben, die am Innen- und Außenzylinder befestigt sind, zum Einsatz. Eine Optimierung des Trennradius lieferte für die HMRI schließlich eine minimale Ausprägung der Ekman-Wirbel an den Deckeln [98, 99].

Die dritte Variante der MRI, die in Abbildung 1.5c dargestellt ist, heißt azimutale MRI (AMRI). Sie stellt die Grundlage für das in dieser Arbeit diskutierte Experiment dar. Im Gegensatz zu E. P. Velikhov [34] sowie S. Balbus und J. Hawley [35], die für die Wirkungsweise der MRI nur eine B_z-Komponente zuließen, wird diese

Konfiguration von der Frage motiviert, ob auch rein azimutale Felder $\vec{B}_\varphi$ eine Strömung destabilisieren. Dazu lautet das Stabilitätskriterium für axialsymmetrische Störungen eines idealen Fluids mit $\eta_\mathrm{F} = 0$ und $\sigma \to \infty$ in einer TC-Strömung [2][69, S. 395]

$$\underbrace{\frac{1}{r^3}\frac{\mathrm{d}}{\mathrm{d}r}\left(r^2 \Omega\left(r\right)\right)^2}_{\text{Rayleigh}} - \frac{r}{\mu_0 \rho}\frac{\mathrm{d}}{\mathrm{d}r}\left(\left(\frac{B_\varphi\left(r\right)}{r}\right)^2\right) > 0. \tag{1.37}$$

Demnach sind alle Rotationsprofile $\Omega(r)$ bei einem azimutalen Feldverlauf mit $\mu_\mathrm{B} > 1$ für eine ideale Flüssigkeit bezüglich axialsymmetrischer Störungen instabil. Im Gegensatz dazu stabilisieren ab einer gewissen Feldstärke die stromfreien Magnetfeldprofile wie z. B. $\mu_\mathrm{B} = \hat{\eta} \to B_\varphi \propto 1/r$ stets die Strömung. Die Arbeiten von G. Rüdiger et al. zur azimutalen MRI (AMRI) führen den Gedanken weiter und fragen, ob ein azimutales Magnetfeld einen destabilisierenden Einfluss bezüglich nicht-axialsymmetrischer Störungen auf eine hydrodynamisch stabile Strömung haben kann [5]. Dies unterstützen ebenso die Thesen von G. I. Ogilvie und J. E. Pringle [100]. Die Autoren äußern die Vermutung, dass in realen astrophysikalischen Systemen die azimutale Feldkomponente B_φ ebenfalls eine entscheidende Rolle für den Drehimpulstransport spielt.

Mit dem PROMISE-Experiment zur HMRI existiert bereits eine klassische TC-Versuchsanordnung, welche eine Scherströmung zwischen zwei Zylindern in Verbindung mit einem stromfreien und helikalen Magnetfeld

$$\vec{B} = a\vec{B}_z + b\vec{B}_\varphi \tag{1.38}$$

erlaubt [46]. Für ein rein azimutales Feld $B_\varphi \propto 1/r$, das von einem isolierten Strom durch die Mitte des Zylinders erzeugt wird, stellt sich heraus, dass die Stabilität der Strömung, im Gegensatz zur HMRI, nur noch von drei Einflussgrößen abhängt. Diese sind das Rotationsverhältnis zwischen Außen- und Innenzylinder $\hat{\mu}$, die hydrodynamische Reynolds-Zahl

$$Re = \frac{\Omega_\mathrm{i} r_\mathrm{i}^2}{\nu} = \mathcal{O}\left(10^3\right) \tag{1.39}$$

als Maß der Geschwindigkeit sowie die Hartmann-Zahl

$$Ha = \frac{B_\mathrm{i} L_\mathrm{c}}{\sqrt{\mu_0 \rho \nu \eta_\mathrm{M}}} = \mathcal{O}\left(100\right) \tag{1.40}$$

als Maß für die Magnetfeldstärke. Bezogen auf den Innenradius r_i und die Rotationsfrequenz des Innenzylinders $\Omega_\mathrm{i} = 2\pi f_\mathrm{i}$ lässt sich jeweils die Größenordnung für die Einflussgrößen Re und Ha charakterisieren [5].

Durch Umstellen der Gleichungen (1.39) und (1.40) resultieren schließlich die physikalischen Stellgrößen, wie Magnetfeldstärken und Rotationsgeschwindigkeiten. Mit einem Innenradius von $r_\mathrm{i} = 0{,}04\,\mathrm{m}$ und einer maximalen Reynolds-Zahl von $Re < 10^4$ folgt für die im Labor eingesetzte eutektische Flüssigmetallschmelze GaInSn, dass die erforderlichen Geschwindigkeiten bereits mit einer Rotationsfrequenz

$$f_\mathrm{i} = \frac{\nu Re}{2\pi r_\mathrm{i}^2} \approx 0{,}1\,\mathrm{Hz} \tag{1.41}$$

erreicht werden. Aus der Beziehung für ein Magnetfeld um einen stromdurchflossenen Leiter, in Kombination mit (1.40), folgt für eine Hartmann-Zahl von $Ha = 100$ der notwendige kritische Strom

$$I_\mathrm{krit} = \frac{1}{2} Ha \sqrt{\mu_0 \rho \nu \eta_\mathrm{M}} \cdot 10^7 \approx 13\,\mathrm{kA}. \tag{1.42}$$

Die Gleichungen (1.41) und (1.42) verdeutlichen, dass die AMRI im Labor experimentell erschlossen werden kann. Aus den Abschätzungen bezüglich der Hartmann-Zahl geht allerdings hervor, dass die technische Herausforderung dieses Experimentes darin besteht, die hohen Stromstärken von etwa 10 kA bis 20 kA am Aufbau bereitzustellen. Das Verhältnis der Rotationsraten $\hat{\mu}$ wird dabei so gewählt, dass die Strömung hydrodynamisch gerade noch stabil ist, also $\hat{\eta}^2 < \hat{\mu} \ll 1$, damit die AMRI unabhängig von der hydrodynamischen Instabilität beobachtet werden kann. Die Ergebnisse von R. Hollerbach zu dieser Frage legen nahe, dass für $\hat{\eta}^2 = 0{,}25$ und $Re = \mathcal{O}\left(10^3\right)$, ab einem Wert von $\hat{\mu} \approx 0{,}28$, die AMRI im Experiment nicht mehr auftritt [101]. Folglich muss das Verhältnis der Rotationsgeschwindigkeiten

$$0{,}25 < \hat{\mu} < 0{,}28 \tag{1.43}$$

so gewählt werden, dass es zwischen der Rayleigh-Linie und 0,28 liegt.

Die theoretischen und numerischen Ergebnisse sowie eine Diskussion des Experiments zur AMRI sind im Kapitel 2 „Experiment zur azimutalen Magnetorotationsinstabilität“ dargestellt.

1.4 Tayler-Instabilität

Die in den vorangegangenen Abschnitten erläuterten Varianten der MRI gehören wegen ihrer Magnetfeldgeometrie zur Klasse der stromfreien Instabilitäten. Die Besonderheit bestand darin, dass sie durch die hydrodynamisch stabile, differentielle Rotation des Fluids unter dem Einfluss eines Magnetfeldes zustande kommen. Das letzte Teilbild aus Abbildung 1.5 skizziert eine weitere Situation, bei der ein axialer elektrischer Strom durch das Fluid hindurch fließt. Die Magnetfeldstärke ist in diesem Fall für kleine $\hat{\eta} \ll 1$ näherungsweise proportional zum Radius $B_\varphi(r) \propto r$. In einer TC-Anordnung mit $r_\mathrm{i} > 0$ wird dies durch $\mu_\mathrm{B} \approx 1/\hat{\eta}$ ausgedrückt. Die nachfolgenden Ausführungen zeigen, dass ebenfalls eine lineare radiale Abhängigkeit des magnetischen Feldes einen destabilisierenden Einfluss auf das Fluid haben kann.

Ausgehend von einem idealen, inkompressiblen Fluid ($\eta_\mathrm{F}, \eta_\mathrm{M} = 0$) geben die Arbeiten von D. Michael [2] und S. Chandrasekhar [69, S. 395], ähnlich dem hydrodynamischen Rayleigh-Kriterium (1.28), eine Stabilitätsbedingung an, die eine differentielle Rotation unter dem Einfluss eines azimutalen Magnetfeldes $B_\varphi(r)$ mit radialer Abhängigkeit berücksichtigt. Gleichung (1.37) gibt die Stabilitätsbedingung gegenüber axialsymmetrischen Störungen an.

Nachfolgend werden für die Begriffe „axialsymmetrisch" und „nicht-axialsymmetrisch" die präziseren Bezeichnungen $m = 0$ und $m = 1$ eingeführt. In rotationssymmetrischen Zylinderkoordinaten drückt m die Periodizität einer Struktur, bezogen auf den Umfang, aus und wird als azimutale Mode bezeichnet. Unter einer $m = 1$-Mode ist die nicht-axialsymmetrische Verteilung mit nur einer Periode entlang des Umfanges zu verstehen. Eine axialsymmetrische $m = 0$-Mode ist im Gegensatz dazu an jeder Position φ gleich. Werden nun für eine zylindrische Geometrie die Feldverteilungen $B_\varphi(r) \propto r$ oder $B_\varphi(r) \propto r^{-1}$ in den letzten Term der Gleichung (1.37) eingesetzt, lässt sich schlussfolgern, dass eine hydrodynamisch stabile Strömung mit $\hat{\mu} > \hat{\eta}^2$ eines idealen Fluids stets stabil gegenüber axialsymmetrischen $m = 0$-Störungen ist.

In den 1970er Jahren formulierten R. J. Tayler und Yu. V. Vandakurov darüber hinaus ein Kriterium, das die Stabilität bezüglich nicht-axialsymmetrischer $m = 1$-Störungen eines ruhenden inkompressiblen Fluids beschreibt [7, 102]:

$$\underbrace{-\frac{\mathrm{d}}{\mathrm{d}r}\left(rB_\varphi(r)^2\right)}_{<0,\ \text{für } B_\varphi(r)\propto r \rightarrow \text{instabil}} > 0. \tag{1.44}$$

Durch Einsetzen der diskutierten Feldgeometrie mit $\mu_\mathrm{B} \approx 1/\hat{\eta}$ in die Stabilitätsbedingung (1.44) wird ersichtlich, dass es für ein ideales Fluid unabhängig von $\vec{v}$ zu

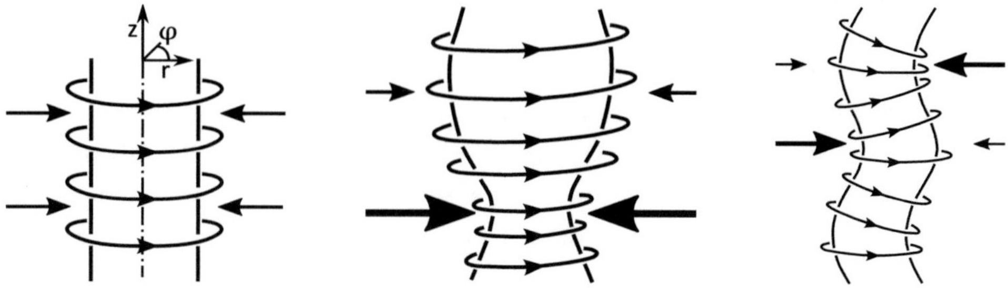

(a) Grundzustand (b) „sausage-Type"-$m = 0$ (c) „kink-Type"-$m = 1$

Abbildung 1.6: Instabilitäten einer stromdurchflossenen Plasmasäule

einer nicht-axialsymmetrischen Instabilität, der Tayler-Instabilität, kommen kann.

Für ein reales kompressibles Fluid mit einer finiten Viskosität $\eta > 0$ und einer endlichen Leitfähigkeit $\sigma > 0 \rightarrow \eta_{\mathrm{M}} > 0$ fanden im Jahr 1954, noch vor den Überlegungen von Tayler und Vandakurov, M. Kruskal und M. Schwarzschild ganz ähnliche Zusammenhänge. Die Motivation ihrer Überlegungen waren die Herausforderungen bei der Plasmakonditionierung in Fusionsreaktoren. Eine stabile Reaktion kann hier nur stattfinden, wenn das ionisierte Arbeitsgas während des Fusionsprozesses keinen Kontakt mit der Reaktorwand hat, was eine berührungslose Einflussnahme erfordert. Für dünne Plasmen, die elektromagnetisch beeinflusst werden, lautet die abgeleitete Frage: Welche Reaktorgeometrie und Magnetfeldkonfiguration ist für die robuste Formgebung des Plasmas am besten geeignet [48]? Aus der Vielzahl der heute bekannten Plasmainstabilitäten, die dabei auftreten können, ist die nachfolgend beschriebene z-pinch Instabilität die Grundlegendste und wegen der Ähnlichkeit zur TI von besonderem Interesse. Zum Verständnis der Wirkungsweise veranschaulicht Abbildung 1.6 die Zusammenhänge am Beispiel einer stromdurchflossenen zylindrischen Plasmasäule.

Gegeben ist ein zylindrischer Ausschnitt eines Plasmakanals mit einer Querschnittsfläche A. Die axiale Stromdichte $J_z = I_z/A$ sei homogen verteilt und durchdringt den gesamten Querschnitt. Das entstehende azimutale Magnetfeld mit $B_\varphi \propto r$ interagiert dabei mit dem Strom, so dass eine nach innen gerichtete radiale Volumenkraft

$$\vec{f} = f_r \vec{e}_r \sim \vec{J}_z \times \vec{B}_\varphi \tag{1.45}$$

entsteht. Im Grundzustand, Abbildung 1.6a, herrscht zunächst ein labiles Gleichgewicht zwischen den Druckkräften des Plasmas, die radial nach außen zeigen und den magnetischen Kräften, die radial nach innen gerichtet sind. Die Plasmasäule wird durch kleine Störungen in radialer oder axialer Richtung destabilisiert.

Die in Abbildung 1.6b dargestellte Einschnürung ist die erste Instabilität, die $m = 0$-Mode. Sie trägt den Namen „sausage-Type“ und entsteht durch eine minimale Variation des Radius. Wird der Kanal an einer bestimmten Position dünner, so steigt dort an der Oberfläche bei r_a der Einschnürung der Betrag des Magnetfeldes, wegen $B_\varphi \propto 1/r_\mathrm{a}$ an und verstärkt auf diese Weise die radial wirkende Kraft. Im Gegensatz dazu steht der „kink-Type“ der Instabilität, der als eine Art Verwerfung oder auch Krümmung des betrachteten Volumens interpretiert werden kann. Die in Teilabbildung 1.6c dokumentierte Formveränderung entsteht durch eine Variation der Magnetfeldstärke entlang der Achse und zeigt den $m = 1$-Typ der z-pinch Instabilität [13, 49].

Die einfache Idee, mithilfe eines axialen Stromes den wirkenden Plasmadruck durch den wirkenden magnetischen Druck zu kompensieren, führt stets zu einem instabilen Plasmakanal. Für eine zylindrische Geometrie zeigten M. Kruskal et al. und V. D. Shafranov, dass ein zusätzliches axiales Feld $\vec{B}_z$ die z-pinch Instabilität unterdrücken kann [47, 103]. Für eine typische Anwendung in der Plasmaphysik, einer toroidalen Brennkammer eines Fusionsreaktors, wird die Stabilitätsbedingung durch den Sicherheitsfaktor

$$q_\mathrm{T}(r) = \frac{r_\mathrm{a} B_z}{r_0 B_\varphi(r)} > 1 \tag{1.46}$$

definiert [104, S. 66].

Der Parameter r_a bezeichnet den Radius eines Querschnittskreises des torusförmig gekrümmten Plasmazylinders. Die Mittellinie des gedachten Rotationstorus sei dabei ein Kreis mit dem Radius r_0. Die Felder $\vec{B}_z$ und $\vec{B}_\varphi$ beziehen sich auf einen näherungsweise zylindrischen Ausschnitt des Torus, so dass $\vec{B}_z$ dem toroidalen und $\vec{B}_\varphi$ dem poloidalen Feldanteil entspricht.

Es stellt sich weiterhin heraus, dass ähnlich zu q_T auch für eine periodische Plasmasäule der Sicherheitsfaktor $q_\mathrm{S}(r) \propto B_z/B_\varphi$ existiert. In Abhängigkeit vom homogenen axialen Strom I_z in einer Zylindergeometrie mit der Höhe h und dem Außenradius r_a lässt sich der modifizierte Sicherheitsfaktor

$$q_\mathrm{S} = \frac{4\pi^2 r_\mathrm{a} B_z}{\mu_0 I_z h} > 1 \tag{1.47}$$

angeben [49, 105]. Für eine homogene Stromdichteverteilung $\partial J_z/\partial r = 0$ kann gezeigt werden, dass für $q_\mathrm{S} < 1$ die betrachtete Plasmasäule destabilisiert [106–108].

Experimentelle Arbeiten in der Plasmaphysik beschäftigen sich ausführlich mit dem

Einfluss des axialen Feldes $\vec{B}_z$ auf die Stabilität des Plasmakanals [49, 109]. Dabei stellt sich heraus, dass die axialen Randbedingungen, die radiale Stromverteilung sowie die Stoffparameter einen signifikanten Einfluss auf die Strömung haben [110]. Des Weiteren erfordert die Konditionierung des Plasmas durch magnetische und elektrische Felder stets eine gewisse Bewegung des Fluids, so dass sich weder der Grundzustand $\vec{v} = 0$ noch $q_\mathrm{S}, q_\mathrm{T} = 0$ in realen Plasmaexperimenten realisieren lassen.

Der Übergang $B_z \to 0$ beziehungsweise $q_\mathrm{S} \to 0$ ist jedoch für die Charakterisierung dieser Instabilität von Bedeutung. Unter der idealisierten Annahme einer homogenen Stromdichteverteilung $\partial J_z/\partial r = 0$ in einem resistiven und viskosen Fluid folgt aus den theoretischen Arbeiten von G. O. Spies [111], dass eine reine z-pinch Instabilität mit einer $m = \pm 1$-Struktur entsteht. Die numerischen Ergebnisse zeigen zudem, dass höhere Moden $m \geq 2$ durch die finite Viskosität und Leitfähigkeit gedämpft werden. Zu einer ähnlichen Schlussfolgerung gelangen X. Shan, D. Montgomery et al. in ihren Berechnungen für ein inkompressibles Fluid [112].

Während die z-pinch Instabilität für $q_\mathrm{S} < 1$ zusätzlich zu einer Formveränderung des untersuchten Fluids führt, handelt es sich in Verbindung mit inkompressiblen Medien bei einer nicht veränderlichen Geometrie um die Tayler-Instabilität. Eindeutige experimentelle Nachweise oder Beobachtungen existieren für diese Instabilität bislang nicht [73, S. 249][113], sind aber von großem Interesse.

Vermutlich nimmt die TI bei der Entstehung von Neutronensternen oder weißen Zwergsternen eine bedeutende Rolle ein. Hier liefert sie den benötigten Drehimpulstransportmechanismus im Sterneninneren und erklärt die Abweichungen zwischen aktuellen mathematischen Modellen zur Sternenentstehung und den beobachteten Rotationsraten [7, 52, 102]. Ebenso ist die TI ein wichtiger Bestandteil eines nicht-linearen Dynamomodells nach H. C. Spruit [53, 114]. Hier sorgt sie für die notwendige Rückkopplung, so dass ein Dynamo entsteht. Die übergeordnete Kernfrage lautet letztlich, inwieweit azimutale Magnetfelder mit $\mathrm{d}B_\varphi/\,\mathrm{d}r > 0$ und $\mu_\mathrm{B} > 1$ im Zusammenspiel mit Dichteschichtung, Gravitation und differenzieller Rotation Strömungen in Zentralgestirnen stabilisieren oder auch destabilisieren können.

Die bemerkenswerte Eigenschaft, dass sich selbst ein ruhendes, stromdurchflossenes und inkompressibles Fluid destabilisieren lässt, motiviert das vorgestellte Experiment zur TI. Mit Blick auf die z-pinch Instabilität der Plasmaphysik stellt die TI den interessanten Grenzfall für $q_\mathrm{S} = 0$ dar. Für ein Laborexperiment in einer TC-Anordnung mit einem ruhenden, elektrisch leitfähigen Flüssigmetall legen die Arbeiten von D. Shalybkov und G. Rüdiger et al. nahe, dass mit realen Metallschmelzen mit $Pm \approx \mathcal{O}(10^{-6})$ die $m = \pm 1$-Mode der Instabilität dominiert [8, 115]. Eine direkte Folge ist, dass sich über den Querschnitt des betrachteten Zylinders Wirbel ausbilden, die eine

Durchmischung des Mediums zur Folge haben. Für eine Doppelzylindergeometrie mit sehr kleinem Innenradius $\hat{\eta} \ll 1$ wird ein Laborexperiment zusätzlich begünstigt, da für diesen Fall die notwendigen kritischen Ströme in der Größenordnung von wenigen Kiloampere liegen. Der gesamte Aufbau des Versuchs ist dabei relativ simpel, da mit der Forderung $\vec{v} = 0$ bewegliche Teile, wie Motoren, Drehdurchführungen oder Lager entfallen. Für eine gegebene Geometrie mit $\hat{\eta} \approx 0$ kommt G. Rüdiger in einer Abschätzung für den notwendigen kritischen Strom I_{krit} zu folgendem Ergebnis [8]:

$$I_{\text{krit}} \approx 2{,}8\,\text{kA}. \tag{1.48}$$

Ausgedrückt durch die dimensionslose Hartmann-Zahl, die in diesem speziellen Fall auch für alle Pm gilt, korrespondiert I_{krit} mit $Ha \approx 22$. Die TI setzt also für den in Kapitel 3 vorgestellten experimentellen Aufbau bei rund drei Kiloampere ein. Eine solche Stromstärke ist mit modernen AC/DC Gleichrichtern realisierbar, so dass das Experiment im Labor durchgeführt werden kann.

Die Erkenntnis, dass in einer ruhenden Metallschmelze bei hinreichend großem Strom eine Durchmischung einsetzt, regt die aktuellen Entwicklungen zur Betriebssicherheit von Flüssigmetallbatterien an. Für eine zuverlässige Funktionsweise dieses Energiespeichers ist es essentiell, dass die flüssigen Bestandteile der Anode, Kathode und des Elektrolyts nicht durch die TI mit einander vermischt werden [116–118]. Ein Kurzschluss im Inneren der Batterie wäre in diesem Fall eine fatale Folge.

1.5 Bestehende Experimente und deren Einordnung

Seit der Entdeckung der MRI und der Bedeutung für den Drehimpulstransport und die Turbulenzbildung in astrophysikalischen Strömungen sind Laborversuche entwickelt worden, die diese MHD-Instabilität experimentell ergründen. Die nachfolgend genannten Experimente konzentrieren sich insbesondere auf inkompressible Flüssigmetalle, wie die eutektische Legierung GaInSn oder flüssiges Natrium. Die wichtigsten bekannten Anlagen sind in Tabelle 1.2 aufgeführt und lassen sich in zwei Hauptgruppen unterscheiden. Experimente mit einer rotierenden sphärischen oder zylindrischen TC-Anordnung stehen hier im Kontrast zu den Versuchen, bei denen die Lorentzkraft $\vec{f}_{\text{L}}$ eines inneren Stromes die Strömung antreibt. Weiterhin unterscheiden sich die Experimente in der Gestalt des applizierten Magnetfeldes. Abbildung 1.7 veranschaulicht die unterschiedlichen Varianten der Feldgeometrie. Hierbei sind rechts die Varianten für Zylinderexperimente $(2, 4, 6)$ und links die Anordnungen für die Kugelgeometrie $(1, 3, 5)$ skizziert.

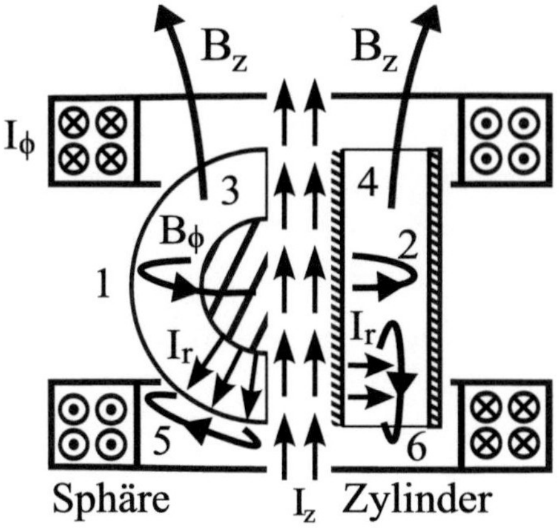

1,2 Ein axialer Strom I_z erzeugt ein azimutales Magnetfeld B_φ.

3,4 In einer externen Spule bringt ein azimutaler Strom ein nahezu axiales Magnetfeld $\vec{B}_z$ hervor.

5,6 Radiale Ströme I_r generieren das Magnetfeld.

Abbildung 1.7: Verschiedene Feldgeometrien der bekannten Experimente

Die Varianten 1–4 verdeutlichen die bereits angesprochenen stromfreien Felder, im Gegensatz dazu wird in 5 und 6 ein Strom radial durch das Fluid geleitet. Es entstehen stromgetriebene Magnetfelder. In Kombination mit $\vec{B}_z$ kann in dieser Konfiguration die Lorentzkraft die Strömung antreiben.

Abbildung 1.7 deutet im unteren Bereich einen axialen Strom I_z an. Dieser fließt zu Teilen isoliert vom Fluid als auch durch das Fluid selbst und erzeugt dabei stets ein Magnetfeld $\vec{B}_\varphi$. Diese azimutalen Felder lassen sich über den Feldparameter μ_B als Überlagerung eines isolierten und direkten axialen Stromes nach Gleichung (1.32) definieren.

Die angeführten Experimente haben unterschiedliche Schwerpunkte, die nur zum Teil mit der MRI verknüpft sind. Die Zusammenstellung in Tabelle 1.2 soll jedoch verdeutlichen, dass die für den jeweiligen Effekt benötigten Geschwindigkeiten und Ströme die eigentlichen technischen Herausforderungen bei Flüssigmetallexperimenten im Labor sind. Beispielsweise haben die TC-Versuche an der Universität Princeton von E. Schartman et al. [119] und M. Nornberg et al. [92] das Ziel, die Standard MRI (SMRI) zu untersuchen und müssen wegen der Definition $Rm = Pm\, Re = \mathcal{O}\,(10)$ sehr schnell rotieren. Gleichzeitig werden Magnetfelder benötigt, die in der Größenordnung von $\mathcal{O}\,(0{,}5\,\mathrm{T})$ liegen, so dass die damit verbundene elektrische Verlustleistung im Kupfer meist im Kilowattbereich liegt. Der Aufbau des Princeton MRI Experiments ist eine Doppelzylinderanordnung mit einem kleinen Aspektverhältnis von nur $\Gamma = \frac{h}{d} = 2$. In dieser Konfiguration und bei $Re \approx 10^{5\ldots6} \rightarrow f_\mathrm{i} \leq 66\,\mathrm{Hz}$ ist der in Abschnitt 1.2 diskutierte Einfluss der Deckel auf die Kreisströmung nicht mehr vernachlässigbar. Das Experiment verfügt daher über jeweils zwei unabhängig rotierbare Ringe. Die

Ekman-Wirbel ließen sich im Wasserexperiment nahezu vollständig unterdrücken [119]. Aus den Versuchen von E. Schartman zur subkritischen hydrodynamischen Instabilität (SHI), einem hydrodynamischen Transportmechanismus für den Drehimpuls und zur SMRI geht hervor, dass sowohl für die SHI als auch für die SMRI kein eindeutiger Nachweis geliefert werden kann. Obwohl eine hydrodynamisch stabile Kreisströmung der Ausgangspunkt der Experimente ist, schlussfolgern die Autoren, dass die Einflüsse der Randbedingungen und der teilweise invasiven Messtechnik bei sehr großen Re die Strömung stören [119–121]. M. Nornberg wies jedoch in seinem Aufbau schnelle und langsame Magnetocoriolis-Wellen (MCW) nach, wobei der existierende Zusammenhang zwischen MCW und der MRI nicht sicher belegt werden konnte [92, 122].

Ein weiteres MRI Experiment führten D. Sisan et al. [93] in sphärischer Geometrie durch. Es gelang dabei, in einer sehr turbulenten Kugelströmung mit angelegtem $\vec{B}_z$, das Einsetzen einer Wellenstruktur zu beobachten. Eine signifikante Änderung des benötigten Drehmomentes, als Folge des Drehimpulstransports nach außen und das Auftreten von rotierenden azimutalen $m = 1$-Strukturen im Magnetfeld, wiesen eindeutig auf eine zusätzliche Destabilisierung der Strömung hin. Dass sich aus einer turbulenten Strömung ein MRI-ähnlicher Effekt herausbildet, steht allerdings im Widerspruch zur Grundidee der MRI, einen hydrodynamisch stabilen Zustand mithilfe eines Magnetfeldes zu destabilisieren. R. Hollerbach [123] sowie C. Gissinger, H. Ji und J. Goodman [124] spekulieren darüber, ob die Ergebnisse von D. Sisan nicht auch als „turbulente Äquivalente“ anderer laminarer Instabilitäten interpretiert werden können [73]. Zum aktuellen Zeitpunkt bleibt die Frage also offen, ob es sich bei den Beobachtungen um die MRI oder doch um einen anderen Effekt handelt.

In Abschnitt 1.4 wurde die TI beleuchtet und die prinzipielle Arbeitsweise dieser Instabilität anhand von Plasmaexperimenten mit einer torusartigen und zylindrischen Geometrie erläutert. Hier sind sowohl die $m = 0$-„sausage“- als auch die $m = 1$-„kink“-Mode die typischen Instabilitäten des z-Pinches [49]. Ausschlaggebend für das Auftreten der Instabilität ist der in der Plasmaphysik definierte Sicherheitsfaktor nach Gleichung (1.46), der Ähnlichkeit zu einem Stabilitätskriterium besitzt. Mit $q_{\mathrm{T,S}} = 0$ gilt der betrachtete Plasmakanal als instabil. Eine vollständige Einschnürung des Plasmas kann die Folge sein [109].

Zur strominduzierten Einschnürung in Flüssigmetallen, einem ähnlichen Effekt zur genannten Plasmainstabilität, gibt es sowohl theoretische als auch experimentelle Untersuchungen [125]. Gegeben sei hierfür die freie formveränderliche Mantelfläche auf einem zylindrischen Kanal, bestehend aus Flüssigmetall. Fließt ein Strom I_z parallel zur Oberfläche, entsteht durch die wirkende Lorentzkraft $\vec{f}_r \propto \vec{J}_z \times \vec{B}_\varphi$ ein nach innen gerichteter Druck, der den Zylinder einschnürt. Aufgrund des geringeren Querschnitts an der verjüngten Stelle ist eine Widerstandserhöhung des gesamten Kanals die Folge. Als technische Anwendung dieses Effektes kommen Flüssigmetall-Strombegrenzer in der Energietechnik zum Einsatz [126, 127]. Im Gegensatz zu den Einschnürversuchen mit Plasmen oder Flüssigmetallen gibt es nach heutigem Erkenntnisstand keine experimentelle Untersuchung der z-pinch Instabilität bei einer formstabilen TC-Geometrie mit Flüssigmetallen.

Beim Parametervergleich der in Tabelle 1.2 angeführten Experimente, fällt auf, dass sich die beiden in dieser Arbeit vorgestellten Versuche durch niedrige Magnetfelder und Rotationsfrequenzen für die AMRI und $\vec{v} = 0$ im Falle der TI von den anderen Experimenten deutlich abgrenzen. Mit der Feldgeometrie (2) aus Abbildung 1.7, einem azimutalen $\vec{B}_\varphi$, nehmen beide Aufbauten eine zusätzliche Sonderstellung ein. Die Arbeiten von K. Messadek et al. [128], P. Moresco et al. [129] und J. Boisson et al. [130] sind hier lediglich zur Vollständigkeit der Aufzählung angeführt, da sie sich nicht vordergründig auf MHD-Instabilitäten konzentrieren.

Tabelle 1.2: Gegenüberstellung verschiedener MHD-Experimente zur MRI und anderen Phänomenen

Kategorie	*Geometrie (B-Feld)*	*Fluid*	$L_c = D$	H	$B_{0,max}$	f_{max}	*Literatur*
„stromfreie“ externe Felder	Sphärisch (3)	Na	0,3 m	%	0,2 T	50 Hz	[93]
	Sphärisch (3)	Na	0,42 m	%	0,1 T	30 Hz	[131]
	Zylinder (4)	Na	0,305 m	0,305 m	0,2 T	130 Hz	[43]
	Zylinder (4)	GaInSn	0,14 m	0,28 m	0,4 T	6 Hz	[92, 119]
	Zylinder (2+4)	GaInSn	0,16 m	0,4 m	20 mT	0,5 Hz	[46]
	Zylinder (2)	GaInSn	0,16 m	0,4 m	50 mT	0,5 Hz	[132]
Interne Felder durch I_z oder I_r	Sphärisch (5)	Na	0,46 m	%	1 T	100 Hz	[133]
	Zylinder (6)	GaInSn	0,41 m	0,1 m	0,15 T	0 Hz	[134]
	Zylinder (6)	Hg	0,22 m	1 cm	6 T	0 Hz	[128]
	Zylinder (6)	Hg	0,1 m	1 cm	13 T	0 Hz	[129]
	Zylinder (4,6)	GaInSn	2,8 cm	0,12 m	0,15 T	0 Hz	[130]
	Zylinder (2)	GaInSn	0,05 m	0,75 m	32 mT	0 Hz	[135]

2 Experimente zur azimutalen Magnetorotationsinstabilität

Die wichtigste Eigenschaft der AMRI ist, dass ein stromfreies azimutales Magnetfeld mit $\mu_{\rm B} = \hat{\eta}$ eine hydrodynamisch stabile Strömung destabilisieren kann. Die stabile differentielle Rotation des Mediums ist dabei für eine klare Identifikation der Instabilität eine notwendige Voraussetzung. Wie in Abschnitt 1.3 beschrieben, eignet sich zur experimentellen Untersuchung solcher Phänomene eine modifizierte TC-Anordnung in Verbindung mit einem elektrisch gut leitfähigen Fluid. Für die Durchführung der Experimente zur AMRI kommt die Flüssigkeit $Ga^{67}In^{20,5}Sn^{12,5}$ (GaInSn) zum Einsatz. Diese eutektische Metallschmelze ist bei Raumtemperatur flüssig und besitzt laut Herstellerangaben keine gesundheitsgefährdenden Eigenschaften [94, 136], im Gegensatz zu anderen Flüssigmetallen wie Quecksilber oder eutektischen NaK-Verbindungen [137]. Es entfällt damit eine komplizierte Konstruktion eines beheizten und geschützten Versuchsstandes, wie es der Einsatz von Natrium erfordern würde. Der genutzte Aufbau basiert auf dem PROMISE-Experiment [46], das bezüglich der Feldgeometrie und der maximalen Feldstärke modifiziert wird. Eine detaillierte Beschreibung der Funktionsweise des Aufbaus wird in Unterkapitel 2.2 gegeben.

Zum Verständnis des Versuchs stellt Abbildung 2.1 in einer deutlich vereinfachten Skizze das Funktionsprinzip des Experiments dar. Die Zylinder rotieren dabei so, dass sich die Strömung in einem hydrodynamisch stabilen Parameterbereich mit $\hat{\mu} \geq \hat{\eta}^2$ befindet. Als Erweiterung dieser klassischen TC-Anordnung fließt ein axialer Strom I_z, isoliert vom Fluid, im Zentrum durch die Zylinder und bewirkt außerhalb des Leiters ein Magnetfeld mit $B_\varphi\left(r\right) \propto r^{-1}$ und $\mu_{\rm B} \geq \hat{\eta}$, so dass

$$\vec{B}_\varphi\left(r\right) = \frac{\mu_0}{2\pi r} I_z \vec{e}_\varphi \tag{2.1}$$

gilt. Rechts in Abbildung 2.1 ist die Stromquelle angedeutet, die den erforderlichen axialen Strom I_z erzeugt, welcher über die oberen und unteren Zuleitungen zum Versuchsstand geführt wird. Das durch I_z erzeugte Magnetfeld $\vec{B}_\varphi$ durchdringt das zwischen den Zylinderwänden befindliche GaInSn und führt schließlich durch die

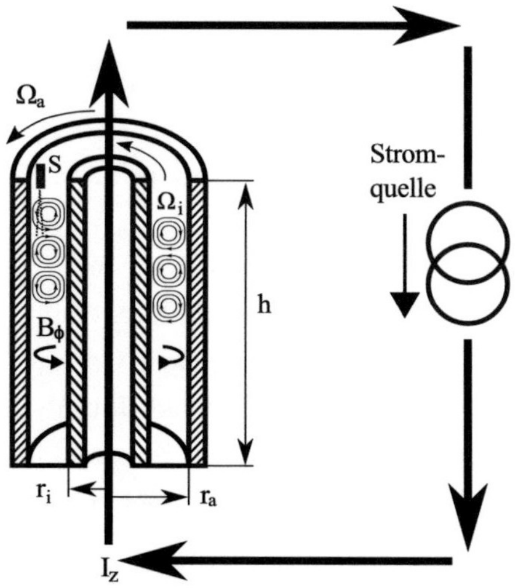

Abbildung 2.1: AMRI-Funktionsskizze. Die Zylinderwände bestehen aus Kupfer und haben die Außen- bzw. Innenradien $r_\mathrm{a} = 4\,\mathrm{cm}$ und $r_\mathrm{i} = 8\,\mathrm{cm}$. Es folgt $\hat{\eta} = 0{,}5$. Die Spaltbreite ergibt sich aus $d_\mathrm{s} = r_\mathrm{a} - r_\mathrm{i}$. Die Zylinderhöhe beträgt $h = 40\,\mathrm{cm}$. Die beiden Zylinder lassen sich unabhängig von einander mit Ω_i bzw. Ω_a rotieren. Weiterhin gilt $\Omega_\mathrm{i} \leq 2\pi \cdot 0{,}1\,\mathrm{Hz}$, $\hat{\mu} > \hat{\eta}^2$. Ein axialer elektrischer Strom $I_z \leq 20\,\mathrm{kA}$ fließt auf der Achse elektrisch isoliert vom Aufbau. Es ergibt sich somit eine Feldgeometrie mit $\mu_\mathrm{B} = 0{,}5$. Der Sensor S misst die v_z-Komponente der Geschwindigkeit.

Wechselwirkung mit der Strömung zur Instabilität.

In der Stabilitätsanalyse von G. Rüdiger et al. [5] wurde zunächst vorausgesetzt, dass das Magnetfeld $\vec{B}_{\varphi}(r)$ perfekt axialsymmetrisch ist. Im Gegensatz dazu ergibt sich durch den Einfluss der Zuleitungen, wie sie in der vorgestellten Anordnung in Abbildung 2.1 gegeben sind, für den realen Versuchsaufbau eine leichte Symmetriebrechung des Magnetfeldes. Die später zu besprechende Finite-Volumen-Simulation dieses Versuches bezieht diese Asymmetrie des Feldes mit ein und zeigt im Vergleich zum symmetrischen Feld den Einfluss der realen Konfiguration auf.

Die AMRI führt zu einer von der laminaren Kreisströmung verschiedenen sekundären Strömungsstruktur, so dass in axialer Richtung Geschwindigkeitskomponenten v_z entstehen, die sich mit einem geeigneten Ultraschallsensor S oben am Deckel des Aufbaus messen lassen. Ziel des Experiments ist es, eine vom laminaren Grundzustand verschiedene Strömung zu erfassen, zu charakterisieren und den theoretischen Vorhersagen gegenüber zu stellen.

In den beiden nächsten Kapiteln werden zunächst die numerischen Ergebnisse und danach der Aufbau des Experiments vorgestellt. Der letzte Abschnitt 2.5 zeigt die Gegenüberstellung der theoretischen Arbeiten mit den Ergebnissen der Versuche und diskutiert diese.

2.1 Theoretische und numerische Ergebnisse

Für den Vergleich der experimentellen Ergebnisse werden zwei verschiedene theoretische Vorhersagen herangezogen, welche die vorliegende Geometrie des Experiments und die Eigenschaften des eingesetzten Fluids GaInSn in unterschiedlichem Maße berücksichtigen. Die Ergebnisse der Berechnungen mithilfe der linearen Stabilitätsanalyse sind in Abbildung 2.2 und Abbildung 2.3 dargestellt. Bei dieser Methode werden zunächst die MHD-Gleichungen linearisiert und danach mit einer Ansatzfunktion $\mathrm{e}^{\mathrm{i}(m\varphi+kz+\omega t)+\lambda t}$ für alle Geschwindigkeits- und Magnetfeldkomponenten gelöst.

Für die Bedingung, dass die Wachstumsrate λ der Instabilität gleich null ist, stellt Abbildung 2.2 einen Zusammenhang zwischen Re und Ha für zwei verschiedene Rotationsverhältnisse $\hat{\mu}$ her. Der Zustand $\lambda = 0$ wird marginal stabil genannt. Die Kurven des Stabilitätsdiagramms grenzen demnach im Parameterraum $\{Re, Ha\}$ den Bereich, in dem die Instabilität gedämpft wird, von dem einer positiven Wachstumsrate $\lambda > 0$ ab. Die in Abbildung 2.2 präsentierten Ergebnisse gelten für leitfähige Zylinderwände.

Die dargestellten Ergebnisse beziehen sich dabei auf $m = \pm 1$, was zugleich die

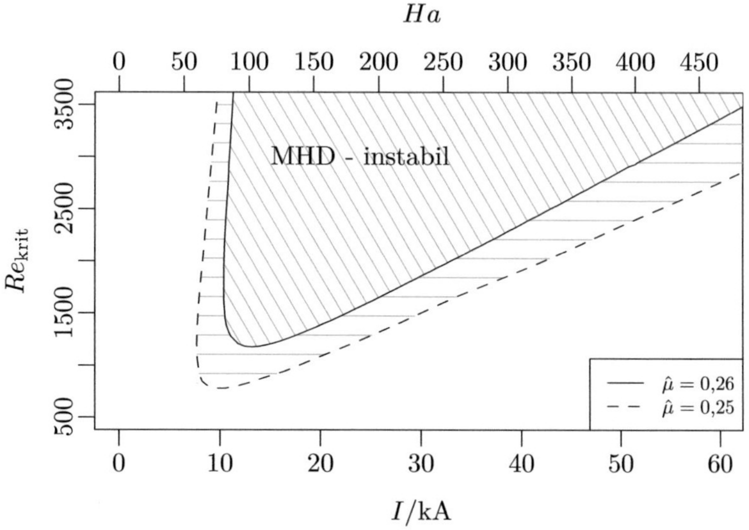

Abbildung 2.2: Das Diagramm zeigt die lineare Stabilitätsbedingung für die $m = 1$-Mode bei zwei verschiedenen $\hat{\mu} = \{0{,}25; 0{,}26\}$. Zu sehen ist die Abhängigkeit der kritischen Reynolds-Zahl Re_{krit} vom angelegten Magnetfeld, gemessen am angelegten Strom I oder der Hartmann-Zahl Ha. Parameterpaarungen der schraffierten Bereiche sind linear AMRI-instabil. Die dargestellten Daten entstammen aus der persönlichen Kommunikation mit G. Rüdiger und M. Gellert sowie den Quellen [73, 138].

instabilste Mode des Systems repräsentiert. Aus den Arbeiten von G. Rüdiger, M. Gellert und R. Hollerbach [138] geht hervor, dass die AMRI durch eine Welle charakterisiert ist, die langsam in Richtung der Zylinderrotation driftet und eine Wellenzahl k in axialer z-Richtung besitzt. Aus den Berechnungen geht ebenfalls hervor, dass die AMRI im vorliegenden Experiment bei einem $\hat{\mu} < 0{,}3$, wegen der kleinen magnetischen Prandtl-Zahl $Pm = \mathcal{O}\left(10^{-6}\right)$ des GaInSn, ausschließlich von den Parametern Re und Ha abhängt. Die Anzahl der Einflussgrößen des Experiments reduziert sich damit auf das Verhältnis der Rotationsraten $\hat{\mu}$, der durch die Hartmann-Zahl ausgedrückten Magnetfeldstärke Ha und der Reynolds-Zahl Re als Maß der Geschwindigkeit. Die aufgezeigten Ergebnisse gelten für die vorliegende Geometrie, ein perfektes axialsymmetrisches Magnetfeld und elektrisch leitfähige Zylinderwände. Darüber hinaus gelten periodische Randbedingungen an den Deckeln [5, 138].

In den Diagrammen in Abbildung 2.3 sind die jeweiligen Graphen auf wichtige Kenngrößen normiert, um eine Vergleichbarkeit zwischen unterschiedlichen Konfigurationen herzustellen. Die Wachstumsrate λ und die Drift Ω_{dr} sind dabei mit Ω_{i} skaliert. Weiterhin ist die Wellenzahl k in der untenstehenden Grafik mit der Spaltbreite $d_{\mathrm{s}} = r_{\mathrm{a}} - r_{\mathrm{i}}$, der vorliegenden Geometrie $\hat{\eta} = 0{,}5$ normiert.

Der schraffierte Bereich in Abbildung 2.3a markiert für die zwei verschiedenen Reynolds-Zahlen den instabilen Parameterbereich des Systems. Die Nullstellen der jeweiligen Einhüllenden korrespondieren dabei mit der Breite des in Abbildung 2.2 dargestellten Profils auf der Linie einer konstanten Reynolds-Zahl.

Eine komplette Abbildung des Experiments ist durch eine Simulation mithilfe der von N. Weber et al. vorgestellten Finite-Volumen-Methode möglich [117]. Diese Berechnung berücksichtigt neben dem realen nicht-symmetrischen Magnetfeld ebenso die isolierenden Deckel des Aufbaus. Sie beeinflussen die Strömung durch die Ekman-Wirbel, die als sekundärer Effekt zwischen Fluid und Deckel entstehen. Abbildung 2.4 stellt die berechneten Geschwindigkeitsverteilungen für ein ideales und ein reales Magnetfeld im ruhenden Laborkoordinatensystem gegenüber. Zu sehen sind jeweils Isoflächen einer konstanten Komponente $v_z = \pm 0{,}5\,\mathrm{mm/s}$. Im Falle des idealen Feldes ist deutlich zu erkennen, dass die AMRI einen spiralartigen Wirbel mit einer links- und rechtshändigen Orientierung im oberen und unteren Zylinderbereich hervorruft, der sich zur Mitte hin ins Volumen des Zylinders ausbreitet und zerfällt.

Im Gegensatz zum idealen Magnetfeld zeigt das reale nicht axialsymmetrische B-Feld schwache Komponenten in Richtung $\vec{e}_r$ und $\vec{e}_z$ auf. Diese nicht axialsymmetrische Symmetriebrechung führt zu einer erheblichen Durchdringung der beiden Wirbel in der Mitte des Volumens. In beiden Szenarien geht aus den Ergebnissen hervor, dass die gesuchte Instabilität für Reynolds-Zahlen von $Re \approx 1500$ und Hartmann-Zahlen

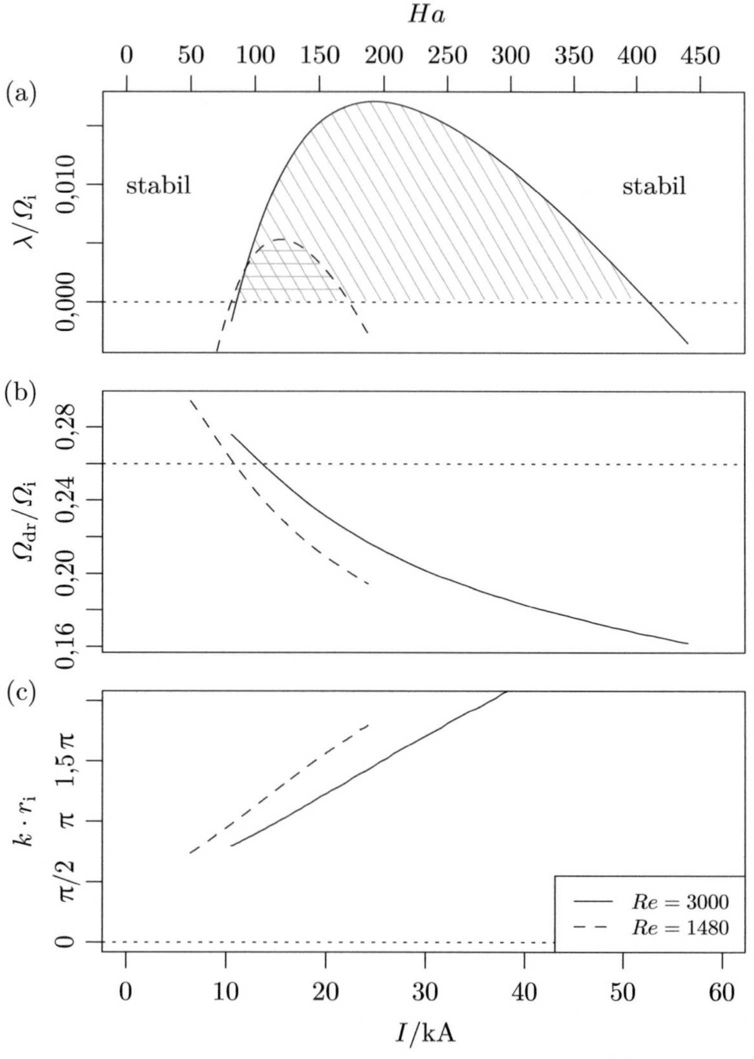

Abbildung 2.3: Die dargestellten Parameterkurven für die Wachstumsrate λ in (a), die Drift Ω_{dr} in (b) und die Wellenzahl k in Teilabbildung (c) sind jeweils für ein konstantes $\hat{\mu} = 0{,}26$ (horizontal gestrichelt in (b)) und zwei verschiedene $Re = 3000$ [138] und $Re = 1480$ [F. Stefani, persönliche Kommunikation] gegeben.

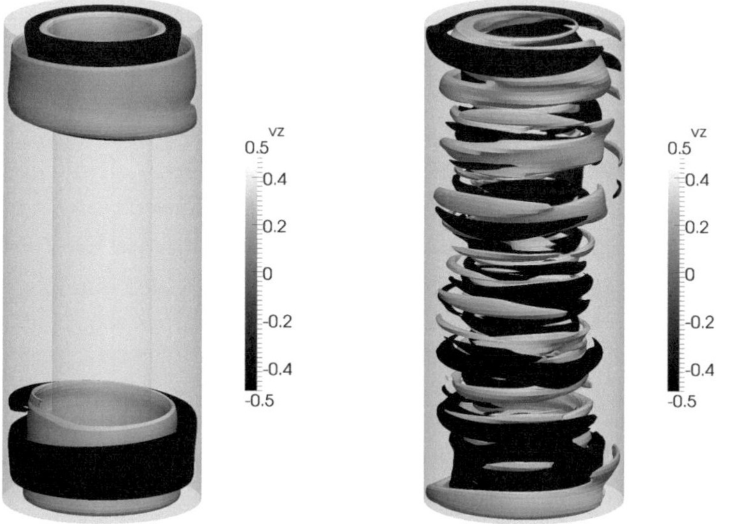

(a) Ideales Magnetfeld (b) Reales Magnetfeld

Abbildung 2.4: Die beiden Teilabbildungen zeigen die unterschiedlichen Strömungsstrukturen der AMRI in Abhängigkeit der Feldkonfiguration. Gerechnet wurde für die Parameter $Re = 1480$, $Ha = 110$, $\hat{\mu} = 0{,}26$ und $Pm \approx 1{,}4 \cdot 10^{-6}$. Die Geschwindigkeit v_z ist in mm/s angegeben. Als Randbedingungen gelten: ideal leitfähiger Außenzylinder; isolierender Innenzylinder; isolierende Deckel oben und unten. Die präsentierten Ergebnisse wurden von V. Galindo [139] erarbeitet und zur Verfügung gestellt.

von $Ha \approx 110$ mit einer $m = \pm 1$-Struktur auftritt und eine Drift $\Omega_{\mathrm{dr}} = \mathrm{d}\varphi / \mathrm{d}t$ besitzt. Weiterhin lässt sich feststellen, dass die Amplituden der beiden Geschwindigkeitsfelder ungefähr gleich sind, wohingegen die mittlere quadratische Geschwindigkeit, als Maß der Energie, variiert. Vergleichend kann dazu Abbildung 2.35 herangezogen werden. Vorgreifend auf die Gegenüberstellung der numerischen Ergebnisse mit den Messergebnissen deutet

$$v_{\mathrm{rms}a} = \sqrt{\frac{1}{N}\sum_{i=1}^{N} v_{za}[i]^2} < \sqrt{\frac{1}{N}\sum_{i=1}^{N} v_{zb}[i]^2} = v_{\mathrm{rms}b} \qquad (2.2)$$

den Unterschied zwischen dem quadratischen Mittel (rms) der beiden Geschwindigkeitsfelder aus Abbildung 2.4 an.

Der Grund für diese Relation liegt darin begründet, dass in Teilabbildung (a) die Wirbel nur im oberen beziehungsweise unteren Bereich konzentriert sind und sich in Teilabbildung (b) im gesamten Volumen durchdringen. Aufgrund der Zuleitungen am Aufbau und den vorliegenden Simulationsergebnissen lässt sich nun folgern, dass die AMRI das komplette Volumen durchdringt und nicht im oberen und unteren Bereich verbleibt.

2.2 Aufbau und Instrumentierung des Experiments

Das Experiment zur azimutalen Magnetorotationsinstabilität (AMRI) besteht aus einem modifizierten TC-System, das mithilfe einer stromdurchflossenen Spule und einem isolierten axialen elektrischen Strom einem Magnetfeld ausgesetzt werden kann. Nachdem in Abbildung (2.1) die Funktionsweise skizziert wurde, geht die Abbildung 2.5 auf den konkreten Aufbau des Versuchs ein. Als Plattform dient hier der ursprüngliche Aufbau des PROMISE-Experiments, wie ihn Abbildung 2.5 in Form von zwei Schnittbildern darstellt.

Mit der Spule, angedeutet durch die gelben Windungen im linken Schnittbild, kann ein axiales Magnetfeld $\vec{B}_z$ generiert werden, das für das AMRI-Experiment zunächst keine weitere Bedeutung hat. Die zwei konzentrischen Kupferzylinder $(5, 7)$ lassen sich unabhängig von einander über die Antriebe $(2, 10)$ in Rotation versetzen. Gemäß den Vereinbarungen aus Abbildung 2.1 werden die Winkelgeschwindigkeiten des äußeren und inneren Zylinders mit Ω_{a} beziehungsweise Ω_{i} bezeichnet. Der Spalt zwischen den beiden Zylindern hat die Breite $d_{\mathrm{s}} = r_{\mathrm{a}} - r_{\mathrm{i}}$, wobei $r_{\mathrm{a,i}}$ die Halbmesser der begrenzenden Zylinderwände angeben. Der Zwischenraum ist mit einem elektrisch leitfähigen Fluid, dem schon vorgestellten GaInSn, gefüllt. Der Außenzylinder (5),

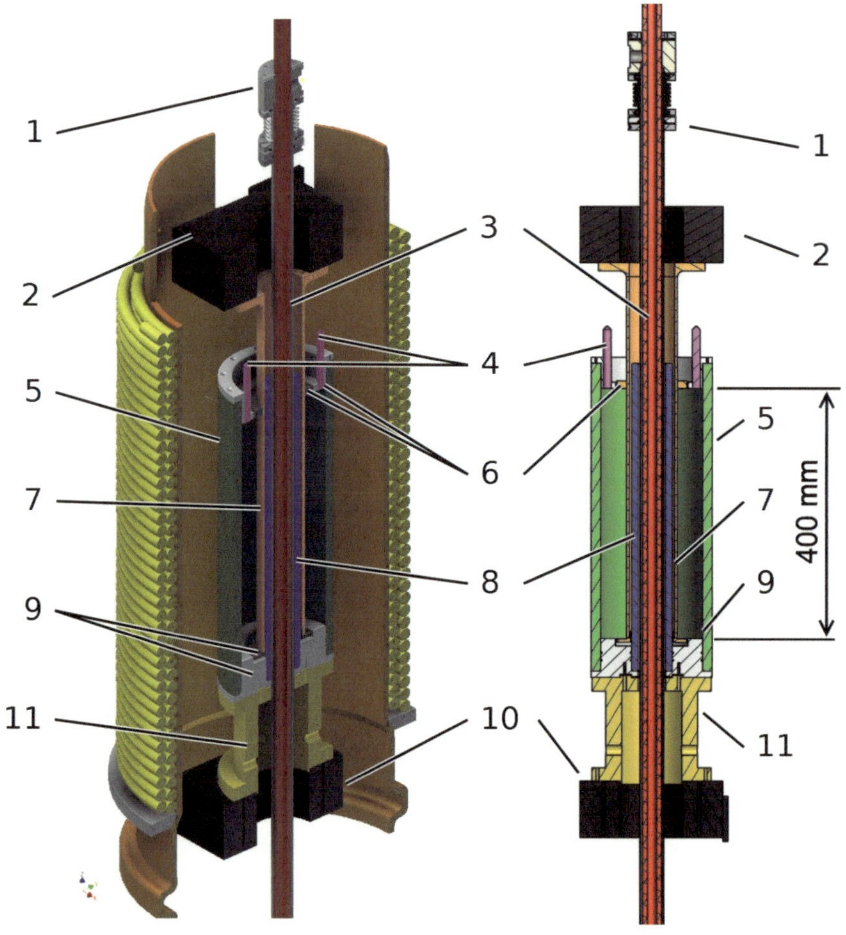

Abbildung 2.5: Basierend auf dem PROMISE-Experiment besteht der Versuchsaufbau aus: 1 Vakuumisolation, ca. 2 mm Spalt; 2 Oberer Drehtisch (Schwarz); 3 Stromführendes Kupferrohr (Rot); 4 US-Sensoren (S1, S2) (Magenta); 5 Außenzylinder (Grün); 6 Obere Deckel (Grau, Braun); 7 Innenzylinder (Braun); 8 Basiszylinder (Blau); 9 Untere Deckel (Grau); 10 Unterer Drehtisch (Schwarz); 11 Zwischenstück (Gelb).[1]

[1]Genehmigter Nachdruck der Abbildung aus M. Seilmayer et al., Flow Measurements and Instrumentation, DOI:10.1016/j.flowmeasinst.2015.08.008, 2015, [140]. Copyright 2015, Elsevier B.V.

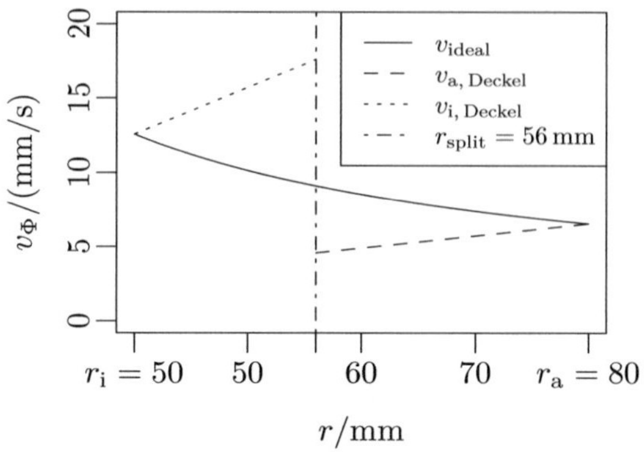

$$\Omega_\text{i} = 0{,}05\,\text{Hz}$$
$$\hat{\mu} = 0{,}26$$
$$\hat{\eta} = 0{,}5$$
$$v_{\text{a,Deckel}} = \Omega_\text{a} r$$
$$v_{\text{i,Deckel}} = \Omega_\text{i} r$$

Abbildung 2.6: Die Umfangsgeschwindigkeiten an den Deckeln (gestrichelte Linien) sind der idealen Strömung eines unendlich langen Zylinders, nach Gleichung (1.26) (solide Linie), gegenüber gestellt.

der hellgrau eingefärbte untere Deckel (9) und der Basiszylinder (8) bilden ein geschlossenes Gefäß mit einer Durchführung für den Strom. Dieser Behälter $(5, 8, 9)$ kann vom unteren Drehtisch (10) angetrieben werden. Demnach haben die äußeren oberen und unteren Deckel dieselbe Winkelgeschwindigkeit, wie der Außenzylinder. Der Innenzylinder (5) ist von oben auf diese Baugruppe aufgesteckt, so dass er nur vom oberen Motor gehalten wird. Die inneren Ringe der Deckel $(6, 9)$ sind am Innenzylinder (7) befestigt und rotieren mit Ω_i. Die Separierung der Deckel in zwei Ringe dient dazu, die globalen Effekte der Ekman-Wirbel zu minimieren. Darunter ist eine Wirbelstruktur zu verstehen, die durch die Scherströmung zwischen den Deckeln und dem darunter hinwegstreichenden Fluid hervorgerufen wird und sich von den beiden Enden des Versuchsraums zur Mitte hin ausbreiten kann [141].

Bei einem Aufbau mit zwei geteilten Ringen entsteht am äußeren Ring des Deckels, aufgrund der zum Fluid kleineren Umfangsgeschwindigkeit, eine Scherströmung, die schließlich zu einem nach innen gerichteten Wirbel am Deckel führt. Am inneren Ring ist die Situation entgegengesetzt, da hier der Ring schneller rotiert als das darunter befindliche Fluid. Der resultierende zweite Wirbel ist dem ersten entgegengesetzt, so dass sich durch die Überlagerung beider die Auswirkung der Deckel global gesehen minimiert. Wirkt zusätzlich ein Magnetfeld auf die Strömung, werden zusätzliche Kraftkomponenten durch die Scherströmung induziert, die zu weiteren Randeffekten führen [99, 119].

Der optimale Trennradius r_{split} wird durch die Minimierung der magnetisch beeinflussten Ekman-Strömung an den Deckeln bestimmt. Die Arbeiten von J. Szklarski et al. [98, 99] und F. Stefani et al. [46] geben für das HMRI-Experiment für $Ha > 0$

und $\beta \propto B_\varphi/B_z = 0$ einen Wert von

$$r_{\text{split}} = r_{\text{i}} + 0{,}4 \cdot d_{\text{s}} = 56\,\text{mm} \tag{2.3}$$

an. Der Parameter β charakterisiert hier die helikale Feldgeometrie als Quotient aus den Komponenten des azimutalen Magnetfeldes $\vec{B}_\varphi$ und des axialen Feldes $\vec{B}_z$. Die entsprechende Optimierung dieses Wertes für ein reines $\vec{B}_\varphi$-Feld liegt im Moment nicht vor, so dass die vorliegende Konfiguration genutzt wird.

Axial angeordnet und durch einen Luftspalt elektrisch isoliert vom Experiment, wird durch die Mitte ein wassergekühltes Kupferrohr (3) geführt. Ein Gleichstrom, der in diesem Rohr fließt, baut das Magnetfeld $\vec{B}_\varphi$ auf, welches auf das Fluid wirkt. Die thermische Isolation des Rohres (1) unterbindet dabei den Einfluss von konvektiver Wärmeübertragung zwischen dem durch den Strom erwärmten Kupferrohr und dem Versuchsbehälter. Ein zusätzliches Rohr aus Edelstahl, das über den Kupferleiter gesteckt wird, bildet einen Hohlraum mit einer Spaltbreite von etwa 2 mm. Die thermische Isolation beginnt zu wirken, sobald der entstandene Zwischenraum evakuiert ist. Zusätzlich wurde der untere Spalt zwischen Vakuumisolation (1) und Drehtisch (10) mit Steinwolle verschlossen, so dass es unter keinen Umständen zu einem Kamineffekt und damit zum Wärmeaustausch kommen kann. Die Ultraschallsensoren (4) werden in den oberen äußeren Deckel hineingesteckt und drehen sich mit dem Außenzylinder (5) mit. Eine genaue Beschreibung und ein Funktionstest der einzelnen Funktionsgruppen ist in Anlage 10 gegeben.

Die Anlage im Labor besteht aus dem Versuchsbehälter, wie in Abbildung 2.5 dargestellt, einem Stromkreis mit Zuleitungen und 10 Stromquellen sowie einem Messplatz zur Datenerfassung. Als Stromquellen werden zehn Schaltnetzteile des Typs PE4206 der Firma „plating electronic“ verwendet. Diese Stromquellen liefern je 2 kA maximalen Strom bei bis zu 20 V Spannung. Mit den Betriebsmodi „Constant Current“ eignen sich diese Quellen für die Experimente, um das benötigte zeitlich konstante Magnetfeld zu generieren [142].

Die maximale Stromstärke der Anlage beträgt 20 kA und erfordert aufgrund der hohen Wärmeverluste den Einsatz von wassergekühlten Kupferrohren als Zuleitungen. Eine Besonderheit dieser Anordnung ist, dass die Zuleitungen, wie sie in Abbildung 2.7b zu sehen sind, eine Kastenspule mit einer Windung bilden. Dem Magnetfeld im Versuchsbehälter überlagern sich demnach die Einzelfelder der Teilleiterpaare L_1 und L_2. Die Folge ist, dass kein ideal axialsymmetrisches Feld hergestellt werden kann.

(a) Frontansicht mit fünf von zehn Stromquellen

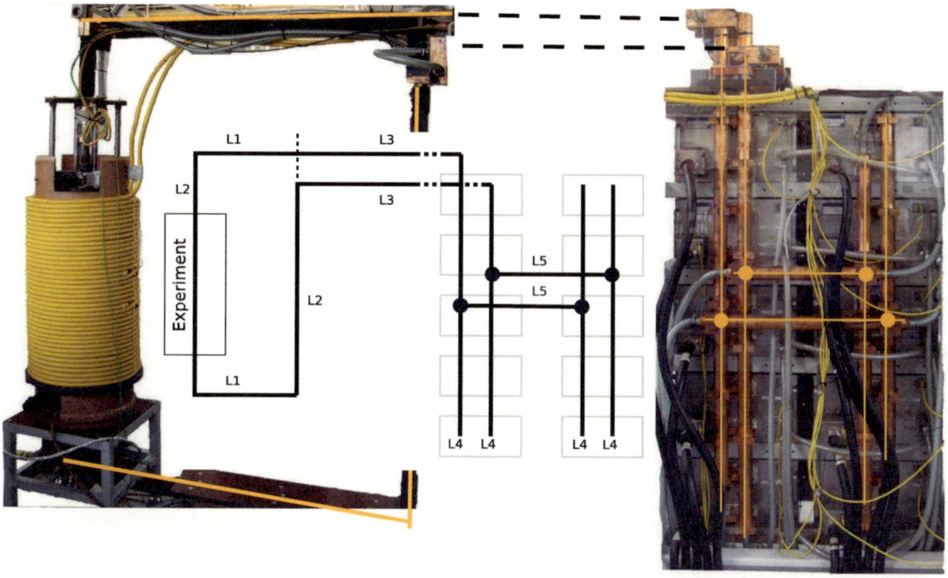

(b) Leitungsschema der Zuleitungen sowie Rückansicht der zehn Stromquellen.[1]

Abbildung 2.7: Laboraufbau des PROMISE-Experiments

[1]Genehmigter Nachdruck der Abbildung aus M. Seilmayer et al., Flow Measurements and Instrumentation, DOI:10.1016/j.flowmeasinst.2015.08.008, 2015, [140]. Copyright 2015, Elsevier B.V.

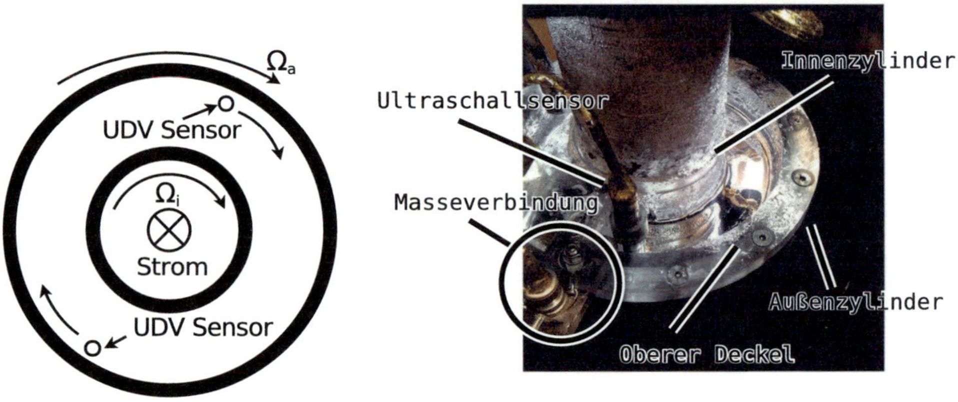

(a) Schema

(b) Sensorbefestigung

Abbildung 2.8: Sensorschema.[1]

[1]Genehmigter Nachdruck und Übersetzung der Abbildung aus M. Seilmayer et al., Flow Measurements and Instrumentation, DOI:10.1016/j.flowmeasinst.2015.08.008, 2015, [140]. Copyright 2015, Elsevier B.V.

2.2.1 Instrumentierung

Die AMRI ist charakterisiert durch eine Wellenerscheinung, die in Folge der differentiellen Rotation in Verbindung mit einem azimutalen Magnetfeld entsteht. Dabei überlagert sich der Grundströmung $v_\varphi(r)$, die durch die Zylinderrotation hervorgerufen wird, die AMRI Welle, die auch Geschwindigkeitsanteile v_z in axialer Richtung aufweist. Für die Beobachtung dieser spezifischen sekundären Fluidströmung im Spalt kommt die Ultrasound-Doppler-Velocimetry (UDV) zum Einsatz. Dazu sind zwei Ultraschallwandler am Rand des äußeren Zylinders befestigt und rotieren folglich mit dessen Umlaufgeschwindigkeit mit. Sie erfassen auf diese Weise in Abhängigkeit von der Tiefe ein Strömungsprofil der v_z-Komponente. Zusätzlich tasten die Sensoren durch die starre Verbindung mit dem Außenzylinder das darunter liegende Volumen periodisch ab. Demnach sind in der zweidimensionalen Zeitreihe die Winkelposition des Sensors und die Zeitkoordinate miteinander linear verknüpft. Für die spätere Datenauswertung muss daher beachtet werden, dass sich die Messdaten stets auf das mitbewegte Bezugssystem der Ultraschallwandler beziehen.

Als Messinstrument kommt das DOP3010 der Firma „Signal Processing S. A.“ zum Einsatz. Dabei handelt es sich dabei um ein Gerät, das die Signale von bis zu zehn verschiedenen Ultraschallsensoren verarbeiten kann. Die gewonnenen Ultraschallechos werden schließlich vom Computer erfasst und zu einem Strömungsprofil entlang der

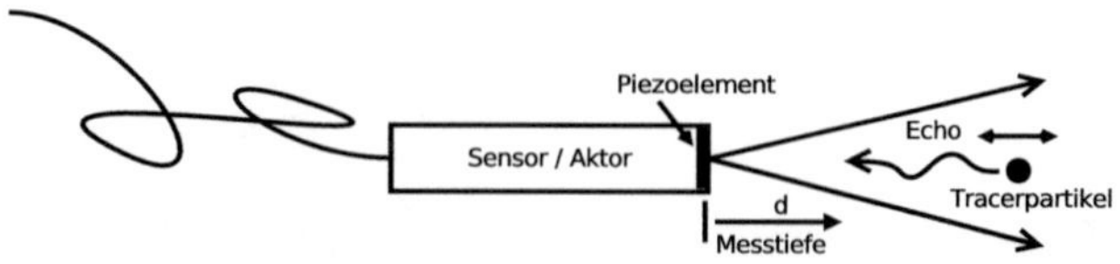

Abbildung 2.9: Prinzip der Ultrasound-Doppler-Velocimetry. Der Strahlöffnungswinkel hängt vom konkreten Sensor (Piezodurchmesser, Geometrie) und dem eingesetzten Fluid ab. Ein typischer Wert mit einem 10 mm Piezoelement und planarem Sensor in Wasser beträgt $\approx 2{,}4°$. Für GaInSn ergibt sich ein Wert von $\approx 5{,}2°$ [143, S. 73, Gl. (4.16)]. Im Experiment werden daher spezielle fokussierende Sensoren eingesetzt, damit der Öffnungswinkel minimal wird.

Strahllinie des Sensors umgerechnet. Die beiden Sensorsignale werden unterhalb des Versuchsbehälters unter dem Drehtisch (Abbildung 2.5–(10)) über einen Schleifring zum DOP3010 geführt.

Ein Ultraschallmesssystem ist ein Sensor-Aktor-System, das mit einem Spannungsimpuls in der Größenordnung von 100 V eine piezoelektrische Keramikscheibe anregt. Eine Schallwelle wird ins Messvolumen abgestrahlt und an Tracerteilchen, die sich im Fluid befinden, reflektiert. Das Echosignal gelangt zurück zur Piezoscheibe, wo die Druckschwankungen der rücklaufenden Schallwelle die Keramikscheibe verformen. Durch den piezoelektrischen Effekt entsteht hier eine zeitlich abhängige Ladungsverschiebung. Sie repräsentiert das Echosignal und wird als elektrische Spannung in der Größenordnung von einigen µV gemessen. Abbildung 2.9 skizziert schematisch die Funktionsweise des Messprinzips.

Zur Bestimmung der Geschwindigkeitsverteilung wird die Messtiefe d in N_{Gates} äquidistante Abschnitte unterteilt. Ein solcher Abschnitt wird „Gate“ genannt. Innerhalb eines solchen Gates lässt sich dann aus mehreren aufgenommenen Echosignalen anhand der Phasenverschiebung zwischen den Echos die Änderung der Position eines Tracerteilchens bestimmen. In Verbindung mit der Periodendauer zwischen zwei Impulsen T_{PRF} kann schließlich die durchschnittliche Geschwindigkeit des Fluids in jedem Gate berechnet werden. Die maximale Geschwindigkeit ist in diesem Experiment die Umfangsgeschwindigkeit des inneren Zylinders $v_{\mathrm{max}} = v_{\mathrm{i}}$, die sich mithilfe von Gleichung (1.17) abschätzen lässt. Vorgreifend auf die Versuchsplanung betrage die zur Versuchsdurchführung notwendige konstante Reynolds-Zahl $Re = 2960$. Dies entspricht in Abbildung 2.2 einer waagerechten Linie, die bei einem Strom von etwa 11 kA die Stabilitätslinie durchquert. Aus den Abschätzungen

Tabelle 2.1: Optimierte Ultraschallparameter des AMRI-Experiments

Parameter	*Wert*
US-Frequenz	$f_{\mathrm{UDV}} \approx 3{,}7\,\mathrm{MHz}$
Pulswiederholrate	$T_{\mathrm{PRF}} \approx 7\,\mathrm{ms}$
Abtastrate	$T_{\mathrm{s}} \approx 2\,\mathrm{s}$
Gates	$N_{\mathrm{Gates}} = 400$
Profilanzahl	$n_{\mathrm{Profiles}} = 3000$

$$v_{\max} = v_{\mathrm{i}} = \frac{\nu Re}{r_{\mathrm{i}}} \approx 25\,\mathrm{mm/s} \tag{2.4}$$

$$\text{und } f_{\mathrm{i}} = \frac{\nu Re}{2\pi r_{\mathrm{i}}^2} \approx 0{,}1\,\mathrm{Hz} \tag{2.5}$$

geht nun hervor, dass bei einer Rotationsfrequenz von 0,1 Hz die maximale Geschwindigkeit 25 mm/s beträgt. Aus dem Zusammenhang

$$\begin{aligned} f_{\mathrm{UDV}} &= \frac{v_{\mathrm{s}}}{4 T_{\mathrm{PRF}} v_{\max}} \\ &= \frac{2750\,\mathrm{m/s}}{4 \cdot 7000\,\mu\mathrm{s} \cdot 25\,\mathrm{mm/s}} \\ &\approx 4\,\mathrm{MHz} \end{aligned} \tag{2.6}$$

folgt die für den Schallwandler notwendige Tonfrequenz [144, S. 52ff.]. Die Schallgeschwindigkeit v_{s} von GaInSn beträgt 2750 m/s.

Für das AMRI Experiment, mit dem eingesetzten Flüssigmetall und der maximalen Reynolds-Zahl wird also ein Ultraschallwandler mit einer Tonfrequenz von etwa 4 MHz benötigt, damit die auftretenden Geschwindigkeiten gemessen werden können. Die angegebenen Werte für T_{PRF} und f_{UDV} sind immer ungefähre Angaben, da diese Parameter je nach Signalqualität neu justiert werden müssen, um ein Optimum zu erhalten. Unterabschnitt 2.2.2 zeigt, dass die Ultraschallmessung durch die elektromagnetischen Emissionen der Stromquellen stark beeinflusst wird. Die nach Gleichung (2.4) bis (2.6) abgeschätzten Werte müssen daher angepasst werden. Tabelle 2.1 greift dem vor und zeigt die optimierten Größen auf.

Aus den theoretischen Vorbetrachtungen geht hervor, dass für das Einsetzen der

AMRI ein elektrischer Strom von wenigstens 10 kA notwendig ist. Die Leitungen des gesamten Strompfades besitzen einen elektrischen Widerstand, der im Bereich von $R \approx \mathcal{O}(100\,\mu\Omega)$ liegt, so dass eine elektrische Verlustleistung

$$P_{\mathrm{el,max}} = R \cdot I^2 \approx \mathcal{O}(10\,\mathrm{kW}) \tag{2.7}$$

in der Größenordnung von wenigstens 10 kW entsteht. Das stromführende Rohr (3) in Abbildung 2.5 erwärmt sich trotz Wasserkühlung auf bis zu 70°C und wurde daher zum Minimieren der thermischen Konvektion mit einer Vakuumisolation versehen. Zur Kontrolle der Funktionsfähigkeit der Isolation sind zum Messen der Temperaturen an drei Stellen Thermoelemente angebracht. Diese befinden sich auf dem Edelstahlrohr in mittlerer Höhe des Versuchsbehälters, am stromführenden Kupferrohr oberhalb des Drehtisches (2) in Abbildung 2.5 und zum Messen der Umgebungstemperatur unterhalb der gesamten Anordnung. Diese drei Temperaturen werden nicht dauerhaft aufgezeichnet, da sie nur der Funktionskontrolle der Vakuumisolation dienen. In Anlage 10 sind neben dem Funktionstest der Isolation auch weitere Optimierungen dokumentiert.

2.2.2 Einfluss der Stromquellen und des realen Magnetfeldes

Für den Versuch zur AMRI erzeugt ein Strom von $I \leq 20\,\mathrm{kA}$ das benötigte Magnetfeld. Abbildung 2.10 stellt das bemaßte Leitungsschema des Versuchsstandes dar. Rechts sind die zehn Schaltnetzteile angedeutet, die den erforderlichen Strom zur Verfügung stellen. Nach den Sammelschienen L_4 und L_5 verlaufen die Zuleitungen L_3 in geringem Abstand bis zu der rechteckigen Leiterschleife, bestehend aus den Leiterpaaren L_1 und L_2, die den Stromkreis schließen. Das Magnetfeld dieser Kastenspule, bestehend aus einer Windung, ist in Anlage 2 berechnet und setzt sich dabei aus den vier Einzelfeldern der Leitungspaare zusammen. Zum besseren Verständnis für die nachfolgenden Ergebnisse wird ein Zylinderkoordinatensystem $\{r, \varphi, z\}$ eingeführt, das sich im Schwerpunkt des Zylinders befindet. Der Koordinatenursprung ist mit einem Punkt markiert und die Richtung der Achsen entsprechend mit Pfeilen angegeben, wobei die Zählrichtung des Winkels φ, wie in Abbildung 2.10 dargestellt, auf der Innenseite der Leiterschleife beginnt.

Das ideale Magnetfeld eines unendlich langen Linienleiters in Richtung der z-Achse berechnet sich wie folgt:

$$\vec{B}_{\mathrm{ideal}}(r, \varphi, z) = \vec{B}_{\varphi,\mathrm{ideal}}(r) = \frac{\mu_0 I}{2\pi r}\vec{e}_{\varphi}. \tag{2.8}$$

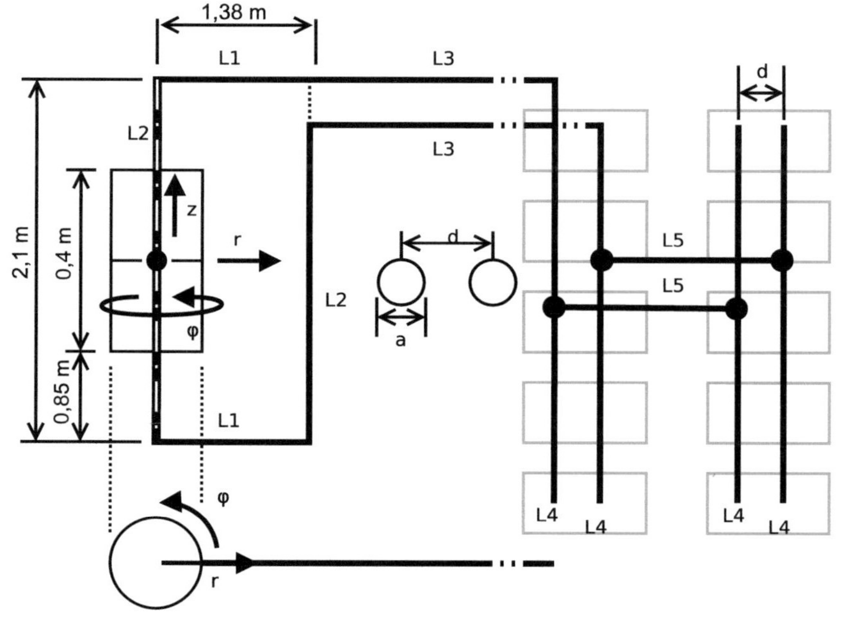

Abbildung 2.10: Dargestellt ist ein schematischer Aufbau des AMRI-Experiments. Rechts im Bild sind die zehn Stromquellen angedeutet, die über die Zuleitungen L_3 die TC-Anordnung links im Bild mit Strom versorgen.

Für eine Hartmann-Zahl von $Ha = 110$ ergibt sich nach Gleichung (1.18), dass ein Strom von $I = 14{,}143\,\mathrm{kA}$ im Leiter, (3) in Abbildung 2.5, fließt. Im Gegensatz dazu setzt sich das reale Magnetfeld

$$\vec{B}_{\mathrm{real}}\left(r,\varphi,z\right) = \vec{B}_{L_{1\mathrm{a}}} + \vec{B}_{L_{1\mathrm{b}}} + \vec{B}_{L_{2\mathrm{a}}} + \vec{B}_{L_{2\mathrm{b}}} \tag{2.9}$$

aus vier verschiedenen Komponenten zusammen. Gegenüberliegende Leiter sind jeweils mit dem Index $\{\mathrm{a}; \mathrm{b}\}$ gekennzeichnet. Es stellt sich heraus, dass in der z-r-Ebene der Leiterschleife, bei $\varphi = 0$, die z- und r-Komponenten, wie beim idealen Feld, gleich null sind. Im Gegensatz dazu ist die Darstellung dieser Feldkomponenten in der z-r-Ebene für $\varphi = 90°$ verschieden von null und gibt damit Aufschluss über die Magnetfeldverteilung der realen Anordnung.

Für eine Hartmann-Zahl von $Ha = 110$ sind in Abbildung 2.11 die Feldkomponenten über den Zylinderspalt $r_{\mathrm{i}} < r < r_{\mathrm{a}}$ und die Höhe z aufgetragen. Dies entspricht den Bedingungen der Simulation, welche in Abschnitt 2.1 mit Abbildung 2.4 vorgestellt wurde. In Abbildung 2.11a ist zu erkennen, dass die relative Abweichung des azimutalen Feldes, bezogen auf das ideale Feld an jeder Stelle, weniger als zehn Prozent beträgt. Die beiden Positionen $\varphi = 0°$ und $\varphi = 180°$ korrespondieren mit dem Maximum und Minimum des Feldes, das demnach eine $m = 1$ Verteilung aufweist. Die r-Komponente in Abbildung 2.11b ist entlang der Zylinderachse für zwei verschiedene Radien r_{i} und r_{a} berechnet und mit $B_r\left(z\right) \approx \left(3{,}4 \pm 0{,}05\right)\mathrm{mT}$ relativ gleichverteilt. Da diese Komponente in der Ebene der Leiterschleife null ist, besteht hier ebenfalls eine Winkelabhängigkeit. Im Vergleich zu den beiden anderen ist die z-Komponente des Feldes vernachlässigbar klein. Wie in den Simulationsergebnissen in Abbildung 2.4 gezeigt wird, reicht diese Abweichung vom idealen Feld aus, damit die AMRI das komplette Volumen durchdringen kann und nicht mehr lokal im oberen und unteren Bereich vorhanden ist. Die Ursache liegt vermutlich darin, dass die Störung des Magnetfeldes die gleiche Modenzahl $m = 1$ wie die AMRI selbst hat und dadurch eine Art Resonanz entsteht, die zu dem beobachteten Verhalten führt. Diese Erkenntnisse geben den Anstoß für neue Untersuchungen, in wie weit sich die untersuchte Instabilität von der Modenzahl der aufgeprägten Störung beeinflussen lässt.

Neben dem nicht idealen Feld erzeugen die Stromquellen bauartbedingt elektromagnetische Störungen, welche die empfindliche Ultraschallmesstechnik beeinflussen. Die Auswirkungen dieser Störungen zeigt Abbildung 2.12. Es handelt sich hierbei um eine repräsentative Ultraschallmessung bei 14 kA, die im Rahmen der Vorversuche entstand. Sie zeigt, gemäß der vorgestellten Sensoranordnung mit zwei gegenüberliegenden Sensoren, die Verteilung der v_z-Komponente entlang der gedachten Strahllinien in

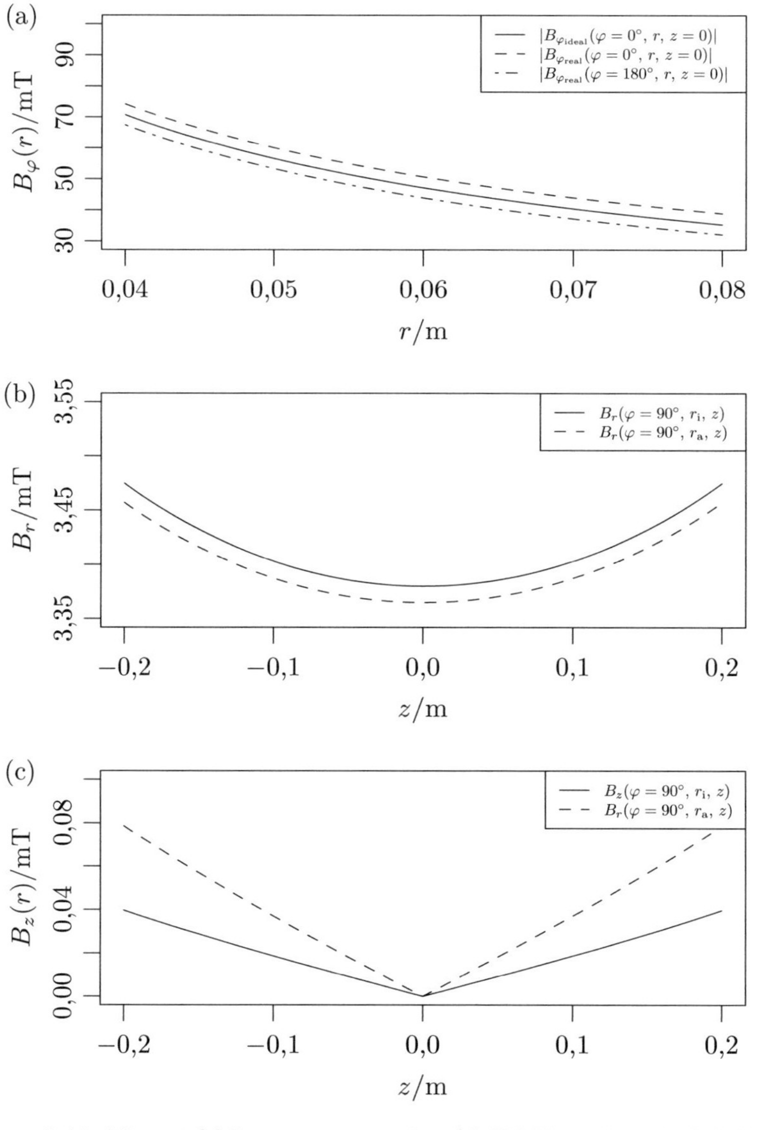

Abbildung 2.11: Magnetfeldkomponenten des AMRI-Experiments bei $Ha = 110$.

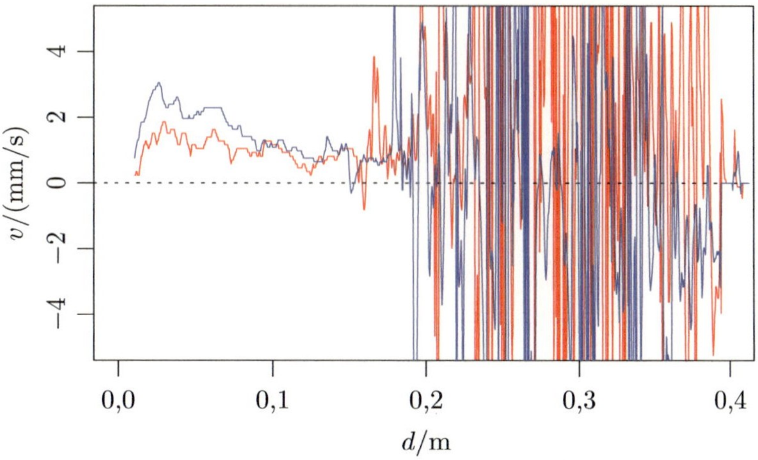

Abbildung 2.12: Die Linien „rot“ und „blau“ stellen jeweils das verrauschte Signal eines Sensors. Gemessen wurde bei 14 kA.

Abhängigkeit der Messtiefe. Demnach bewegt sich in einer Tiefe d ein Fluidelement mit einer Geschwindigkeit v_z entweder auf den Sensor zu oder von ihm weg. In der Nähe des Sensors bei $d = 0$ ist das Geschwindigkeitsprofil noch klar und ungestört. Ab etwa 200 mm Tiefe setzt jedoch ein massives Rauschen ein. Diese Signalstörung ist auf elektromagnetische Impulse zurückzuführen, die von den zehn Stromquellen abgestrahlt und über die Zuleitungen transportiert werden. Über die kapazitive und induktive Kopplung zwischen den isolierten Bauteilen, wie den einzelnen Zylindern und dem Schleifring, wird das Messsignal vom Rauschsignal überlagert. Typische Werte der Messspannung des Echosignals liegen im Bereich von einigen µV und damit in der Größenordnung der eingekoppelten Störsignale. Obwohl die Quellen innerhalb ihrer spezifizierten Normen arbeiten, ist der Einfluss dieser Ankopplung so stark, dass sie die Geschwindigkeitsmessung erheblich stören.

Die Berechnung des Geschwindigkeitsprofils im DOP3010 erfolgt mithilfe eines Korrelationsalgorithmus, der eine Anzahl von Echosignalen miteinander vergleicht und über die Frequenzverschiebung zwischen den einzelnen Echos in Verbindung mit der Impulswiederholrate T_{PRF} die Geschwindigkeiten an jedem Ort bestimmt [144]. Eine Störung der Messspannung führt dazu, dass sich das Spektrum der Störung auf das Messsignal aufprägt, so dass dieses Verfahren fehlerhaft arbeitet. Die Folge ist, dass an den verrauschten Stellen die maximale oder minimale Geschwindigkeit ausgegeben wird.

Demnach entspricht das in Abbildung 2.12 gezeigte Signal keinem üblichen Messprozess, bei dem eine Messgröße v_0 von einem normalverteilten Rauschen $\mathcal{N}(0{,}1)$

überlagert wird. Das für die Mittelwertbildung notwendige Modell $v = v_0 + \mathcal{N}(0,1)$ ist also nicht gültig und würde durch Aufsummieren lediglich gegen null konvergieren. Es handelt sich hierbei vielmehr um fehlerhafte Daten, deren Eigenschaften genutzt werden können, um in der Datennachbearbeitung die Signalqualität zu verbessern und schlechte Daten zu filtern. Die daraus resultierende Methode zum Entrauschen der Daten wird in Unterkapitel 2.4 behandelt.

Zur Erklärung der elektromagnetischen Emissionen stellt Abbildung 2.13 ein vereinfachtes Blockschaltbild der wichtigsten Funktionselemente einer Leistungsstromquelle sowie die verschiedenen Kopplungsmechanismen dar. Der Eingangstransformator spannt die Drehstrom-Netzspannung von 400 V auf eine Zwischenspannung um, so dass der Zwischenkreis und der Ausgang der Quelle potenzialfrei und damit galvanisch von der Netzspannung getrennt sind. Die Zwischenkreiswechselspannung wird anschließend mithilfe eines aktiven Gleichrichters umgeformt. An dieser Stelle findet, in der hier stark vereinfachten Darstellung, die Regelung der Ausgangsgröße statt. Dies kann entweder eine konstante Spannung oder ein konstanter Strom sein, je nach gewünschter Betriebsart. Das Gleichrichten der Zwischenkreisspannung realisiert bei Schaltnetzteilen mit hoher Ausgangsleistung ein aktiver Gleichrichter in Verbindung mit einem DC/DC-Konverter. Es entsteht ein gepulster Gleichstrom, der durch ein induktives Filternetzwerk geglättet wird. Die Art der Ansteuerung und die Güte des Ausgangsfilters bestimmen dabei die Restwelligkeit und das hochfrequente Rauschen der Ausgangsgröße. Aufgrund dieser Arbeitsweise werden durch die Umschaltvorgänge elektromagnetische Signale erzeugt, die sich außerhalb des Gerätes als elektromagnetische Welle ausbreiten können.

Eine Momentaufnahme solcher Impulse ist in Abbildung 2.14 gegeben. Bemerkenswert sind hier die Maximalwerte der Spannungsschwankungen. Sie liegen bei bis zu 15 $\mathrm{V_{P-P}}$ und können selbst bei minimalem Übersprechen auf die Messleitungen die Ultraschallmessung beeinflussen.

Die schematische Darstellung einer einzelnen Stromquelle in Abbildung 2.13 zeigt außerdem die parasitären Elemente R_s und C_s, welche durch die resistive und kapazitive Kopplung das Potential der galvanisch getrennten Ausgänge beeinflussen.

Eine Skizze des Versuchsstandes gibt die Prinzipschaltung in Abbildung 2.15 wieder. Darin enthalten sind die zehn Stromquellen (10xSMPS), die parallelen Zuleitungen, die Leiterschleife, welche vor der TC-Anordnung durch die Zuleitungen aufgespannt wird und das Experiment selbst, nebst Ultraschall und Erdung. Die Bereiche 1–5 markieren verschiedene Maßnahmen, welche die Signalqualität verbessern und die Funktionsfähigkeit des Versuchsstandes herstellen. Die drei wirkungsvollsten Maßnahmen werden nachfolgend vorgestellt. Eine ausführliche Diskussion aller

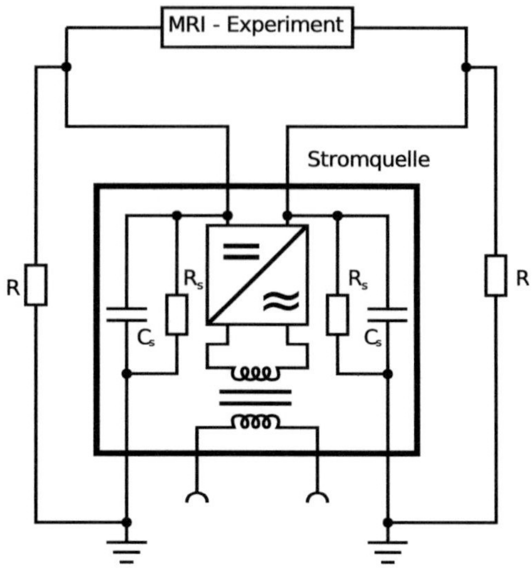

Abbildung 2.13: Vereinfachte Blockdarstellung einer Leistungsstromquelle mit Verbraucher (Experiment) und den beiden Potentialausgleichswiderständen R. Die Elemente R_S und C_S deuten den Isolationswiderstand und eine kapazitive Kopplung zum Gehäuse an.

Maßnahmen wird in Anlage 10 präsentiert.

Optimierung des Ultraschallsignals Bei der Verwendung der UDV-Messtechnik in Verbindung mit großen Magnetfeldern oder Strömen kann es zu Störungen kommen, wie sie Abbildung 2.12 zeigt. Hierbei koppelt ein hochfrequenter Wechselanteil des ansonsten konstanten Magnetfeldes in die Messleitungen ein. Der Ursprung dieser Störung sind die bauartbedingten Störemissionen der Netzteile, die sich als elektromagnetische Welle über die Zuleitungen ausbreiten. Eine AC-Messung der Spannung auf der Zuleitung L_3 vor dem L-C Filter (CH3 in Abbildung 2.14), die das Spektrum quantifiziert, gibt Aufschluss darüber, in welchen Frequenzbereichen die Schaltnetzteile arbeiten und abstrahlen. In Abbildung 2.14 ist deutlich zu erkennen, dass in der spektralen Verteilung ein Minimum bei etwa 3,75 MHz existiert und es zwei lokale Maxima bei 1,85 MHz und 4,45 MHz gibt. Ein störarmer Betrieb der Ultraschallsensoren ist im Minimum bei 3,75 MHz möglich, so dass die Ultraschalltonfrequenz auf diesen Wert festgesetzt wird [140].

Neben der Festlegung der Frequenz in einem Bereich mit möglichst geringen Störungen lässt sich der parallele Verlauf der Kabel der Ultraschallsensoren ausnutzen. So koppeln auf dem Pfad vom Sensor über den Schleifring bis zum DOP3010

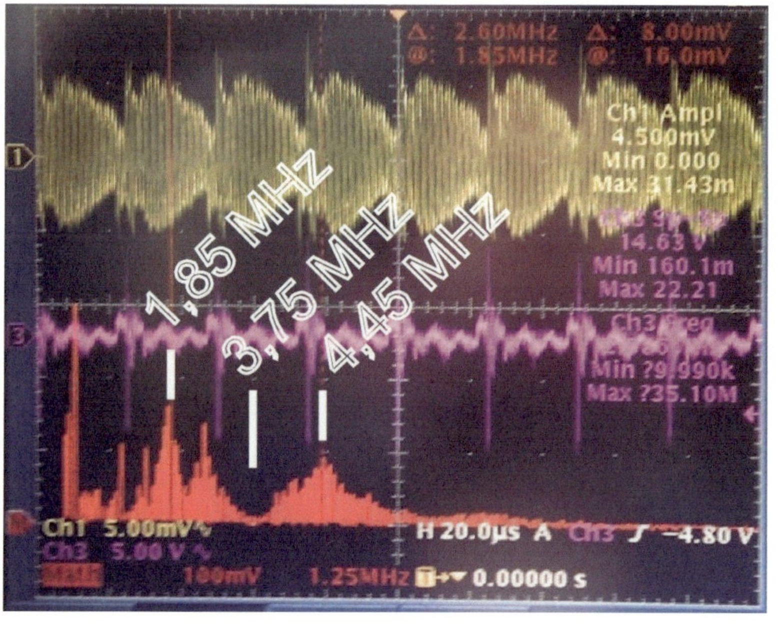

Abbildung 2.14: Die Signale des Störspektrums der Stromquellen wurden am Leiterpaar L_3 aufgenommen. CH1(gelb): magnetisches Streufeld, eingekoppelt über eine Luftspule; CH3(lila): AC-Spannungsimpulse ($V_{P-P} \approx 15\,V$) auf der Zuleitung; M(rot): Fouriertransformierte von CH3.[1]

[1]Genehmigter Nachdruck der Abbildung aus M. Seilmayer et al., Flow Measurements and Instrumentation, DOI:10.1016/j.flowmeasinst.2015.08.008, 2015, [140]. Copyright 2015, Elsevier B.V.

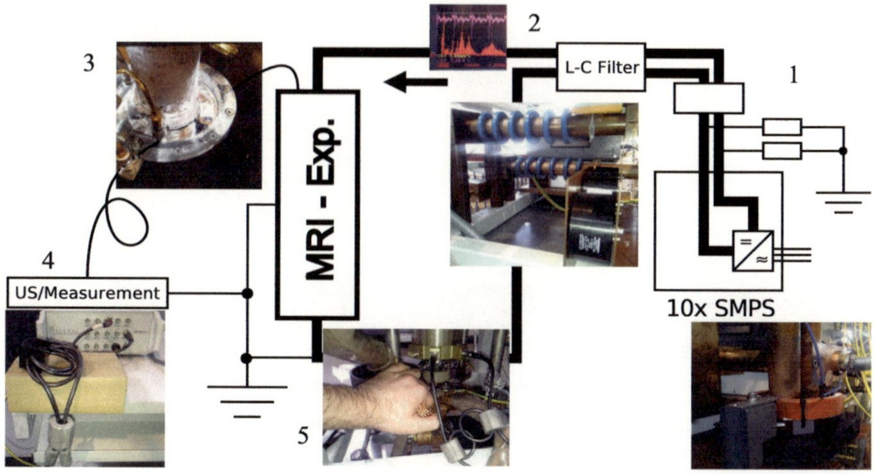

Abbildung 2.15: 1 Stromquellen, bestehend aus zehn Schaltnetzteilen mit Gleichtaktunterdrückung, Wellenabschluss und Erdungswiderständen; 2 Zuleitungen mit LC-Tiefpassfilter; 3 Experiment und Kastenspule mit gemeinsamer Erdungsverbindung; 4 Ultraschallmessgerät mit Ferritkernen; 5 Erdungspunkt im unteren Bereich des Versuchsstandes.

auf beide Leitungen dieselben Störungen ein. Da das DOP3010 beide Sensoren sequentiell auswertet, ohne die Schirmung zu trennen, kann die jeweils inaktive Leitung zur Rauschkompensation genutzt werden. Dies geschieht, indem sowohl eine Gleichtaktunterdrückung, als auch eine Gegentaktunterdrückung mithilfe von Ferritkernen realisiert wird, wie sie in Abbildung 2.16 zu sehen ist.

Die in dieser Abbildung dargestellte Anpassung erhöht die Leitungsinduktivität, so dass hohe Frequenzen stärker gedämpft werden. Werden mehr Ferritkerne, als in Abbildung 2.16 abgebildet, verwendet, verschlechtert sich das Signal wieder. Eine zusätzliche Erdungsverbindung des DOP3010 mit dem unteren Erdungspunkt (5), aus Abbildung 2.15, verbessert das Signal deutlich. Es stellte sich heraus, dass der Einsatz von HF-Litze als Verbindungskabel, im Gegensatz zum, in Abbildung 2.16, dargestellten grün-gelben Nullleiterkabel (links unten im Bild), eine weitere Steigerung der Signalqualität mit sich bringt.

Konzept für die Funktionserdung Das vorgestellte Funktionserdungskonzept dient für diesen Versuch dazu, die auftretenden Störungen vom Versuchsstand abzuführen und die Stromquellen von der Messtechnik weitgehend zu entkoppeln. Wie in Abbildung 2.15 zu sehen ist, gibt es zwei Erdungspunkte. Einer befindet sich an den

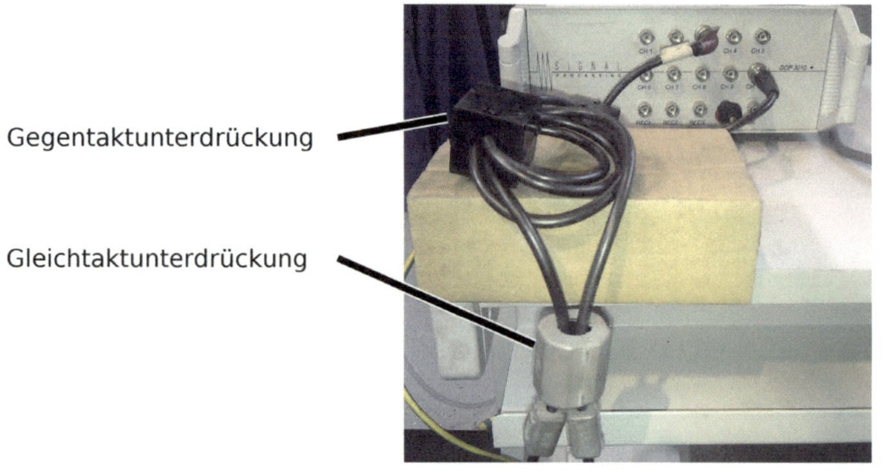

Abbildung 2.16: Gleich- und Gegentaktunterdrückung des Ultraschallsignals

Stromquellen, da hier die Schutzerde der Geräte zusammengeführt wird.

Einen weiteren Erdungspunkt bilden die beiden Widerstände aus Abbildung 2.17, die hier das Leitungspotential definieren. In Verbindung mit der Schutzerde in der Nähe der Stromquellen wird so die Ausbreitung der elektromagnetischen Wellen minimiert. Zusätzlich sorgt ein zweiter Sternpunkt am unteren Teil des Experiments dafür, dass Störungen über das Gestell abgeführt werden können, wie es (5) aus Abbildung 2.15 zeigt. Das Erdungskabel besteht hier aus einem sehr niederohmigen Hochstromlitzenkabel, das mit der Armierung des Gebäudes, in ca. 5 m Entfernung von den Stromquellen, verbunden ist. Die Sensoren, die Messleitungen und das Gestell des Aufbaus beziehen sich alle auf diesen zuletzt genannten Erdungspunkt [145].

Das Leitungspotential Die nächste Maßnahme, die Störungen der Stromquellen zu unterdrücken, ist die Definition eines gemeinsamen Potentials der Ausgangsleitungen. Aus Abbildung 2.17 geht hervor, dass im Allgemeinen Schaltnetzteile durch die Übertragertransformatoren eine galvanische Trennung zwischen Eingang und Ausgang herstellen. Damit sind die Ausgänge potentialfrei, so dass sich die Spannung dieser Leitungen gegenüber einem geerdeten Referenzpunkt, hier die Masse, nur über die Isolationswiderstände R_s der Geräte oder über die parasitären Kapazitäten des Gehäuses C_{Case} beziehungsweise der Umgebung C_{Envir} einstellt. Abbildung 2.13 verdeutlicht dies schematisch. Die Schaltvorgänge im Netzteil erzeugen zudem Impulse, die sich über die kapazitive und induktive Kopplung zwischen dem Gehäuse und den Leitungen auf die Ausgänge der Stromquelle übertragen. Die so induzierten

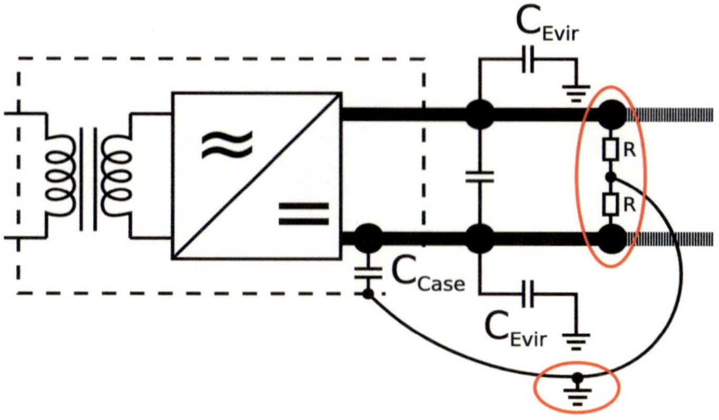

Abbildung 2.17: Parasitäre Kopplungen in den Stromquellen.[1]

[1] Genehmigter Nachdruck der Abbildung aus M. Seilmayer et al., Flow Measurements and Instrumentation, DOI:10.1016/j.flowmeasinst.2015.08.008, 2015, [140]. Copyright 2015, Elsevier B.V.

elektromagnetischen Wellen breiten sich über die Zuleitungen bis hin zum Experiment aus und beeinflussen dort die Messelektronik.

Die Widerstände R aus Abbildung 2.17, die aus $3\,\Omega$ Konstantandraht bestehen, schließen diese Wellen gegen Masse kurz und definieren gleichzeitig ein Potential für die beiden Leitungen.

Diese drei wirkungsvollsten Maßnahmen zur Signalverbesserung und Rauschunterdrückung werden ergänzt durch den Abschluss der paarweise parallelen Leitungen mit den jeweiligen Wellenwiderständen, um Reflexionen an den Verbindungsflanschen zu dämpfen, sowie dem Anbringen eines L-C-Tiefpassfilters. Zwei Ringkerne, welche die Hin- und Rückleitung umschließen, unterdrücken Gleichtaktstörungen und ergänzen damit die Maßnahmen zur Verbesserung der Signalqualität. Den Erfolg der Optimierung stellt Abbildung 2.18 dar.

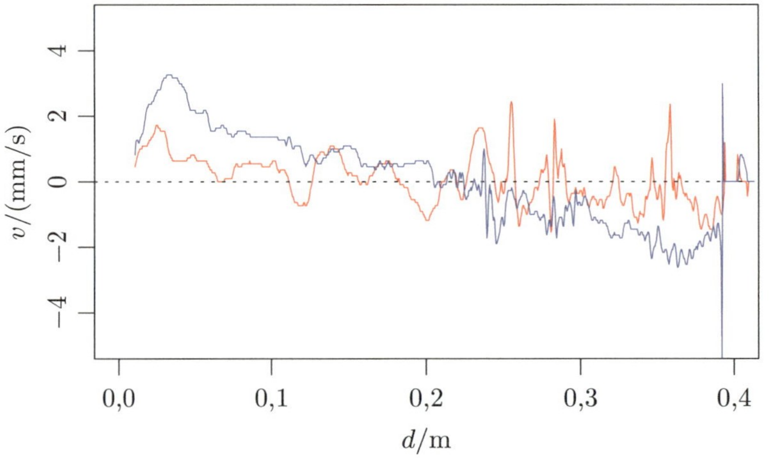

(a) Geschwindigkeitsprofile

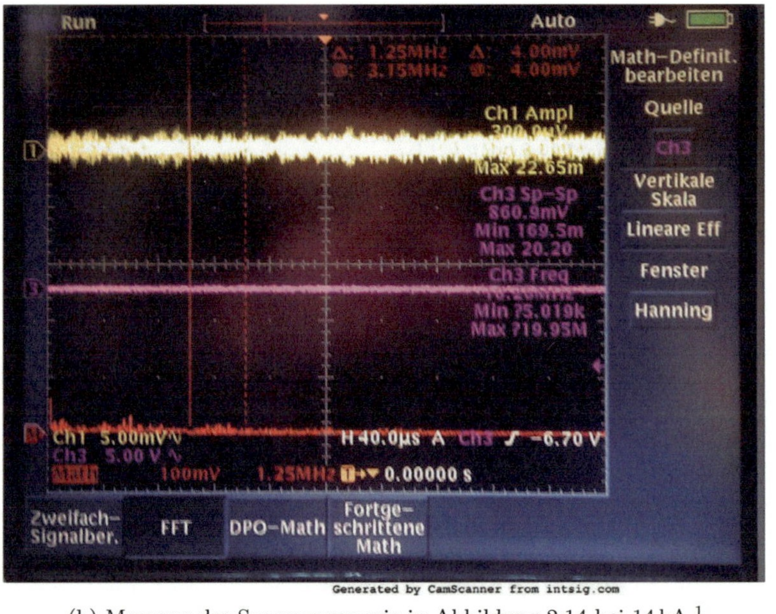

(b) Messung der Spannungen wie in Abbildung 2.14 bei 14 kA.[1]

Abbildung 2.18: Ergebnis der Optimierungen für Ultraschallmessungen

[1]Genehmigter Nachdruck der Abbildung aus M. Seilmayer et al., Flow Measurements and Instrumentation, DOI:10.1016/j.flowmeasinst.2015.08.008, 2015, [140]. Copyright 2015, Elsevier B.V.

2.3 Versuchsplanung und Durchführung

Die MRI gehört zu einer Klasse von MHD-Instabilitäten, die zum Einsetzen ein stromfreies Magnetfeld und eine hydrodynamisch stabile differenzielle Rotation einer Grundströmung erfordern. Ein hinreichendes Stabilitätskriterium für eine TC-Strömung ohne Magnetfeld gibt das Rayleigh-Kriterium (1.28) an. Für die Untersuchung der AMRI in einem realen Experiment wird für das Verhältnis der Rotationsraten $\hat{\mu} = 0{,}26 > \hat{\eta}^2$ gewählt. Diese Parameterdefinition soll sicherstellen, dass eventuell störende Randeffekte und Asymmetrien durch die stabile Grundströmung hinreichend gedämpft werden, so dass von einer laminaren Kreisströmung ausgegangen werden kann. Andererseits legen die Berechnungen von R. Hollerbach et al. [45] dar, dass ab $\hat{\mu} \approx 0{,}28$ die kritischen Werte $Re_{\text{krit}} > \mathcal{O}(10^3)$ werden, so dass eine sinnvolle Größe für das Rotationsverhältnis bei $\hat{\mu} < 0{,}28$ liegt. Ergänzend dazu geben die theoretischen Vorbetrachtungen aus Kapitel 2.1 die Stabilitätsgrenzen der TC-Strömung bei einem rein azimutalen Magnetfeld für das gewählte $\hat{\mu}$ an.

Das Ultraschallmesssystem nimmt während eines Experiments die Komponente v_z der entstehenden Instabilität auf, wie es Abbildung 2.1 und Abbildung 2.8 verdeutlichen. Die dabei auftretenden Geschwindigkeiten hängen von der gewählten Reynolds-Zahl ab, die über Gleichung (1.17) mit der Grundströmung $v_\varphi(r)$ verknüpft ist. Allerdings gilt: Je niedriger Re ist, desto schlechter wird das Signal-Rausch-Verhältnis der Messung. Die Zahl der fehlerhaften Datenpunkte nimmt also zu, bis nur noch eine unzureichende Messung möglich ist. Ebenso gilt, je höher der Strom, desto mehr beeinflussen die emittierten elektromagnetischen Störungen die Geschwindigkeitsmessungen. Einen Kompromiss zwischen Signalqualität, Stromstärke und den Instabilitätsgrenzen aus Abbildung 2.19, stellen Rotationsraten für $Re = \{2960;\ 1480\}$ dar. Versuche bei $Re = \text{const.}$ werden Hartmann-Linien genannt, da hier der Strom, respektive die Hartmann-Zahl, variiert wird. Es ist dabei zu erwarten, dass sich beim Durchqueren der Stabilitätslinie $Re_{\text{krit}} = f(Ha)$, vom stabilen Bereich von links kommend nach rechts, das Verhalten der magnetisierten TC-Strömung ändert. Eine deutliche Änderung der mittleren kinetischen Energie $\overline{E_{\text{kin}}}$ in der Sekundärströmung v_z, in Abhängigkeit vom Magnetfeld, signalisiert das Einsetzen der Instabilität. Die Struktur der Strömung muss sich also nach dem Überschreiten der Stabilitätslinie, wegen der positiven Wachstumsrate $\lambda > 0$, signifikant ändern. Die mittlere kinetische Energie

$$\overline{E_{\text{kin}}} \sim \frac{1}{d_{\max}} \int_z v_z^2 \,\mathrm{d}z = \overline{v_{\text{rms}}^2} \tag{2.10}$$

ist dabei proportional zur gemessenen mittleren quadratischen Geschwindigkeit $\overline{v_{\text{rms}}^2}$.

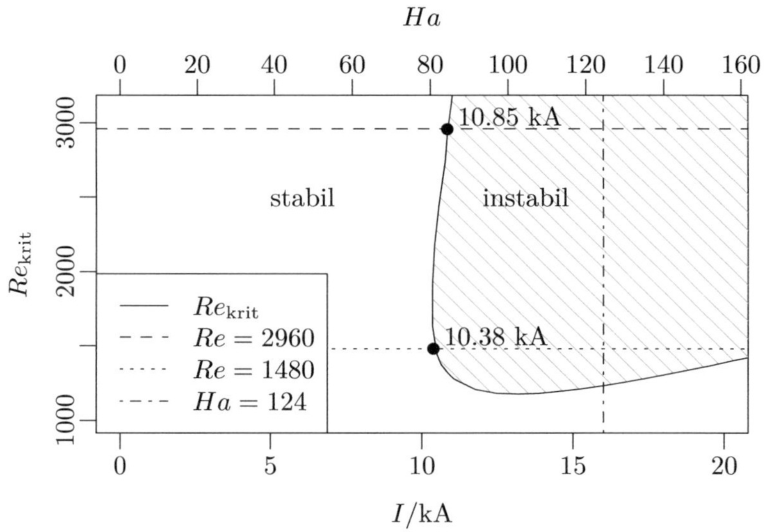

Abbildung 2.19: Der dargestellte Ausschnitt aus Abbildung 2.2 zeigt das für die Versuchsplanung relevante Stabilitätsdiagram. Die Punkte markieren für $\hat{\mu} = 0{,}26$ jeweils den kritischen Strom, ab dem die AMRI einsetzt. Die Versuchsreihen wurden jeweils entlang der eingezeichneten Linien durchgeführt.

Es kann also der Übergang zur Instabilität gefunden werden, indem das gemessene Geschwindigkeitsfeld nach Gleichung (2.10) ausgewertet wird.

Eine weitere Möglichkeit, die Stabilitätskurve im Parameterraum $\{Re; Ha\}$ zu prüfen, besteht darin, den Übergang zur Instabilität bei einem konstanten Strom, in Abbildung 2.19 entspricht dies einer vertikalen Linie und durch Variation von Re zu finden. Diese Linie wird im folgenden Reynolds-Linie genannt und liegt in Abbildung 2.19 bei $I = 16\,\mathrm{kA}$ beziehungsweise $Ha = 124$. Die Herausforderung für die Durchführung der Versuche besteht darin, das Signal-Rausch-Verhältnis hinreichend zu verbessern, damit die Messung der niedrigen Geschwindigkeiten bei geringen Reynolds-Zahlen gelingt. Die μ-Linie beschreibt die Variation der letzten Einflussgröße, dem Verhältnis der Rotationsgeschwindigkeiten. Von Interesse ist hier, wie der Übergang von der hydrodynamischen Instabilität bei $\hat{\mu} < 0{,}25$ zur AMRI bei $\hat{\mu} \geq 0{,}25$ stattfindet und diese letztlich ab einem bestimmten $\hat{\mu}$ wieder verschwindet. Die präsentierten Ergebnisse dieser Arbeit konzentrieren sich auf die Hartmann-Linie, da hierfür die meisten Daten, sowohl experimentell als auch numerisch, vorliegen.

Aus den Überlegungen in den Kapiteln 2.1 und 2.2 sowie den eben genannten Schlussfolgerungen lassen sich nun die für die AMRI wichtigen Einflussgrößen und

Tabelle 2.2: Parameterraum der Einfluss- und Stellgrößen des AMRI Experiments

Parametersatz	*Einflussgrößen*	*Stellgrößen*
Hartmann-Linie	$Re = \{1480;\ 2960\}$ $\hat{\mu} = 0{,}26$ $Ha < 155$	$\Omega_\mathrm{i} = 2\pi \cdot \{0{,}05;\ 0{,}1\}\ \mathrm{s}^{-1}$ $\Omega_\mathrm{a} = \hat{\mu}\Omega_\mathrm{i}$ $I \leq 20\,\mathrm{kA}$
Reynolds-Linie	$Re < 3000$ $\hat{\mu} = 0{,}26$ $Ha = 124$	$\Omega_\mathrm{i} \leq 2\pi \cdot 0{,}1\,\mathrm{s}^{-1}$ $\Omega_\mathrm{a} = \hat{\mu}\Omega_\mathrm{i}$ $I = 16\,\mathrm{kA}$
μ-Linie	$Re = \{1480;\ 2960\}$ $\hat{\mu} \leq 1$ $Ha = 124$	$\Omega_\mathrm{i} = 2\pi \cdot \{0{,}05;\ 0{,}1\}\ \mathrm{s}^{-1}$ $\Omega_\mathrm{a} = \hat{\mu}\Omega_\mathrm{i}$ $I = 16\,\mathrm{kA}$

die für das Experiment notwendigen Stellgrößen wie folgt zusammenfassen.

Die Instabilität bewegt sich im Laborkoordinatensystem mit einer auf die Innenrotation bezogenen Driftrate $(\Omega_\mathrm{dr}/\Omega_\mathrm{i})_\mathrm{th}$, wie sie aus Abbildung 2.3b hervorgeht. Da sich die Sensoren mit dem äußeren Zylinder bewegen, ergibt sich für das gemessene Signal eine Frequenzverschiebung um Ω_a. Dabei bedeutet eine Drift von $\Omega_\mathrm{dr}/\Omega_\mathrm{i} = \hat{\mu}$ Korotation mit dem Außenzylinder. Die Ultraschallsensoren können in diesem Fall die Strukturen der AMRI nicht vom Gleichanteil der Strömung unterscheiden. Um die geringen Differenzfrequenzen aus den Datensätzen zu bestimmen, müssen die Messreihen mindestens zwei komplette Perioden des Signals enthalten. Gegeben sei ein Strom durch den axialen Leiter von $I_\mathrm{krit} < I = 11\,\mathrm{kA}$. Die minimal erforderliche Versuchszeit $T_{e,\mathrm{min}}$ für einen gewählten Strom von $I = 11\,\mathrm{kA}$, der Reynolds-Zahl $Re = 2960$ und einem Rotationsverhältnis $\hat{\mu} = 0{,}26$ lässt durch

$$T_{e,\mathrm{min}} > \left. \frac{2\pi}{\Omega_\mathrm{i} \left| \hat{\mu} - \frac{\Omega_\mathrm{dr}}{\Omega_\mathrm{i}} \right|} \right|_{\substack{I=11\,\mathrm{kA} \\ Re=2960 \\ \hat{\mu}=0{,}26}} = 4689\,\mathrm{s} \tag{2.11}$$

abschätzen.

Bei der verwendeten Ultraschallmesstechnik, dem DOP3010, kann nur die Anzahl der aufgenommenen Profile definiert werden. Dieser Wert wurde auf $n_\mathrm{Profiles} = 3000$ gesetzt. Bei einer Abtastrate von $T_\mathrm{s} = 1\,\mathrm{s}$ und zwei sequentiell ausgelesenen Kanälen entspricht dies einer Messzeit von

$$T_e = 2n_\mathrm{Profiles}T_s = 6000\,\mathrm{s}. \tag{2.12}$$

Zu Beginn der Versuchskampagnen war unklar, welche Streuung die zu erwartenden Phänomene aufweisen, so dass an jedem Datenpunkt $\{Re;\ Ha;\ \hat{\mu}\}$ aus Tabelle 2.2 mindestens drei Versuche stattfanden. Dies stellt einen Kompromiss dar, da die veranschlagten Messzeiten mit mehreren tausend Sekunden sehr lang sind. Aus der Berechnung von Mittelwert, Median und Streuung kann festgestellt werden, ob noch weitere Versuche notwendig sind, um die Datenbasis entsprechend zu ergänzen. Die zugrunde liegende Messkampagne besteht aus mehr als 230 Einzelversuchen.

2.4 Datenanalyse

Der Abschnitt Datenanalyse dokumentiert die Berechnung und Verarbeitung der gewonnenen Messwerte, nachdem die Signalqualität optimiert wurde. Das Ziel dabei ist, die Messreihen mithilfe geeigneter Methoden und Filter zu analysieren, so dass die Geschwindigkeitskomponenten der AMRI in den Daten identifiziert werden können. Die eigentliche Analyse unterteilt sich dabei in die Schritte Datenvorverarbeitung und Auswertung, die nach einer Betrachtung der Eigenschaften der Messdaten vorgestellt werden sollen.

2.4.1 Eigenschaften der Messdaten

Zum besseren Verständnis der Analyseschritte der Messdaten werden zunächst die Struktur der Daten und einige der wichtigsten Eigenschaften näher beleuchtet. Als Datenerfassungssystem wird das DOP3010 mit zwei 4 MHz-Ultraschallwandlern eingesetzt. Wie aus Kapitel 2.2 hervorgeht, misst das System mithilfe der Sensoren die Geschwindigkeitskomponente v_z entlang der Achse in Strahlrichtung des Sensors, wie es Abbildung 2.9 darstellt. Im DOP3010 realisiert ein Multiplexer die Umschaltung zwischen den Sensoren. Eine direkte Folge der sequenziellen Messung ist, dass die Daten beider Sensoren keine synchrone Zeitbasis besitzen. Weiterhin kann die Anzahl der Gates, die den Messbereich unterteilen, zwischen den Sensoren variieren. Das Ergebnis einer Messung ist im Allgemeinen eine zweidimensionale Zeitreihe, deren Rechtsachse die Zeit t und die Hochachse die Messtiefe d bezeichnet. Gespeichert werden dabei drei Variablen, die beiden Vektoren der Zeit- und Ortsachse sowie eine 2D-Matrix als Datenfeld. Eine Verknüpfung beider Datensätze durch eine lineare Operation, wie zum Beispiel der Addition, kann nur dann durchgeführt werden, wenn eine einheitliche Zeitbasis und die selbe Dimension der Datensätze vorliegt. Das ist allerdings nicht der Fall, was ein nachträgliches Neuabtasten der Messwerte erforderlich macht. Den beiden Sensoren wird so der gleiche Zeit- und Ortsvektor

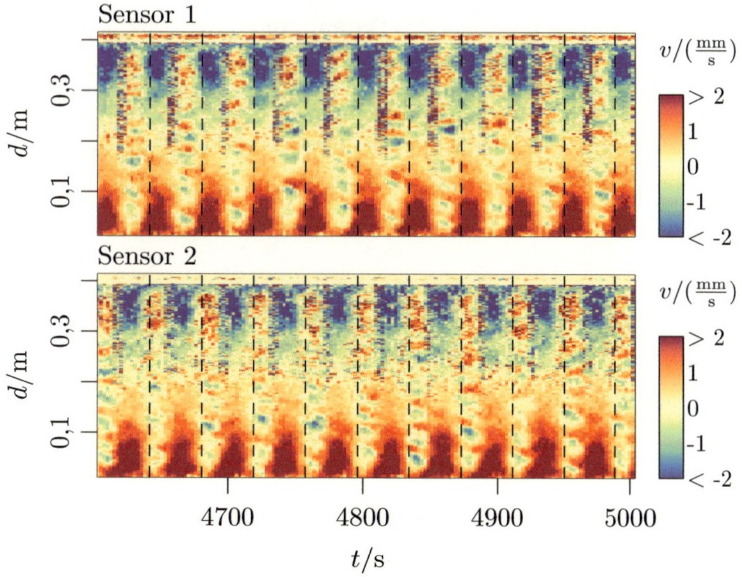

Abbildung 2.20: Für den dargestellten Rohdatenausschnitt aus Datensatz D21 gelten folgende Parameter: $Re = 2960$, $\hat{\mu} = 0{,}26$, $Ha = 140$ die entspricht einem Strom von $I = 18\,\mathrm{kA}$. Die Sensoren zeichnen die v_z-Komponente auf. Die Hochachse misst den Abstand vom Sensor, so dass oben in den Bildern bei etwa $d \approx 0{,}4\,\mathrm{m}$ der Zylinderboden zu erkennen ist.

zugewiesen.

In Abbildung 2.20 ist beispielhaft der Ausschnitt aus den zweidimensionalen Rohdaten dargestellt, die einige der wichtigsten Eigenschaften der Messdaten zeigen. Zum einen gibt es eine regelmäßig wiederkehrende Struktur, welche im Laborsystem feststehend ist. Dies deuten die gestrichelten vertikalen Linien an, deren Abstand einem vollständigen Umlauf der Sensoren entspricht. Weiterhin ist zu erkennen, dass der Rauschprozess, wie er beispielsweise für ein einziges Profil in Abbildung 2.12 dargestellt ist, ebenfalls zeitlich periodische Komponenten enthält.

Die vertikale Achse trägt die Messtiefe d auf, also die Entfernung vom Sensor, der nach unten gerichtet ist. Der Boden des Zylinders deutet sich in einer Tiefe von etwa $0{,}4\,\mathrm{m}$ durch einen Streifen mit der Geschwindigkeit $v \approx 0$ an. Alle Daten, die in einer Tiefe von mehr als $0{,}4\,\mathrm{m}$ angezeigt werden, sind durch Reflexionen und Aliaseffekte der Ultraschallmesstechnik zu erklären und somit nicht real. Die Zeitachse der dargestellten Zeitreihen repräsentiert sowohl Zeitpunkt als auch Drehwinkel der Sensoren, da diese mit dem Außenzylinder mitrotieren. Dabei gelten die folgenden linearen Verknüpfungen zwischen ihnen:

$$\varphi_{\mathrm{S1}}(t) = \Omega_{\mathrm{a}} t \tag{2.13}$$

$$\varphi_{\mathrm{S2}}(t) = \Omega_{\mathrm{a}} t + \pi. \tag{2.14}$$

Eine zweidimensionale Zeitreihe ist demnach eine Geschwindigkeitsverteilung entlang des Messstrahls in Abhängigkeit der Zeit und des Ortes. Das Signal S repräsentiert die Messwerte eines Sensors, der auf dem Radius r_{s} befestigt und nach unten gerichtet ist. Die einzelnen Geschwindigkeitskomponenten $\{v_r;\ v_\varphi;\ v_z\}$ werden dabei in den Messstrahl projiziert. Der Winkel α gibt dabei eine mögliche Lageabweichung der Messachse bezüglich der Zylinderachse und $\vec{e}_\varphi$ an. Während die Projektion der v_r-Komponente vernachlässigt werden kann, muss sie für die Komponente $v_\varphi \ll v_r$ beachtet werden. Das Sensorsignal S setzt sich damit aus den einzelnen Komponenten wie folgt zusammen:

$$\begin{aligned} S(t,d) &:= \cos(\alpha)\cdot\underbrace{\vec{v}(\varphi(t),r_{\mathrm{s}},d)\vec{e}_z}_{=v_z} + \sin(\alpha)\cdot\underbrace{\vec{v}\vec{e}_\varphi}_{=v_\varphi} \\ &\approx v_z(\varphi(t),r_{\mathrm{s}},d) + \underbrace{\alpha\cdot v_\varphi}_{=\Delta s}\Bigg|_{\alpha<0{,}1} = v_z(\varphi(t),r_{\mathrm{s}},d) + \Delta s. \end{aligned} \tag{2.15}$$

Der Term Δs entsteht durch die Verkippung der Sensoren um den Winkel α und setzt sich aus der Projektion der Komponente v_φ in den Messstrahl sowie einer Abschwächung von v_z zusammen. Die Abweichung von der Parallelität der Messachse zur z-Achse sei minimal, so dass $\sin(\alpha) \approx \alpha$ und $\cos(\alpha) \approx 1$ gilt. Für die Sensorbefestigung ergibt sich, bei einem Spiel zwischen den Sensoren und dem Befestigungsloch im oberen Deckel, von $\Delta d < 0{,}2\,\mathrm{mm}$ und einer Materialdicke des Deckels von $h = 10\,\mathrm{mm}$ ein maximaler Winkel zwischen Mess- und Zylinderachse von $\alpha < 0{,}02\,\mathrm{rad}$. Da α wie eine relative Abweichung in Gleichung (2.15) wirkt, sind durch die Lageabweichung im Messsignal maximal 2% der v_φ-Komponente enthalten.

Die AMRI ist eine Instabilität, die nach den Ausführungen von Kapitel 2.1 eine Strömung mit einer $m = \pm 1$-Mode hervorbringt. Dies bedeutet, dass sich eine Verteilung ausbildet, die bezogen auf die gemessene Geschwindigkeitskomponente v_z zu einem einzigen Umlauf der Sensoren 2π-periodisch ist und sich durch die Drift Ω_{dr} die Phasenlage ändert. Da beide Sensoren mit einem Winkelversatz von $\Delta\varphi = 180°$ am oberen Deckel montiert sind, können durch Addition beider Signale die geraden Anteile $m = 2n$ und durch Subtraktion die ungeraden Anteile $m = 2n + 1$

herausgefiltert werden. Es gilt dabei $n \in \mathbb{Z}$. Zur einfacheren Auswertung der Daten, werden zwei „virtuelle“ Sensoren

$$\mathrm{S3} = \frac{1}{2}\left(\mathrm{S1} + \mathrm{S2}\right) + 2\Delta s \tag{2.16}$$

$$\mathrm{S4} = \frac{1}{2}\left(\mathrm{S1} - \mathrm{S2}\right) + 2\Delta s \tag{2.17}$$

definiert. Der zufällige Lage- und Projektionsfehler Δs geht hier im Sinne einer maximalen Abweichung durch die Verknüpfung der beiden Sensoren doppelt ein. Die Berechnung ist dabei ähnlich der Zerlegung eines Signals in einen geraden und ungeraden Anteil [146]. Datensatz S3 entspricht dem geraden Anteil $m = 2n$. Im Gegensatz dazu repräsentiert S4 den ungeraden Anteil $m = 2n + 1$.

Den Effekt dieser Zerlegung in einen geraden und ungeraden Anteil, sowie das Übersprechen der Sensoren verdeutlicht Abbildung 2.21. In den hier dargestellten Bildern sind beispielhaft die gefilterten Daten und deren Kombination S3 und S4 für den Versuch D21 bei $Ha\,(18\,\mathrm{kA}) = 140$ dargestellt. Es ist zu erkennen, dass die Geschwindigkeitsfelder in Teilabbildung (c) und (d) eine stationäre und eine instationäre, fluktuierende Komponente enthalten. In den mittleren Bereichen der Bilder ist eine Wellenstruktur zu erkennen, die am Rand in Richtung der Deckel vom stationären Strömungsfeld überlagert wird. Bedingt durch die Funktionsweise des Ultraschallmessverfahrens und durch den fehlenden Abgleich zwischen den beiden Sensoren, kann es bei der Bestimmung der Absolutgeschwindigkeiten zu Differenzen zwischen den beiden genutzten Messkanälen kommen. Als direkte Folge entsteht beim Addieren beziehungsweise Subtrahieren der Messreihen ein als Übersprechen bezeichneter Effekt. Teilabbildung (c) verdeutlicht diesen Sachverhalt insofern, als dass die sichtbaren Wellenphänomene entweder zu einer ungeraden Struktur gehören oder ein Artefakt der Berechnung sind und daher nicht eindeutig zugeordnet werden können. Die entwickelten Methoden, das stationäre Strömungsfeld vom Fluktuationsfeld zu trennen, dokumentiert der nachfolgende Abschnitt.

2.4.2 Datenverarbeitung

Anhand des Datenflussdiagramms in Abbildung 2.22 soll verdeutlicht werden, welche Auswerteschritte für die Rohdaten notwendig sind, um die Signalqualität zu verbessern. Nach dem Schritt der Vorverarbeitung werden die Messreihen zu den virtuellen Sensoren S3 und S4 kombiniert. Anschließend erfahren alle vier Datensätze die gleiche Datenverarbeitung, damit sie untereinander vergleichbar bleiben.

Die kritischsten Analyseschritte sind das Identifizieren fehlerhafter Datenpunkte

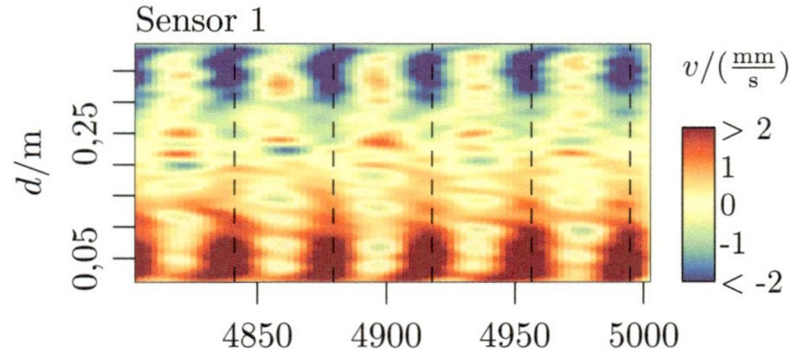

(a) Sensor 1 bei $\varphi_{\mathrm{S1}}(t) = \Omega_a t$

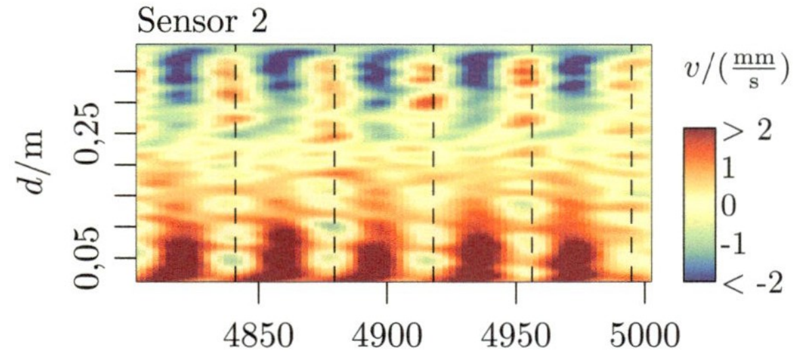

(b) Sensor 2 bei $\varphi_{\mathrm{S2}}(t) = \Omega_{\mathrm{a}} t + \pi$

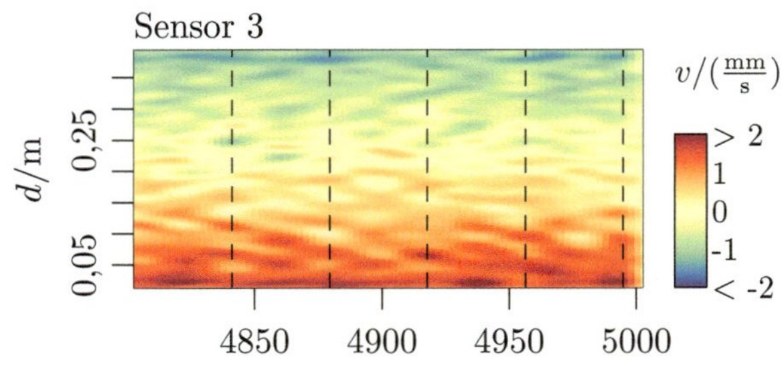

(c) Sensor 3 mit $\mathrm{S3} = \frac{1}{2}(\mathrm{S1} + \mathrm{S2})$

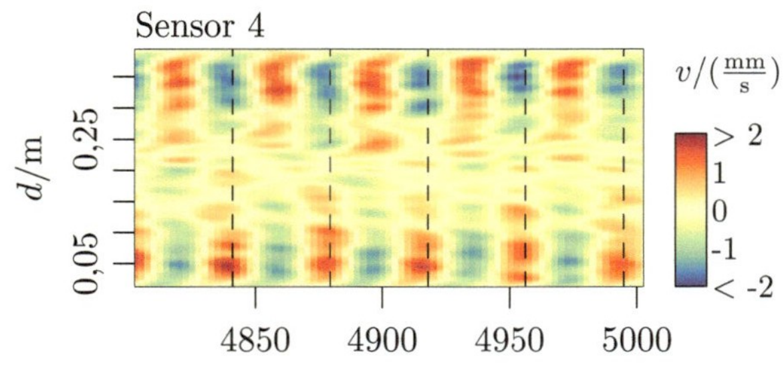

(d) Sensor 4 mit $\mathrm{S4} = \frac{1}{2}(\mathrm{S1} - \mathrm{S2})$

Abbildung 2.21: Ausschnitt der gefilterten Daten aus dem Datensatz D21 bei $Re = 2960, Ha = 140, \hat{\mu} = 0{,}26$. Die Teilabbildungen geben jeweils die gefilterten Sensordaten als auch die berechneten S3 und S4 Daten wieder.

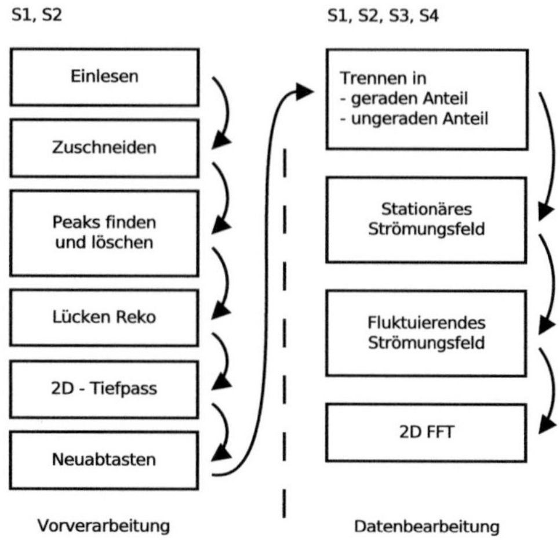

Abbildung 2.22: Flussdiagramm der Datenauswertung des AMRI Experiments

und deren Rekonstruktion, sowie das Trennen der Geschwindigkeitsfelder in einen stationären und fluktuierenden Anteil. Beide Teilschritte werden nachfolgend kurz beschrieben, da die zugrunde liegenden Verfahren wichtige Symmetrieeigenschaften der Daten ausnutzen.

Identifizieren fehlerhafter Daten und deren Rekonstruktion Ein typisches Bild für ein verrauschtes Geschwindigkeitsprofil ist in Abbildung 2.12 gegeben. Wie bereits erwähnt, handelt es sich hierbei um keinen klassischen Rauschprozess, der den Messwert additiv überlagert. Bedingt durch das Messprinzip werden stattdessen falsche Werte erzeugt, die den maximal und minimal möglichen Wert für die Geschwindigkeit nach Gleichung (2.4) annehmen können. Der Verlauf entspricht dabei einem hochfrequenten, nicht physikalischen Wechsel zwischen den beiden Extremen. Die wichtigste Annahme für die Verarbeitung der Messdaten ist, dass ein gemessenes Strömungsprofil einen kontinuierlichen und stetig differenzierbaren Verlauf aufweist, der an den Deckeln gegen null geht.

Fehlerhafte Datenpunkte manifestieren sich also durch ein Muster schnell aufeinanderfolgender Spitzen oder durch nicht-physikalische Sprünge im Signal. Ein solches Kurzzeitereignis kann als ein Punkt definiert werden, der oberhalb eines bestimmten Schwellenwerts s liegt und so einen lokalen Maximalwert annimmt. Der Schwellenwert berücksichtigt dabei den Charakter des Messsignals insoweit, als dass der Bereich $\pm s$ die realen Werte der Strömungsgeschwindigkeiten einschließt und sich die fehlerhaften Datenpunkte v_z^* außerhalb dieser Grenzen befinden. Der Betrag $|v_z^*|$

bezieht dabei die beiden Vorzeichen des Schwellenwertes s ein:

$$|v_z^*| > s = a_\mathrm{s} \cdot \underbrace{\sqrt{\frac{1}{N}\sum_{i=1}^{N}(v_z - \overline{v}_z)^2}}_{v_{z,\mathrm{eff}} = A_\mathrm{Welle}/\sqrt{2}} \geq A_\mathrm{max} = 2A_\mathrm{Welle}. \tag{2.18}$$

Die maximale Amplitude A_max ergibt sich durch die Annahme, dass das in den Daten enthaltene Signal aus einer Summe verschiedener Wellen besteht, von denen nur eine Einzige als dominierend angesehen wird. Dies korrespondiert mit den in Abbildung 2.20 dargestellten Rohdaten, die eine im Laborsystem feststehende 2π-periodische Struktur enthalten. Durch konstruktive Überlagerung ist die maximal zu erwartende Amplitude $A_\mathrm{max} \leq 2A_\mathrm{Welle}$. Der Schwellenwert s wird in Gleichung (2.18) mithilfe der Streuung oder des mittelwertfreien Effektivwertes aus den Messdaten berechnet. Nach den vorangegangenen Überlegungen kann der freie Parameter

$$a_\mathrm{s} \geq 2\sqrt{2} \approx 2{,}8 \tag{2.19}$$

angegeben werden, so dass der Schwellenwert größer ist als die Amplitude der größten anzunehmenden Welle.

Für die Anwendung und im Vergleich mit allen anderen Messreihen hat sich ein leicht reduzierter Wert von $a_\mathrm{s} = 2{,}5$ als praktikabel erwiesen. Sind Datenpunkte identifiziert, die zum Rauschen gehören, werden diese gelöscht. Diese Prozedur wird dreimal durchgeführt, um im Anschluss die gelöschten Daten zu rekonstruieren.

Für die Berechnung der fehlenden Daten stehen verschiedene Methoden zur Verfügung, die mehr oder weniger stark die zeitlichen und räumlichen Strukturen der Messwerte ausnutzen. Eine Zusammenstellung einiger Verfahren ist in Tabelle 2.3 gegeben. Die Ersetzungsdaten sollten dabei die Eigenschaften des nicht verrauschten Datensatzes möglichst erhalten und Artefakte von periodisch wiederkehrenden Rauschstrukturen vermeiden.

In den Rohdaten von Abbildung 2.20 und Abbildung 2.23 sind die regelmäßig wiederkehrenden Störungen deutlich zu erkennen. Damit entfällt die zunächst naheliegende Variante, fehlerhaften Daten einfach den Wert null zuzuweisen. Auf diese Weise würden Sprünge entstehen, die nach einer Tiefpassfilterung unphysikalische Artefakte zurücklassen, da sie in regelmäßigen Abständen wiederkehren. Im Gegensatz dazu führt eine Ersetzung der gelöschten Daten durch interpolierte oder lokal extrapolierte Punkte zu einem Erhalt der spektralen und physikalischen Charakteristik des Signals. Im eindimensionalen Fall ergibt sich der Wert an einem bestimmten Punkt durch eine beidseitige sinnvolle Fortsetzung der Daten in das gelöschte Gebiet hinein. Dieser Ansatz führt zu den linearen ARMA-Modellen und FIR-Filtern [147]. Ein vorhergesagter Datenpunkt y_n wird dabei als Summe von Koeffizienten a_i, multipliziert mit den vorangegangenen Datenpunkten, ausgedrückt:

$$y_n = \sum_{i=1}^{N} a_i y_{n-i} + e_n. \tag{2.20}$$

Der Parameter e_n repräsentiert den Fehler, der bei der Bestimmung der a_i minimiert wird. Die Berechnung der Koeffizienten a_i nach der Burg-Methode führt zu einem Modell, das es erlaubt, ein unbekanntes y_n aus den i Vorgängern y_{n-i} zu extrapolieren [147–149]. Die untersuchte Methode der links- und rechtsseitigen Extrapolation mithilfe der ARMA-Modelle erwies sich bei der Berechnung der Koeffizienten als instabil und zudem sehr rechenintensiv.

Eine geeignete Methode, die entstandenen Lücken zu füllen, stellt die Kosinus-Anpassung nach Lomb-Scargle dar. Das Verfahren beschreibt K. Hocke et al. [150] ausführlich. Es wird zum besseren Verständnis der Analyse in Anlage 3 zusätzlich hergeleitet. Es handelt sich hierbei um eine echte Interpolation, da ein Datenpunkt unter Beachtung der vorherigen und nachfolgenden Punkte, aus einem an die verbliebenen Daten angepassten Modell, berechnet wird. Bei den geschätzten Werten der gelöschten Punkte wird ausgenutzt, dass in den Daten eine mit der bekannten Umlauffrequenz $f_\mathrm{a} = \Omega_\mathrm{a}/2\pi$ periodische Struktur vorhanden ist, deren optimale Näherung den wahrscheinlisten Geschwindigkeitswert an den Fehlstellen liefert.

Die Tatsache, dass die Geschwindigkeit v_z am Deckel und am Boden gleich null sein muss und der Umstand, dass ebenfalls in der Zeitachse periodische Signale zu erwarten sind, erlaubt den Einsatz eines zweidimensionalen spektralen Tiefpassfilters zum Glätten der rekonstruierten Daten, ohne dass der Datensatz durch eine Fensterung periodisiert werden muss. Durch die Wirkungsweise des 2D-Spektralfilters fließen in jedes betrachtete Profil zum Zeitpunkt $t = t_0$ Informationen aller benachbarten Profile ein. Deshalb kann es lokal zu Unterschieden zwischen rauschfreien Rohdaten und den gefilterten Werten kommen. Die Grenzfrequenzen f_{0x} und f_{0y} wurden dabei so gewählt, dass ein hinreichender Frequenzbereich für die zu erwartende Instabilität verbleibt:

$$|f_x| < f_{0x} = 1{,}5 \cdot f_\mathrm{a}, \tag{2.21}$$

$$|f_y| < f_{0y} = 60\,\mathrm{m}^{-1}. \tag{2.22}$$

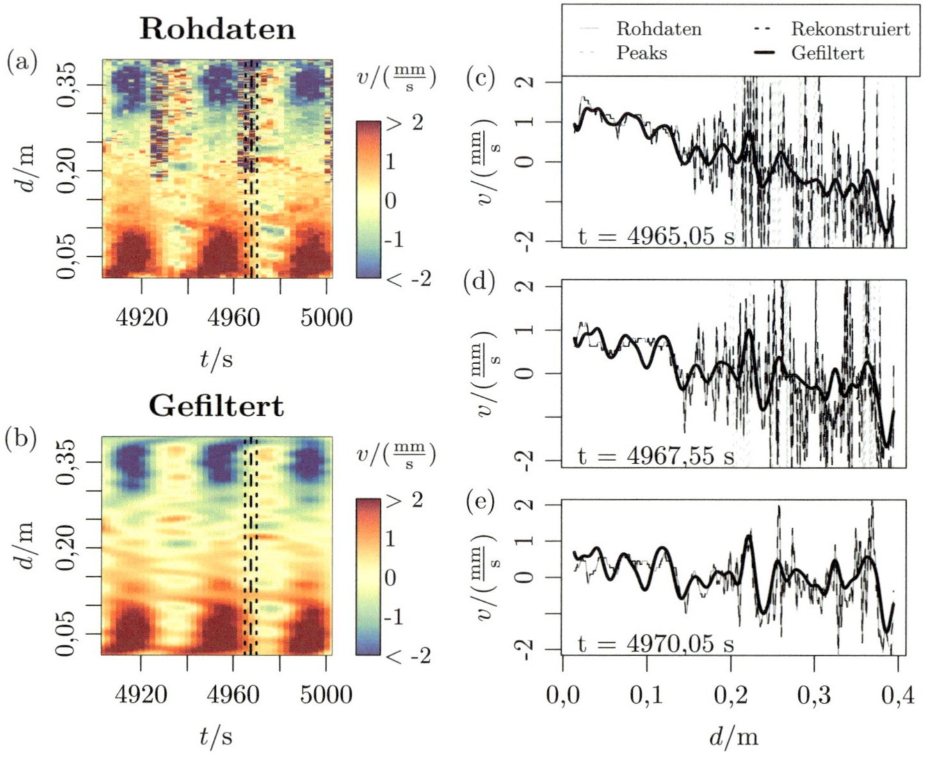

Abbildung 2.23: An einem weiteren Beispiel vom Datensatz D20 (18 kA), Sensor 1, wird exemplarisch die Wirkungsweise der Filter aufgezeigt. Teilabbildung (d) korrespondiert dabei mit der mittleren Linie in den Abbildungen (a) und (b).[1]

[1]Genehmigter Nachdruck und Übersetzung der Abbildung aus M. Seilmayer et al., Flow Measurements and Instrumentation, DOI:10.1016/j.flowmeasinst.2015.08.008, 2015, [140]. Copyright 2015, Elsevier B.V.

Die Wirkungsweise der Filter aus der Datenvorverarbeitung zeigt Abbildung 2.23. Im Ergebnis ist ein Geschwindigkeitsprofil entstanden, das die wesentlichen Merkmale des Originalprofils beibehält. Die lokalen Unterschiede zwischen den Rohdaten und den gefilterten Werten haben den Ursprung in der Wirkungsweise des spektralen Tiefpassfilters, der zur Bestimmung des Profils alle Messwerte des zweidimensionalen Geschwindigkeitsfeldes mit einbezieht. Die Abweichungen lassen sich demnach Frequenzanteilen zuordnen, die der Spektralfilter nicht berücksichtigt.

Tabelle 2.3: Aufstellung verschiedener Verfahren zur Datenrekonstruktion

Methode	*Prinzip*	*Bemerkungen*
null-Setzen	$v_z\left(t_0, d_i\right) \equiv 0$	• Verzerrung der spektralen Eigenschaften der Daten
Einfache lineare Schätzung	$v_z\left(t_0, d\right) = \frac{1}{2}\left(v_z\left(t_0, d_{i-1}\right) + v_z\left(t_0, d_{i+1}\right)\right)$	• Nicht geeignet für mehrere benachbarte gelöschte Punkte • Keine Beziehung zu Punkten, die „weiter weg“ liegen
ARMA-Burg, Vor- & Rück-Extrapolation [148]	$v_z = (1-w) \cdot \sum_{j=1}^{M} a_i v_z(t_0, d_{i-j})$ $w \cdot \sum_{j=1}^{M} a_i v_z(t_0, d_{i+M-j}) + e_n$	• Beidseitiges „Hinein-Extrapolieren“ in die Lücke • Keine stabile Bestimmung der $a_{i,j}$ möglich

Methode	*Prinzip*	*Bemerkungen*
Lomb-Scargle [150]	$v_z(t_0, d_i) = A_0 + A \cdot \cos(2\pi f_a t_0 + \varphi_{d_i})$ $A_0 = \frac{1}{T} \sum_{t=0}^{T} v_z(t;\, d_i)$ $A = \sqrt{\frac{2}{N} \left(\frac{R(\Omega_a)^2}{C(\Omega_a)} + \frac{I(\Omega_a)^2}{S(\Omega_a)} \right)} + e_n$	• Optimaler Fit für ein Kosinus-Modell für die Zeitreihe $v_z(t, d_i)$ • Bezieht vorherige und nachfolgende Zeitpunkte ein
SINC-Interpolation siehe Anlage 5	$x(t) = \sum_{k=-\infty}^{\infty} x(k) \operatorname{si} \left(\frac{\pi (t - kT_s)}{T_s} \right)$	• Fehlerhafte Rekonstruktion bei nicht optimal bandbegrenzten Signalen • Unendlich langer Filterkern • Interpolation erfordert eine Anpassung der Abtastung auf die Breite der Fehlstelle

Trennen der Geschwindigkeitsfelder in einen stationären und fluktuierenden Teil
Nachdem die Sensordaten bereinigt und die Daten der virtuellen Sensoren zur Filterung der geraden und ungeraden Moden berechnet sind, findet als nächstes die Trennung in ein stationäres $\overline{v}_z$ und ein fluktuierendes $\widetilde{v}_z$ Strömungsfeld statt:

$$S = \overline{v}_z + \widetilde{v}_z + 2\Delta s. \tag{2.23}$$

Gegeben ist das gefilterte Geschwindigkeitsfeld S^*; es besteht aus einem im Laborsystem ortsfesten Anteil, der sich aus einem Kosinus-Signal der bekannten Frequenz f_a und einem Gleichanteil A_0 zusammensetzt. Für eine bestimmte Tiefe d_i kann dieser Betrag durch

$$\begin{aligned} S^*\left[t, d_i\right] &= \overline{v}_z\left(t\right)\left[d_i\right] + \widetilde{v}_z\left(t\right)\left[d_i\right] + 2\Delta s \\ &= \left(A_{0 d_i} + \sum_{n=1}^{N} A_{d_i} \cos\left(2\pi n f_\mathrm{a} t + \varphi_{n d_i}\right) + \Delta v_z\right) + \widetilde{v}_z\left(t\right)\left[d_i\right] + 2\Delta s \end{aligned} \tag{2.24}$$

ausgedrückt werden. Für jede Zeile d_i der Datenmatrix $S^*[t;\, d_i]$ lässt sich mithilfe des in Anlage 3 vorgestellten Verfahrens nach N. Lomb und J. Scargle [150, 151] die optimale Amplitude A_{d_i} und die Phase φ_{d_i} einer 2π-periodischen Funktion berechnen. Der Gleichanteil

$$A_0 = A_d\left(d\right) + \alpha v_\varphi(r_s) \tag{2.25}$$

entspricht dabei dem Mittelwert der betrachteten Zeile. Dieser setzt sich aus einem tiefenabhängigen Anteil A_d und der Projektion von v_φ in den kegelförmigen Messstrahl zusammen, wie es Gleichung (2.15) andeutet.

Die Differenz zwischen dem stationären Anteil $\overline{v}_z$ und S^* führt schließlich zur fluktuierenden Komponente

$$\widetilde{v}_z = \mathrm{S}^* - \overline{v}_z + \underbrace{\left(2\Delta s^* + \Delta v_z\right)}_{\widetilde{\Delta s^*}}. \tag{2.26}$$

In Gleichung (2.26) wird ebenfalls der minimierte Fehler Δv_z berücksichtigt, der beim Anpassen des Kosinus-Modells entsteht.

Für die Datensätze S3 und S4 beschreibt der Anteil Δs^* das gefilterte Übersprechen der Daten aus S1 und S2. Wegen der Kompensation des Mittelwertes A_0, der ebenfalls die Projektion der Umfangsgeschwindigkeit enthält, wie es in Gleichung (2.26) dargestellt ist, lässt sich schlussfolgern, dass der verbleibende Fehler des fluktuierenden Geschwindigkeitsfeldes $\widetilde{\Delta s^*}$ kleiner als $2\Delta s$ wird:

$$\widetilde{\Delta s^*} < 2\Delta s. \tag{2.27}$$

Die Abweichung von der Kosinus-Anpassung Δv_z kann noch minimiert werden, in dem der Fit für mehrere Oberwellen $f = nf_\mathrm{a}$ durchgeführt wird. Es stellte sich allerdings heraus, dass mit einer Beschränkung auf $n = 1$ zufriedenstellende Ergebnisse erzielt werden können.

Eine stationäre Verteilung der Geschwindigkeit über die Messtiefe d sowie der Zeit t führt bei einer spektralen Zerlegung der vorverarbeiteten Zeitreihen mithilfe der 2D-Fouriertransformation auf der Linie $\{[f_t = 0;\ f_d]\}$ zu einem breiten Übersprechen des Signals.

Dieses Phänomen ist in Abbildung 2.24 und Abbildung 2.25 durch die breiten dunklen Bereiche in der Mitte der Spektren und an den Maxima an der Rotationsfrequenz zu erkennen. Weiterhin lässt sich schlussfolgern, dass die Trennung der Fluktuationen sowohl für S3 als auch für S4 zu wellenförmigen Strukturen führt. Zum einen ist dafür das Übersprechen $\widetilde{\Delta s^*}$ der beiden Messkanäle verantwortlich und zum anderen sind jeweils gerade oder ungerade Wellenanteile im Datensatz enthalten.

2.4.3 Datenauswertung

Die Datenauswertung konzentriert sich auf Signale und Effekte, welche in den S4 Datensätzen enthalten sind. Es werden sowohl die numerischen Ergebnisse aus der Finite-Volumen-Simulation als auch die Ergebnisse der Experimente mit den gleichen Auswertungen analysiert, um die Vergleichbarkeit der Resultate sicherzustellen. Als Programmierumgebung für alle hier vorgestellten Filter und Verfahren kommt die Statistiksoftware R zum Einsatz. Sie bietet neben den umfangreichen vorhandenen Paketen an, die eingelesenen Daten mit 64 bit Präzision zu verarbeiten, so dass Rundungsfehler minimal sind.

Die Untersuchung der AMRI konzentriert sich im Wesentlichen auf die Berechnung von drei Werten. Die mittlere quadratische Geschwindigkeit $\langle v_z^2 \rangle$ ist dafür ein Maß der Energie in der Sekundärströmung. Zusätzlich werden, mithilfe der zweidimensionalen Fouriertransformation, die Frequenzen der Instabilität in Ort und Zeit bestimmt, wobei letztere in das Laborkoordinatensystem umgerechnet werden. Die Ortsfrequenzen f_z werden allgemeinhin durch die dimensionslose Wellenzahl k ausgedrückt, wobei der lineare Zusammenhang

$$f_z = \frac{k}{2\pi(r_\mathrm{a} - r_\mathrm{i})} \tag{2.28}$$

gilt.

Die Begriffe Wellenzahl und Ortsfrequenz können daher gleichbedeutend verstanden werden. Aus der örtlichen Verteilung, ausgedrückt durch f_z, ergeben sich somit Vergleichswerte, die der theoretischen Vorhersage gegenübergestellt werden können.

Störende Effekte an den Deckeln des realen Experiments werden berücksichtigt, in dem der untersuchte Bereich auf eine Tiefe von 9 cm bis 31 cm eingegrenzt wird. Transiente Übergänge, die beim Start stattfinden, werden ausgeschlossen, indem die ersten 25% der Messreihe verworfen werden. Es verbleibt ein zugeschnittenes Geschwindigkeitsfeld im Bereich von

$$v_z^*(t,d) := \mathrm{S4}(t > 0{,}25 t_{\max};\ 9\,\mathrm{cm} \leq d \leq 31\,\mathrm{cm}). \tag{2.29}$$

Die Bestimmung des Energieäquivalents sowie der Frequenzen der Welle erfolgt mithilfe der Fouriertransformation (FT) unter einer Einschränkung des Auswertebereichs. Dabei ist zu beachten, dass die Sensoren auf dem äußeren Zylinder mitrotieren und die Messdaten immer in Bezug auf diese Rotation aufzeichnen. Es folgt daraus, dass das Geschwindigkeitsfeld sowohl mit der Ultraschallabtastfrequenz $f_\mathrm{s} = 0{,}5\,\mathrm{Hz}$ als auch mit der Umlauffrequenz der äußeren Zylinder f_a abgetastet wird. Nach Anlage 4 ist die diskrete FT (DFT) periodisch zu $2\pi f_\mathrm{abtast}$. Für die vorliegenden Daten bedeutet dies, dass die Welle in nur einem Bereich von $0 \leq f \leq f_\mathrm{a}$ auftritt. Außerhalb liegende Signale haben ihren Ursprung in einem anderen Effekt der Zeitreihe.

Der Energiegehalt einer Welle lässt sich über die zentrierte DFT durch den Zusammenhang

$$\left\langle v_z^{*2} \right\rangle = \underbrace{2 \sum_{f_x > 0}^{f_\mathrm{a}} \sum_{f_y = 3\,\mathrm{m}^{-1}}^{40\,\mathrm{m}^{-1}} \left| \mathcal{F}_{f_x,f_y}^{\mathrm{DFT}}\left(v_z^*\right) \right|^2}_{\text{1. \& 3. Quadrant}} + \underbrace{2 \sum_{f_x = -f_\mathrm{a}}^{0} \sum_{f_y = 3\,\mathrm{m}^{-1}}^{40\,\mathrm{m}^{-1}} \left| \mathcal{F}_{f_x,f_y}^{\mathrm{DFT}}\left(v_z^*\right) \right|^2}_{\text{2. \& 4. Quadrant}} \tag{2.30}$$

berechnen. Aufgrund von Symmetrieeigenschaften der DFT müssen hier nur zwei Quadranten summiert werden. Die Grenzen sind als Frequenzen in natürlichen Einheiten angegeben und entsprechen dabei den gestrichelten Kästchen in Abbildung 2.27b.

Die Frequenz der Welle ergibt sich, wie in Abbildung 2.27b durch die Punkte angedeutet, indem der gewichtete Schwerpunkt des eingegrenzten Gebietes errechnet

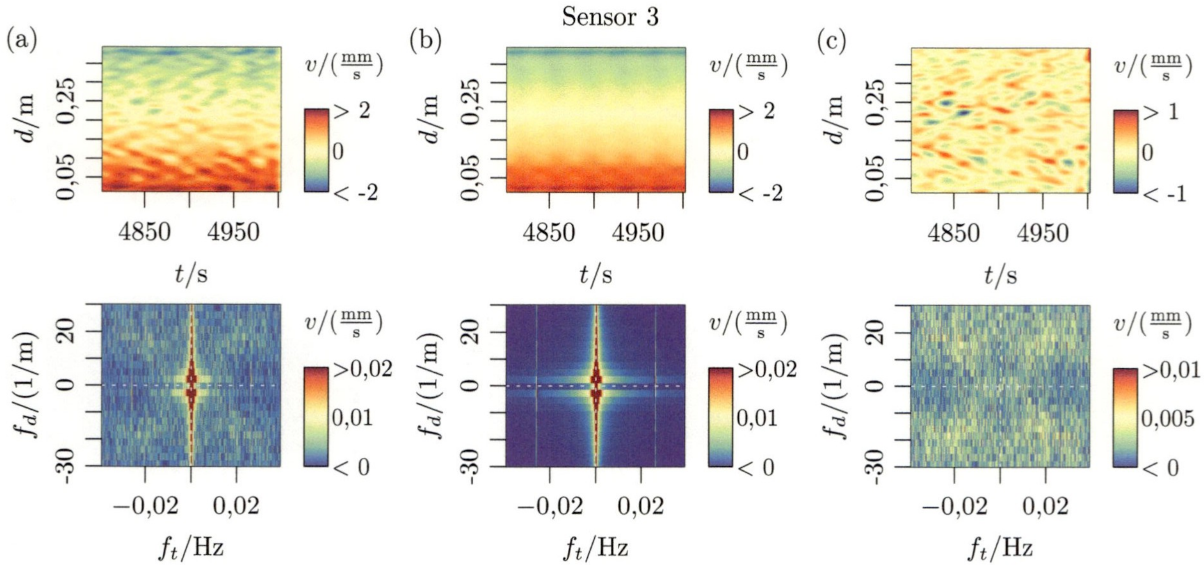

Abbildung 2.24: Zerlegung der Messdaten von Sensor 3, gerade Moden. (a) zeigt das gefilterte Signal. (b) entspricht dem stationären Anteil und (c) stellt die instationäre Komponente dar. Die Achsen f_d und f_t messen jeweils die örtlichen und zeitlichen Frequenzen.

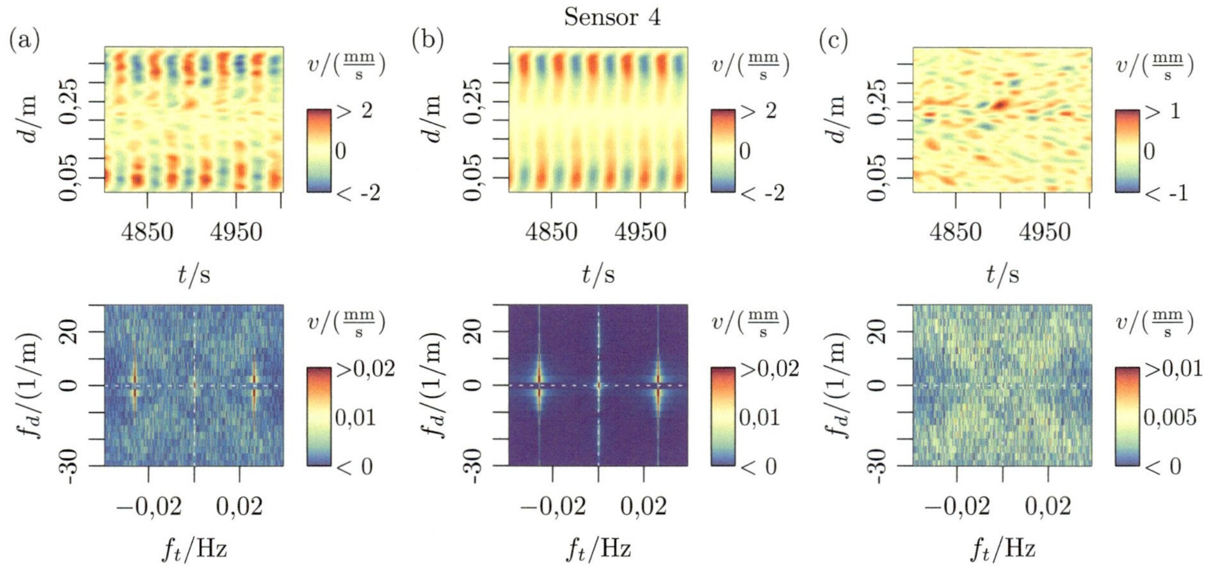

Abbildung 2.25: Zerlegung der Messdaten von Sensor 4, ungerade Moden. (a) zeigt das gefilterte Signal. (b) entspricht dem stationären Anteil und (c) stellt die instationäre Komponente dar. Die Achsen f_d und f_t messen jeweils die örtlichen und zeitlichen Frequenzen.

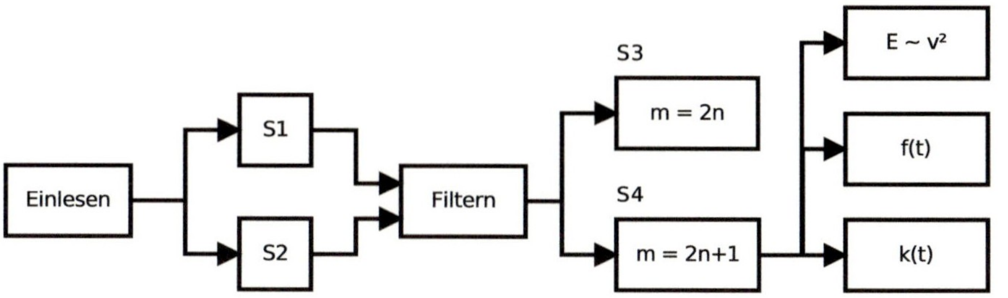

Abbildung 2.26: Flussdiagramm der Datenauswertung

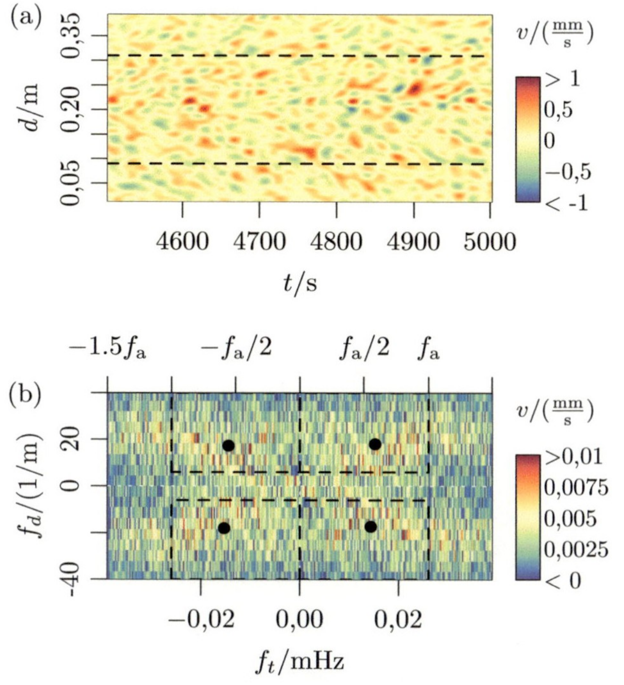

Abbildung 2.27: Beispiel einer DFT-Untersuchung. (a) Ausschnitt von 500 s Länge aus dem Datensatz D21, bei $Re = 2960$, $\hat{\mu} = 0{,}26$, und $I = 18\,\mathrm{kA}$. Auswertebereich liegt in einer Tiefe zwischen $9\,\mathrm{cm} \leq d \leq 31\,\mathrm{cm}$. $f_\mathrm{i} = 0{,}1\,\mathrm{Hz}$, $f_\mathrm{a} = 0{,}026\,\mathrm{Hz}$; (b) 2D-DFT, des Geschwindigkeitsfeldes aus (a). Die gestrichelten eingegrenzten Bereiche markierten den Integrationsbereich für die mittlere Energie. Die Punkte geben die durchschnittlichen Werte von Frequenz und Wellenzahl der Welle an. Die mittleren Frequenzen in (b) betragen: $f_{x,\mathrm{dr}} = \{15{,}3;\ 14{,}4\}$ mHz und $f_{y,k} = \{18;\ 17{,}3\}\ \mathrm{m}^{-1}$.

wird. Gewählt werden dabei ausschließlich lokale Maximalwerte, die größer sind als die Hälfte des globalen Amplitudenmaximums, bezogen auf das umrandete Gebiet:

$$f_{x,\mathrm{dr}} = \frac{1}{\sum_{f_x} \left|\mathcal{F}^{\mathrm{DFT}}_{f_x,f_y}\left(v_z^*\right)\right|^3} \sum_{f_x=0}^{f_\mathrm{a}} f_x \left|\mathcal{F}^{\mathrm{DFT}}_{f_x,f_y}\left(v_z^*\right)\right|^3 , \qquad (2.31)$$
$$\forall \left|\mathcal{F}_{0\leq f_x \leq f_\mathrm{a}, f_y}\right| > 0{,}5 \cdot \max\left(\left|\mathcal{F}_{0\leq f_x\leq f_\mathrm{a}, 6<f_y}\right|\right),$$

$$f_{y,k} = \frac{1}{\sum_{f_y} \left|\mathcal{F}^{\mathrm{DFT}}_{f_x,f_y}\left(v_z^*\right)\right|^3} \sum_{f_y=3}^{40} f_y \left|\mathcal{F}^{\mathrm{DFT}}_{f_x,f_y}\left(v_z^*\right)\right|^3 , \qquad (2.32)$$
$$\forall \left|\mathcal{F}_{f_x, 6\leq f_y\leq 40}\right| > 0{,}5 \cdot \max\left(\left|\mathcal{F}_{0\leq f_x\leq f_\mathrm{a}, f_y}\right|\right).$$

Die AMRI tritt in Form einer wellenartigen Struktur auf, die nach den in Abbildung 2.3b gezeigten Driftraten sich sowohl schneller als auch langsamer als der äußere Zylinder drehen kann. Die Sensoren tasten dabei das Volumen mit der konstanten Frequenz f_a ab. Mit Blick auf das Abtasttheorem muss durch eine Apriori-Information die Zuordnung der Drift zur berechneten Frequenz $f_{x,\mathrm{dr}}$ erfolgen. Dafür ist als weitere Vorinformation der Punkt der Korotation $\Omega_\mathrm{dr}/\Omega_\mathrm{i} = \hat{\mu}$ erforderlich. Es gilt dabei, dass die relative Drift

$$\left(\Omega_\mathrm{dr}/\Omega_\mathrm{i}\right)_\mathrm{th} := f(Ha) \qquad (2.33)$$

eine Funktion des Stromes, beziehungsweise der Hartmann-Zahl ist. Die Kurve aus Abbildung 2.3b wird dabei durch Gleichung (2.33) definiert. Die Zuordnung

$$\frac{\Omega_\mathrm{dr}}{\Omega_\mathrm{i}} = \begin{cases} \hat{\mu}\left(\left|\frac{|f_{x,\mathrm{dr}}(Ha)|}{f_\mathrm{a}} - \frac{1}{2}\right| + 1\right), & \left(\Omega_\mathrm{dr}/\Omega_\mathrm{i}\right)_\mathrm{th} > 0{,}26 \\ \hat{\mu}\left(1 - \left|\frac{|f_{x,\mathrm{dr}}(Ha)|}{f_\mathrm{a}} - \frac{1}{2}\right|\right), & \left(\Omega_\mathrm{dr}/\Omega_\mathrm{i}\right)_\mathrm{th} \leq 0{,}26 \end{cases} \qquad (2.34)$$

der ermittelten Frequenzen $f_{x,\mathrm{dr}}$ erfolgt über eine Spiegelung an der Nyquistfrequenz $f_{Ny} = f_\mathrm{a}/2$ und anschließender Verschiebung um die Abtastfrequenz f_a, wodurch die Fälle von Über- und Unterabtastung voneinander unterschieden werden. Maßgebend für die Wahl des Terms ist die Hartmann-Zahl, bei welcher der jeweilige Versuch durchgeführt wurde. Mit dieser Methode wird die in einem Datensatz ermittelte Frequenz $f_{x,\mathrm{dr}}$ der Welle vom mitrotierenden Sensor-Koordinatensystem ins ruhende Laborkoordinatensystem überführt.

2.5 Ergebnisse und Diskussion

Die bisher gezeigten Geschwindigkeitsfelder griffen den Ergebnissen und deren Diskussion vor und sollten lediglich die Datenverarbeitung illustrieren. Die folgende Darstellung der Resultate des AMRI-Experiments beginnt mit einem Funktionsnachweis des Aufbaus, der ohne Magnetfeld die Wirkung der hydrodynamischen Effekte zeigt.

2.5.1 Funktionsnachweis des Aufbaus

Die erste vorgestellte Referenzmessung, mit $\hat{\mu} = 0$ und $Re = 2960$ bildet die axialsymmetrische Taylor-Couette-Instabilität ab. In Abbildung 2.28 sind dazu die Datensätze S3 und S4 dargestellt. Es ist deutlich zu erkennen, dass die Taylor-Wirbel axialsymmetrisch sind, da sie nur in den S3 Daten in Abbildung 2.28a, ein dominantes Signal von $\max(|v_z|) \approx 3\,\mathrm{mm/s}$ erzeugen. Die Teilabbildung (b) hingegen weist nur minimale Werte auf, die durch die schon behandelten Fehler der Messwerterfassung entstehen. Es lässt sich also schlussfolgern, dass die hydrodynamische Instabilität erwartungsgemäß im instabilen Betriebsbereich von $0 = \hat{\mu} < \hat{\eta}^2$, auftritt.

Die Taylor-Couette-Instabilität besitzt im durchgeführten Referenzversuch eine Wellenlänge von $l_z = 9{,}2\,\mathrm{cm}$ und diese ist kürzer als der theoretische Wert von $l_{z,\infty} = 12{,}6\,\mathrm{cm}$, der für einen infiniten Zylinder und bei $Re = Re_{\mathrm{krit}}$ gilt. Das finite Seitenverhältnis $\Gamma = h/d = 10$ und die mehrfach überkritische Reynolds-Zahl verursachen hier die beobachtete Verkürzung der Wellenlänge, welche ein typischer Effekt für die hydrodynamische TC-Instabilität ist [152, 153].

Das komplementäre Experiment, eine hydrodynamisch stabile Strömung mit minimalen v_z zu erzeugen, ist der nächste Schritt, um die hydrodynamische Funktionsfähigkeit zu zeigen. Gemäß der Bedingung aus Gleichung (1.29) ist für $0{,}26 = \hat{\mu} > \hat{\eta}^2$ zu erwarten, dass die Strömung weitestgehend laminar ist. Die Geschwindigkeitskomponente v_φ sollte dominieren, wobei nur minimale Komponenten v_z messbar sind. Die Abbildung 2.29 stellt dazu Daten des Versuches D150 dar, die eine hydrodynamisch stabile Strömung des Aufbaus zeigt. Beim Vergleich zwischen den beiden Fällen, ist darauf zu achten, dass sich der Maßstab der Farbskala für $\max(v_z)$ in der nächsten Abbildung von $3\,\mathrm{mm/s}$ auf $0{,}5\,\mathrm{mm/s}$ verringert.

Es ist in Abbildung 2.29 deutlich zu erkennen, dass die Amplituden der Geschwindigkeiten um ein Vielfaches kleiner sind als in Abbildung 2.28, da bei einer laminaren Kreisströmung $v_z \to 0$ gilt. Die sichtbare wellenförmige Struktur sind Effekte der Ekman-Wirbel an den Deckeln und Projektionsfehler Δs. Aus Gleichung (2.15) geht

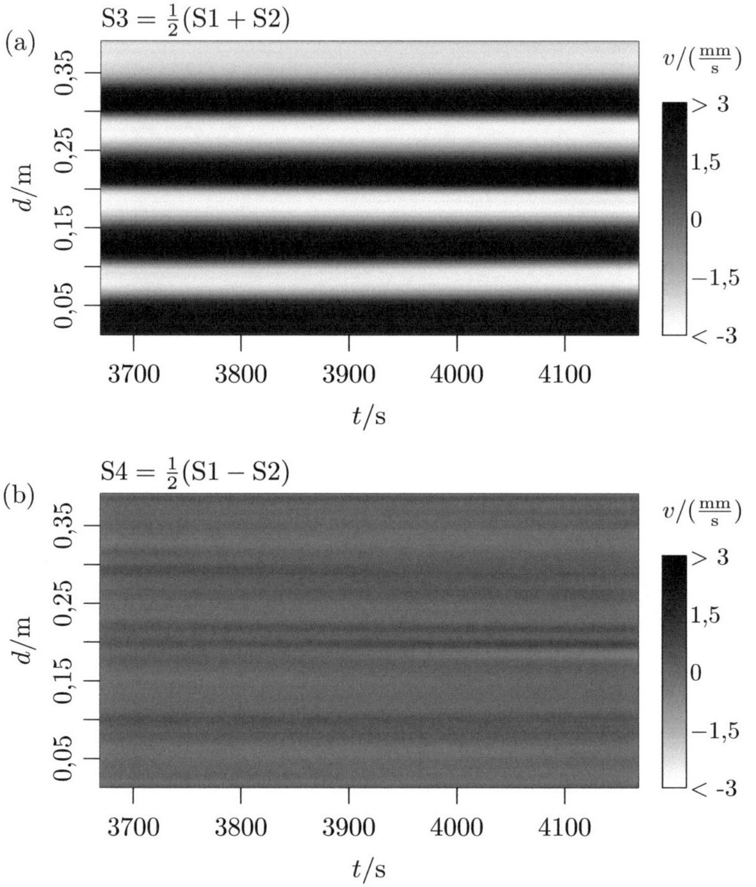

Abbildung 2.28: Referenzmessung der hydrodynamischen Taylor-Couette-Instabilität bei: $Re = 2960$, $\hat{\mu} = 0$, $Ha = 0$, Versuch D99; Die dominante Wellenlänge eines Wirbelpaares beträgt hier $l_z = 9{,}2\,\mathrm{cm}$.

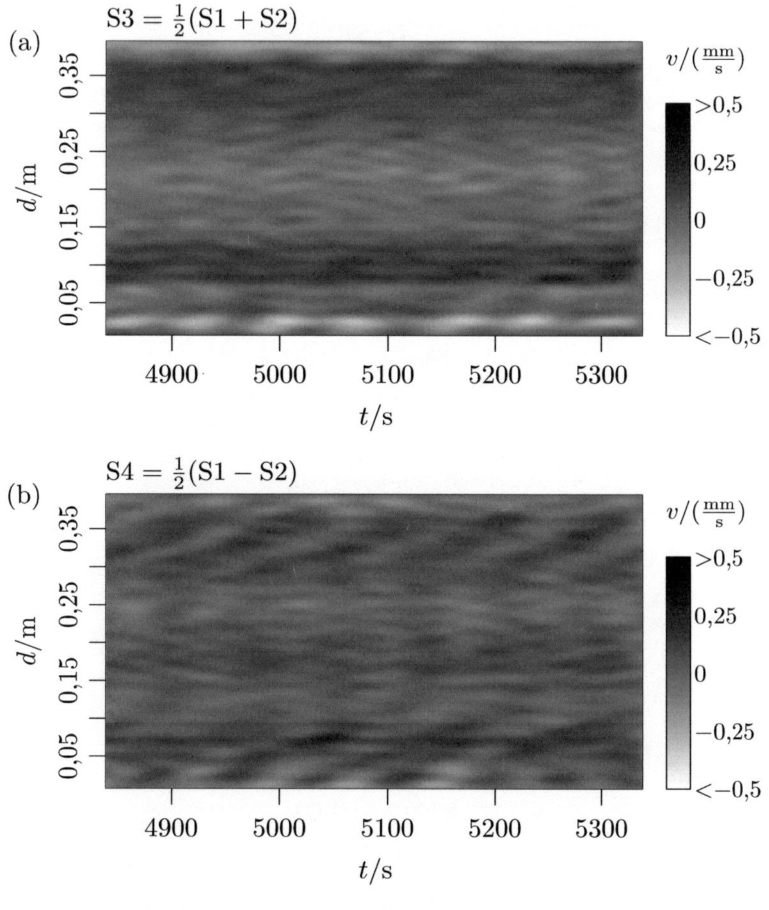

Abbildung 2.29: Referenzmessung der laminaren Grundströmung. Für die dargestellten Daten gilt: $Re = 1480$, $\hat{\mu} = 0{,}26$, $Ha = 0$, Versuch D150.

hervor, dass der maximale Projektionsfehler von der Lageabweichung der Sensoren α abhängt. Das Ergebnis ist eine Abbildung der Verteilung der Umlaufsgeschwindigkeit v_φ auf v_z. Für $Re = 1480$ beträgt $v_{\varphi,\mathrm{max}} = 12{,}5\,\mathrm{mm/s}$, so dass

$$\Delta s < \alpha \cdot v_{\varphi,\mathrm{max}} \approx 2\% \cdot 12{,}5\,\mathrm{mm/s} = 0{,}25\,\mathrm{mm/s}. \tag{2.35}$$

Damit liegt der axialsymmetrische Fehler der S3 Daten im Vergleich zu Abbildung 2.29 in der Größenordnung von $\pm 0{,}25\,\mathrm{mm/s}$. Die in Abbildung 2.29 aufgezeigten Geschwindigkeitsanteile lassen sich demnach auf die Projektionsfehler zurückführen. Es folgt damit, dass von einer weitestgehend laminaren Grundströmung ausgegangen werden kann.

Die Referenzmessung aus Abbildung 2.29 wird zusätzlich durch eine Finite-Volumen-Simulation mit gleichen Randbedingungen gestützt. Die in Abbildung 2.30 aufgeführten Simulationsergebnisse geben die Komponente v_z entlang zweier gegenüberstehender Linien wieder, die mit der Umfangsgeschwindigkeit $v_\varphi = r_\mathrm{a} \Omega_\mathrm{a}$ die 3D-Daten abtasten. Das Ergebnis dieser Datenreduktion wird genau wie die Ultraschalldaten behandelt und ist nach der Datenverarbeitung direkt mit den aufgezeichneten Sensordaten S1, S2, S3, und S4 vergleichbar.

Die Teilabbildungen (a) und (b) in Abbildung 2.30 zeigen die gefilterten und berechneten S3- und S4-Daten der Simulation. Darin ist zu erkennen, dass sich an den Deckeln ein Wirbel bis in eine Tiefe von etwa 5 cm ausbildet und zur Mitte hin zerfällt. Im Vergleich zum realen Versuch sind hier die entstandenen Strukturen lokaler. Andererseits lassen sich die Periodendauern von etwa 75 s … 120 s der Strukturen in den S4 Daten sowohl in den Experimentaldaten als auch in der Simulation wiederfinden. Da die Simulation unabhängig von den konstruktiven Form- und Lageabweichungen ist, lautet die Schlussfolgerung, dass die sichtbaren sekundären Effekte auf den Einfluss der Deckel zurück zu führen sind. Die dokumentierte Sekundärströmung bildet sich in einem etwa 5 cm breiten Bereich aus und zerfällt zum Zentrum hin. Für die Auswertung der Messdaten wird daher ein Band zwischen einer Tiefe von 9 cm und 31 cm gewählt, das hinreichend geeignet ist, um Frequenzen und mittlere Geschwindigkeiten zu bestimmen.

2.5.2 Abhängigkeit der AMRI vom angelegten Magnetfeld

Ein stromfreies Magnetfeld $B_\varphi \propto r^{-1}$ und eine hydrodynamisch stabile differenzielle Rotation zwischen zwei rotierenden Zylindern mit $\Omega(r) \propto r^{-2}$ beeinflussen sich gegenseitig und führen nach den Überlegungen aus Abschnitt 1.3 zur AMRI mit

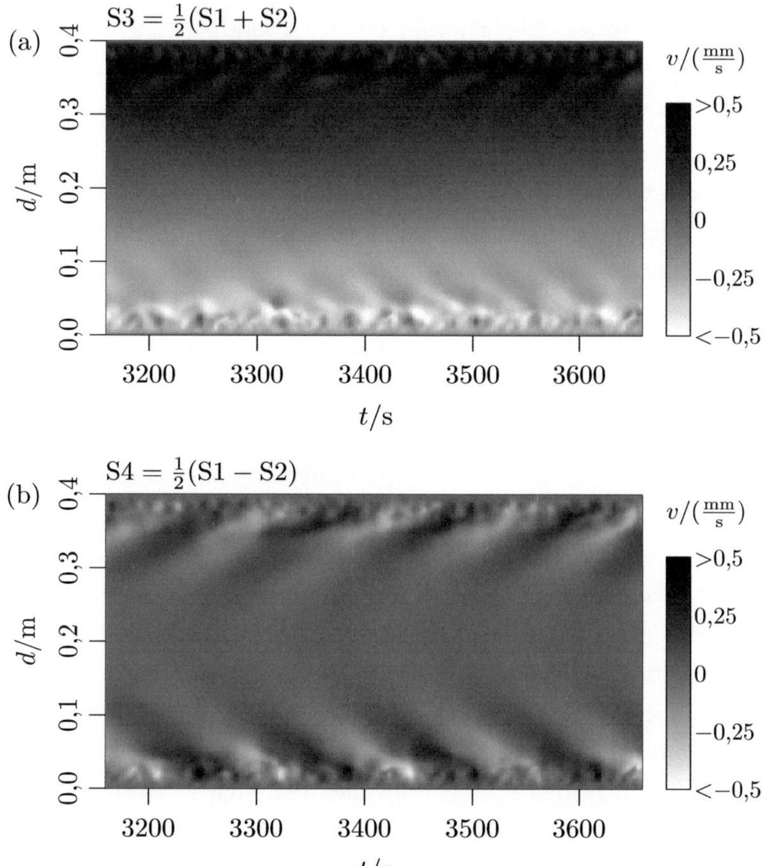

Abbildung 2.30: Simulationsdaten für den Fall aus Abbildung 2.29 bei Re=1480, $\hat{\mu}$=0,26, Ha=0

ihren typischen Strukturen. Nachfolgend werden die Simulationsergebnisse für das ideal axialsymmetrisches Feld und das reale Magnetfeld den gemessenen Geschwindigkeitsstrukturen aus den Experimenten gegenübergestellt. Die Magnetfeldstärke wird durch die dimensionslose Kennzahl Ha ausgedrückt. Der notwendige Strom lässt sich durch die Näherung

$$I = \frac{Ha}{7{,}77}\,\mathrm{kA} \tag{2.36}$$

abschätzen.

Die Zusammenstellung durch die Abbildungen 2.31-2.34 verdeutlicht, dass ein stromfreies Magnetfeld $\vec{B}_\varphi$ eine destabilisierende Wirkung auf eine hydrodynamisch stabile Strömung hat.

Bemerkenswert ist dabei, dass ein ideales Feld, wie es die Simulation in den Teilabbildungen 2.31a–2.34a annimmt, zu einem sehr lokal begrenzten Effekt führt. Es ist gut zu erkennen, dass die resultierenden Wellen sowohl die $m = +1$- als auch die $m = -1$-Mode im oberen beziehungsweise unteren Teil des Versuchsbehälters entwickeln. Mit dem Übergang von $Ha = 77$ zu höheren Feldstärken kehrt sich außerdem die zur Rotation des Außenzylinders relative Drift um, was in der Änderung des Anstiegswinkels der Welle zu sehen ist. In den Teilabbildungen (b) und (c) ist dieses Verhalten nur an den Rändern sichtbar, da sich hier die beiden Wellen im mittleren Abschnitt der Messstrecke durchdringen. Im Vergleich mit den beiden numerischen Simulationen sind die Amplituden der v_z-Komponenten in den Experimenten, Teilabbildungen (c), kleiner als in Teilabbildungen (b) aber größer als in (a).

Zusammengefasst wird dieses Verhalten in Abbildung 2.35 präsentiert. Mit zunehmendem Magnetfeld steigt ab etwa 4 kA die Energie im betrachteten Frequenz- und Wellenzahlbereich nach Gleichung (2.30) an.

Ab einem Wert von 10 kA setzt überall im Volumen die AMRI ein und hat einen charakteristischen fallenden Verlauf. Aus Abbildung 2.35 für $Re = 1480$ ist besonders gut zu erkennen, dass dieser Verlauf mit Erreichen der rechten Stabilitätsgrenze gegen null geht. Ab $Ha > 160$ wird hier die Wachstumsrate λ erneut kleiner als null, so dass die Instabilität gedämpft wird und nicht mehr auftritt. Experimente in diesem Bereich konnten nicht durchgeführt werden, da die Anzahl der notwendigen Stromquellen für die Versuche auf zehn Stück begrenzt war. Der Energieverlauf der untersuchten Instabilität weist nach Abbildung 2.35 eine deutliche Abhängigkeit vom Strom und damit auch vom azimutalen Magnetfeld auf.

Ausgehend von einer Grundströmung mit $\hat{\mu} > \hat{\eta}^2$ lässt sich schlussfolgern, dass ein angelegtes Magnetfeld $\vec{B}_\varphi$ das vorliegende hydrodynamisch stabile Regime

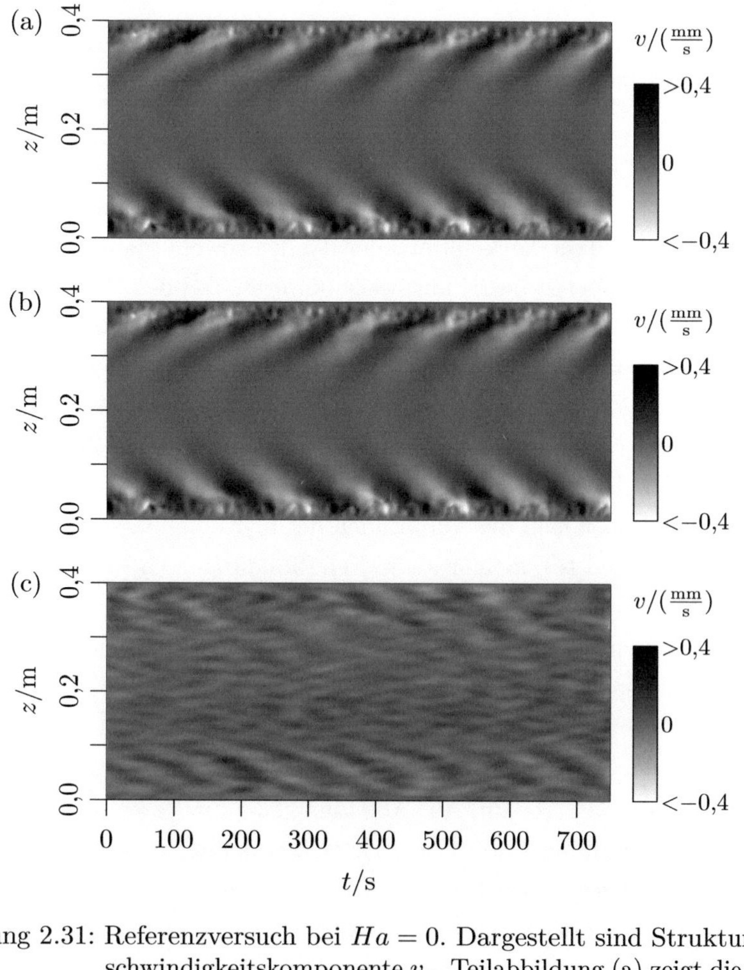

Abbildung 2.31: Referenzversuch bei $Ha = 0$. Dargestellt sind Strukturen der Geschwindigkeitskomponente v_z. Teilabbildung (a) zeigt die numerische Simulation für ein ideales Magnetfeld. In (b) ist die Simulation für das nicht axialsymmetrische Feld gegeben und (c) entspricht den Experimentaldaten. Es gilt für jedes Bild $Re = 1480$ und $\hat{\mu} = 0{,}26$.

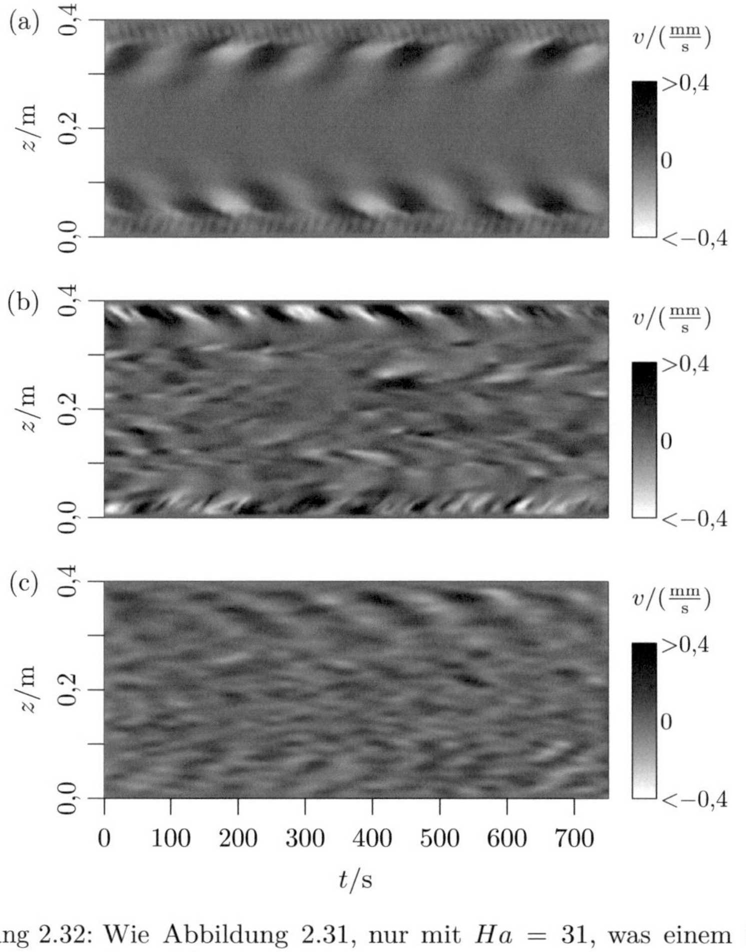

Abbildung 2.32: Wie Abbildung 2.31, nur mit $Ha = 31$, was einem Strom von $I = 4\,\mathrm{kA}$ entspricht.

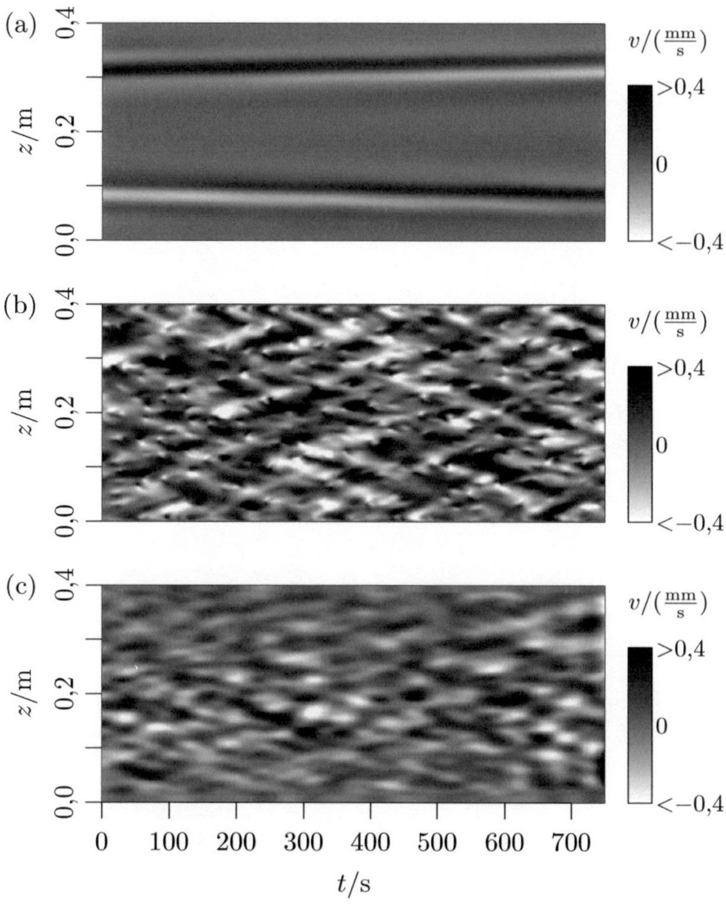

Abbildung 2.33: Wie Abbildung 2.31, nur mit $Ha = 77$, was einem Strom von $I = 10\,\mathrm{kA}$ entspricht.[1]

[1]Genehmigter Nachdruck der Abbildung aus M. Seilmayer et al., Physical Review Letters, 113(2):024505, 2014, [132]. Copyright 2014, American Physical Society.

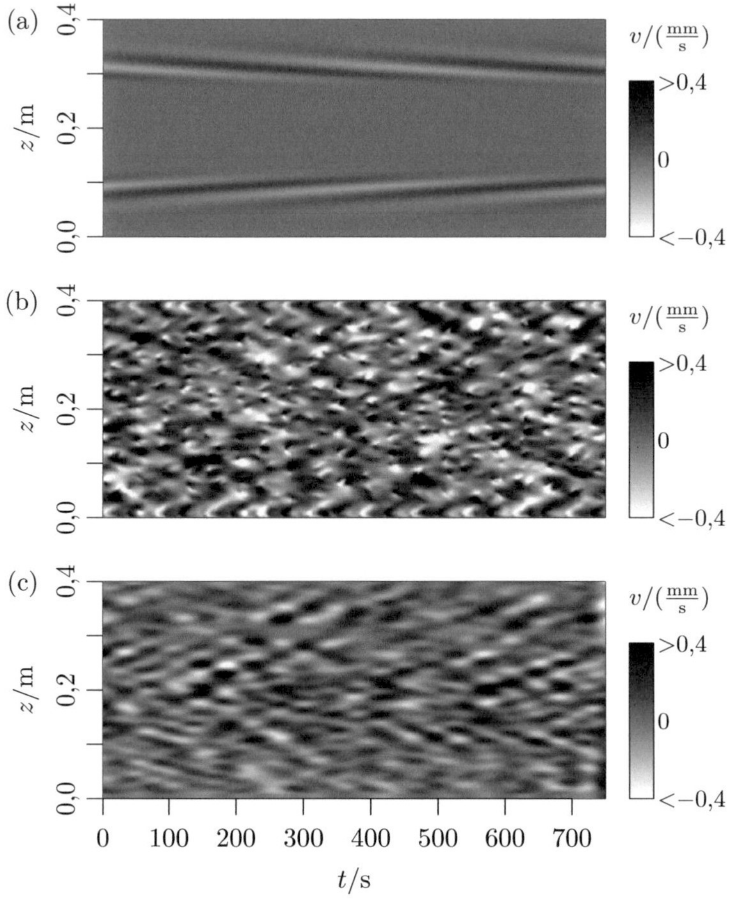

Abbildung 2.34: Wie Abbildung 2.31, nur mit $Ha = 110$, was einem Strom von $I = 14\,\mathrm{kA}$ entspricht.[1]

[1]Genehmigter Nachdruck der Abbildung aus M. Seilmayer et al., Physical Review Letters, 113(2):024505, 2014, [132]. Copyright 2014, American Physical Society.

destabilisiert. Es bildet sich eine Welle heraus, die mit Frequenzen ähnlich der Außenzylinderrotation Ω_a im Volumen driftet. Die Übereinstimmungen der theoretischen, numerischen und experimentellen Frequenzen legen nahe, dass es sich bei der gefundenen Instabilität um die AMRI handelt.

Entgegen der Erwartung, dass sich der Übergang vom stabilen in den instabilen Bereich bei $I \approx 10\,\mathrm{kA}$ durch eine scharfe Abgrenzung der beiden Zustände auszeichnet, stellt sich ein breiterer Anstieg der Geschwindigkeitsamplitude im Bereich $4\,\mathrm{kA} < I < 10\,\mathrm{kA}$ ein. Dieser startet schon bei niedrigen Strömen von etwa $I > 4\,\mathrm{kA}$ und ändert mit Überschreiten der Linie marginaler Stabilität $\lambda = 0$ das Verhalten in eine nahezu linear fallende Funktion. Die Ergebnisse der numerischen 3D-Simulation untermauern dies zusätzlich.

Weiterhin fällt auf, dass das Maximum der experimentell bestimmten Werte in Teilabbildung 2.35b sowie Teilabbildung 2.36b links vom Scheitelpunkt der jeweiligen Wachstumsrate liegt und nicht mit diesem übereinstimmt, wie es zu erwarten wäre.

Der Einfluss des nicht-axialsymmetrischen Magnetfeldes auf die Strömung, lässt sich nur zum Teil erklären und bedarf zukünftig noch intensiver theoretischer und numerischer Untersuchung. Dennoch soll an dieser Stelle ein Ansatz einer Erklärung für die dargestellten Resultate gegeben werden.

Für den perfekt symmetrischen Fall, wie ihn die Teilabbildungen (a) aus Abbildung 2.31 bis Abbildung 2.34 darstellen, gilt, dass die laminare TC-Strömung nur von Ekman-Wirbeln an den Deckeln beeinflusst wird. Diese Strukturen haben in der oberen und unteren Hälfte des Zylinders entgegengesetzte Richtungen und zerfallen zur Mitte hin. Durch die Effekte an den Deckeln wird entsprechend deren Orientierung eine der beiden Ausprägungsrichtungen $m = +1$ oder $m = -1$ der AMRI unterdrückt oder verstärkt. Das Ergebnis für einen finiten Zylinder mit einem perfekt axialsymmetrischen Magnetfeld ist, dass sich beide $m = \pm 1$-Moden jeweils in der oberen und unteren Hälfte des Volumens ausbilden können. Die Teilabbildungen (b) der Abbildungsfolge 2.31–2.34 zeigen für eine leichte $m = 1$-Symmetriebrechung des Magnetfeldes durch die Zuleitungen, dass beide Wellen überall im Volumen existieren und sich gegenseitig durchdringen. Ein sehr ähnliches Phänomen diskutieren M. Avila et al. für eine Poiseuille Strömung in gleichsinnig rotierenden Zylindern [154]. Der Autor kommt zu dem Ergebnis, dass in einer TC-Anordnung mit einer zusätzlichen konstanten Strömungskomponente $\vec{v}_z$ eine nicht-lineare Sekundärströmung entstehen kann, die sich durch eine $m = \pm 1$- Wellenstruktur auszeichnet. Das Besondere ist auch hier, dass beide Wellen gleichberechtigt und überall im Volumen existieren und sich gegenseitig durchdringen können. Die Entstehung dieser Wellen ist dabei stark von den Randbedingungen des Aufbaus anhängig. Mit Blick auf die vorliegenden

Ergebnisse zur AMRI ist es unklar, wie empfindlich die untersuchte Instabilität bezüglich einer Symmetriebrechung oder auch realen Randbedingungen ist und wie sich diese äußert.

Als Ausblick auf die Frage nach der Empfindlichkeit der AMRI auf die tatsächlichen Gegebenheiten soll Abbildung 2.37 dienen. Zu sehen ist hier im Wesentlichen das in Abbildung 2.35b präsentierte Bild, mit dem Unterschied, dass der Graph „Sim. asym. 2x“ ergänzt wurde. Es handelt sich hier um Punkte einer numerischen Simulation unter der künstlichen Annahme doppelt so langer Zuleitungen, wodurch die Abweichungen vom idealen Feld durch sekundäre Feldkomponenten kleiner werden. In dieser Abbildung ist gut zu erkennen, dass sich das Maximum im Vergleich zur einfachen Zuleitungsgeometrie nach rechts verschoben hat, und nun fast mit dem Scheitelpunkt der Wachstumsrate aus Abbildung 2.35a zusammen fällt. Die Überschätzung der Energiewerte der Simulation gegenüber den experimentellen Punkten bleibt allerdings nach wie vor ungeklärt.

Ein weiterer Ansatz, der den ungewöhnlichen Anstieg der quadratischen Geschwindigkeitseffektivwerte zu erklären versucht, soll nachfolgend präsentiert werden. Dabei hat dieser Effekt vermutlich seinen Ursprung in der winkelabhängigen Geometrie des Magnetfeldes. Betrachtet wird das Feld einer Kastenspule im Vergleich zum idealen Feldverlauf, wie es in Abbildung 2.11a zu sehen ist. Zur Quantifizierung der radialen Verteilung der Rotation und des azimutalen Magnetfeldes werden zusätzlich die dimensionslosen Kennzahlen die Rossby-Zahl

$$Ro = \frac{r}{2\Omega(r)} \frac{\mathrm{d}\Omega(r)}{\mathrm{d}r} \tag{2.37}$$

$$\text{sowie } Rb = \frac{r}{2\left(\frac{B_\varphi(r)}{r}\right)} \frac{\mathrm{d}\left(\frac{B_\varphi(r)}{r}\right)}{\mathrm{d}r} \tag{2.38}$$

als magnetische Rossby-Zahl eingeführt. Beide Zahlen geben die Steilheit des Abfalls oder des Anstiegs einer radialen Verteilung an. Für eine TC-Strömung mit $\Omega(r) \propto 1/r^2$ folgt $Ro = -1$. Die in der Astrophysik wichtige Keplerrotation $\Omega(r) \propto r^{-3/2}$ hat eine Rossby-Zahl von $Ro = -0{,}75$. Mit $Ro = 0$ lässt sich schließlich die Festkörperrotation mit $\Omega(r) = \text{const.}$ ausdrücken. Für die magnetische Rossby-Zahl finden sich ähnliche Zusammenhänge. Für ein Magnetfeld $B_\varphi(r) \propto 1/r$ gilt $Rb = -1$. Der Wert $Rb = 0$ hingegen repräsentiert ein Feld, das linear vom Radius abhängt, $B_\varphi(r) \propto r$, da ein Strom axial durch das Fluid fließt.

Die Arbeiten von O. Kirillov und F. Stefani et al. [64, 155] untersuchen mithilfe

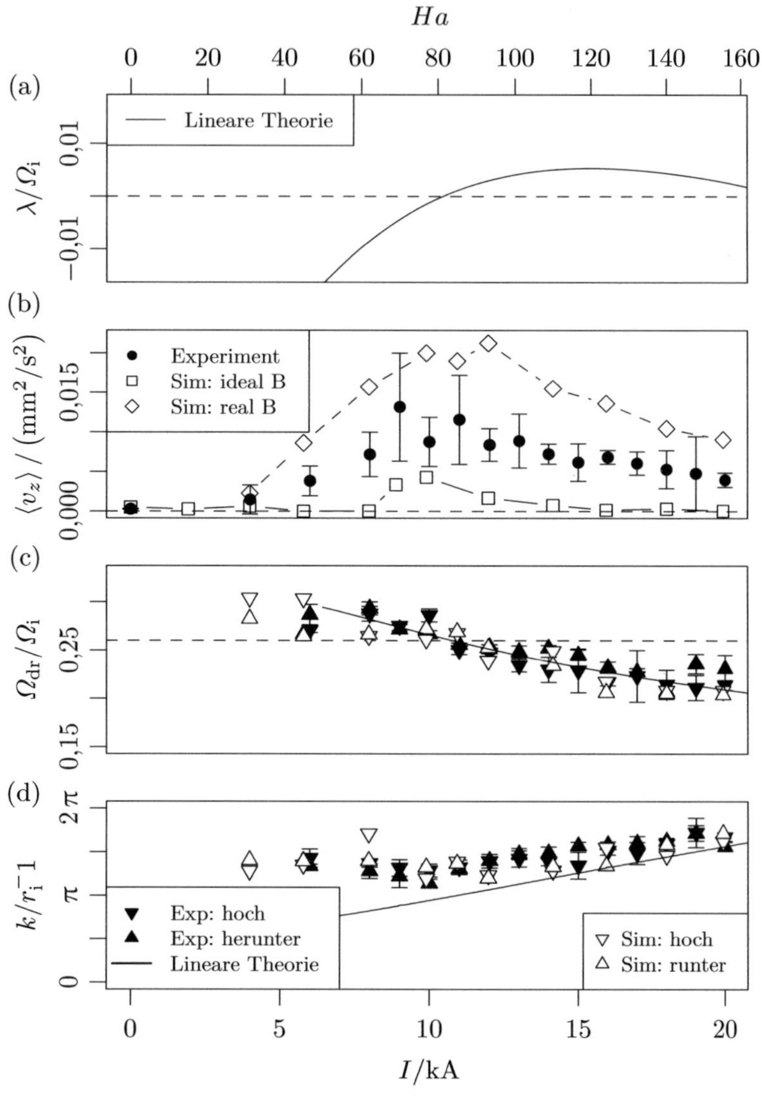

Abbildung 2.35: Die Energie-, Driftfrequenz- und Wellenzahlplots sind für $Re = 1480$ gegeben. Teilabbildung (a) stellt einen Ausschnitt der Wachstumsrate aus Abbildung 2.3 dar. Fehlerbalken geben das Konfidenzintervall für $1 - \alpha = 0{,}85$ an.[1]

[1]Genehmigter Nachdruck der Abbildung aus M. Seilmayer et al., Physical Review Letters, 113(2):024505, 2014, [132]. Copyright 2014, American Physical Society.

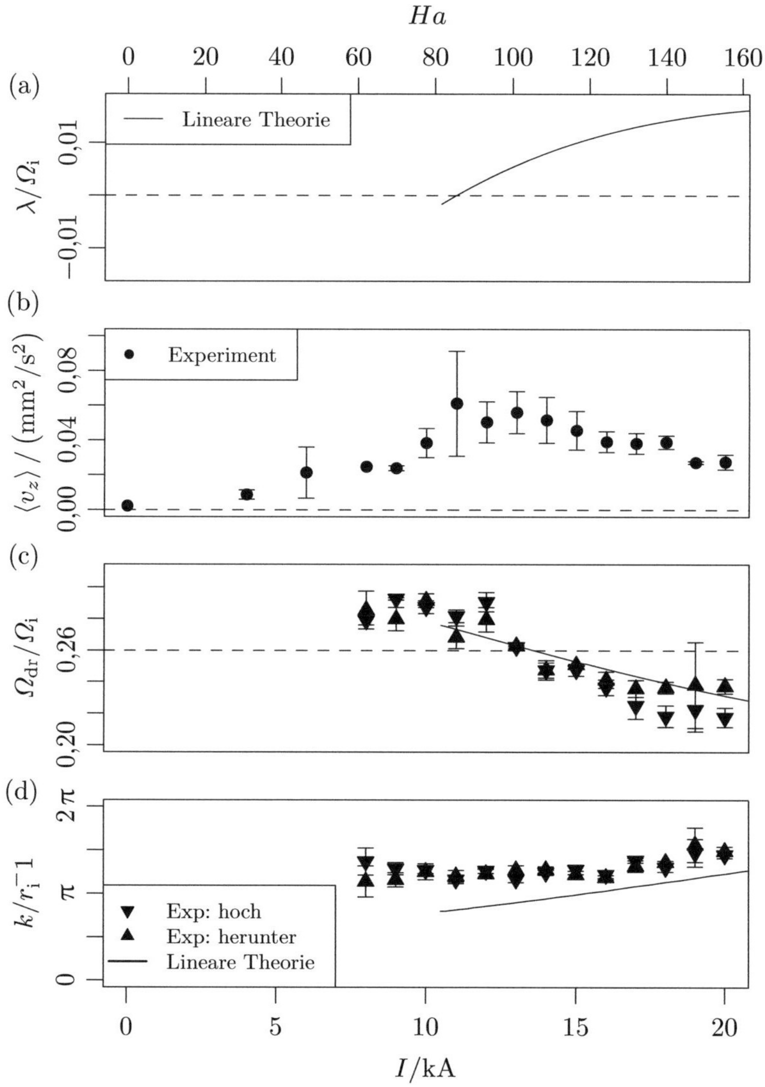

Abbildung 2.36: Die Energie-, Driftfrequenz- und Wellenzahlplots sind für $Re = 2960$ gegeben. Teilabbildung (a) stellt einen Ausschnitt der Wachstumsrate aus Abbildung 2.3 dar. Fehlerbalken geben das Konfidenzintervall für $1 - \alpha = 0{,}85$ an.[1]

[1] Genehmigter Nachdruck der Abbildung aus M. Seilmayer et al., Physical Review Letters, 113(2):024505, 2014, [132]. Copyright 2014, American Physical Society.

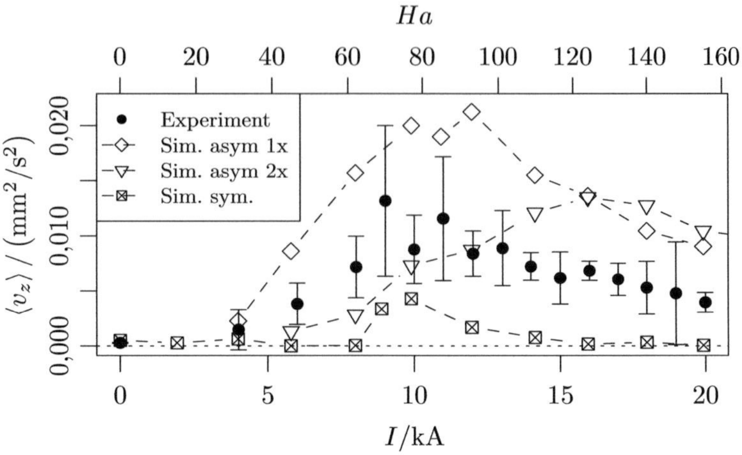

Abbildung 2.37: Einfluss der Zuleitungen

eines analytischen Näherungsverfahrens den Einfluss eines azimutalen Feldes auf eine differenziell rotierende Scherströmung in zylindrischer Geometrie. Aus den Untersuchungen geht hervor, dass der Zusammenhang in Abbildung 2.38 sowohl für die AMRI als auch die HMRI gilt:

$$Rb = -\frac{1}{8}\frac{(Ro+2)^2}{Ro+1}. \tag{2.39}$$

In der Näherung $Pm \to 0$ und $Re \to \infty$ sowie in Abhängigkeit der Rossby-Zahlen für $\Omega(r)$ und $B_\varphi(r)$ grenzt die Kurve aus Abbildung 2.38 einen Bereich ab, in dem die untersuchte Zylinderströmung stabil ist. Die Autoren zeigen, dass der gewählte analytische Ansatz ebenfalls die beiden Liu-Limits kontinuierlich mit einander verbindet, welche für das Auftreten der HMRI von essentieller Bedeutung sind [156].

Für die Interpretation der experimentellen Ergebnisse ist die Erkenntnis bedeutend, dass die Stabilität einer Scherströmung auch vom konkreten radialen Verlauf $B_\varphi(r)$ und $\Omega(r)$ abhängt. Die Experimente zur AMRI liegen in Abbildung 2.38 auf einer Linie mit $Rb = -1$. In der vorliegenden Magnetfeldkonfiguration mit einer Kastenspule hängt die magnetische Rossby-Zahl von der Winkelposition ab. Auf der Innenseite der Zuführungsleitungen ist das Profil des Magnetfeldverlaufes etwas flacher, wo hingegen es auf der Außenseite ein wenig steiler ist, wie es Abbildung 2.11 verdeutlicht. Es schließt sich die Vermutung an, dass lokal, in Abhängigkeit der Winkelposition, die Bedingungen für das Einsetzen der Instabilität variieren. Wegen $Rb\,(\varphi = 0°) \leq -1$

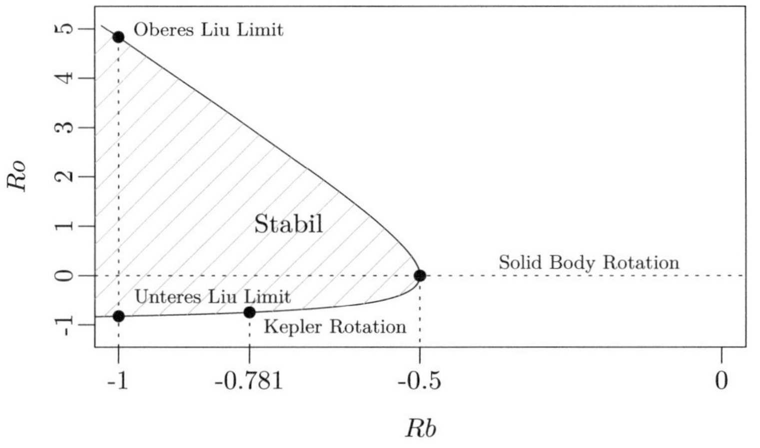

Abbildung 2.38: Die dargestellte Kurve des AMRI / HMRI-Stabilitätsdiagramms ist eine Funktion von $Ro\,(Rb)$. Sie gilt für $\lambda = 0$, $Pm \to 0$ sowie $Re \to \infty$ [155]. Der schraffierte Bereich deutet eine stabile Strömung an.

könnte schon bei niedrigeren Strömen eine Welle auf der Innenseite destabilisieren.

Im Moment ist jedoch noch unklar, wie stark die tatsächliche Sensitivität einer realen viskosen Strömung mit einem finiten Pm bezüglich einer Änderung der Rossby-Zahl ist. Ungeachtet dieser möglichen Abhängigkeit setzt ab einem Strom von $I > 10\,\mathrm{kA}$ im gesamten Volumen die Instabilität ein und führt so zu Strukturen, die mit der linearen Theorie vergleichbar sind.

2.5.3 Abhängigkeit der AMRI vom Verhältnis der Rotationsraten

Die bisher dargestellten Ergebnisse zur AMRI bezogen sich auf eine konstante Reynolds-Zahl Re und ein konstantes Verhältnis der Rotationsraten $\hat{\mu}$. Es wurde durch den Vergleich zwischen Simulation und Experiment gezeigt, dass die Details der untersuchten Instabilität offenbar von der Symmetrie des Magnetfeldes abhängen. Die eingangs beschriebene Motivation zur MRI, dass protoplanetare Akkretionsscheiben durch diese Instabilität destabilisiert werden, führt zu der Frage, ob sich dieses Szenario im Labor in vergleichbarer Weise nachstellen lässt. Das zugrundeliegende Kepler'sche Rotationsprofil $\Omega_\mathrm{K}\,(r) \propto r^{-3/2}$ lässt sich mit der Einschränkung, dass eine TC-Anordnung eine innere und eine äußere Begrenzung aufweist, nur näherungsweise im Laborversuch durchführen. Für die vorliegende Geometrie des PROMISE-Experiments mit $\hat{\eta} = 0{,}5$ lässt sich der Steuerparameter

$$\hat{\mu} = \hat{\mu}_{\mathrm{K}} = \frac{\Omega_{\mathrm{K}}(r_{\mathrm{a}})}{\Omega_{\mathrm{K}}(r_{\mathrm{i}})} \propto \frac{r_{\mathrm{a}}^{-\frac{3}{2}}}{(\hat{\eta} r_{\mathrm{a}})^{-\frac{3}{2}}} = \hat{\eta}^{\frac{3}{2}} \approx 0{,}35 \text{ mit } \hat{\eta} = 0{,}5 \tag{2.40}$$

für die Kepler-Rotation aus den erforderlichen Rotationsraten am inneren beziehungsweise äußeren Zylinder bestimmen.

Eine Kreisströmung mit einem Wert von $\hat{\mu}_{\mathrm{K}} \approx 0{,}35$ wird als Quasi-Kepler'sche Rotation bezeichnet. Die Untersuchung der μ-Linie bei $Re = \text{const.}$ und $Ha = 124$ zeigt, ob die AMRI für $\hat{\mu}_{\mathrm{K}} \approx 0{,}35$ noch existiert oder nicht.

Die Auswertung der μ-Linie stellt für zwei verschiedene Reynolds-Zahlen in den Teilabbildungen 2.39a und 2.39c die normierte Wellenzahl k sowie in (b) und (d) dieser Abbildung die mittleren quadratischen Effektivwerte der Geschwindigkeit dar. Der Minimalwert des Grundrauschens liegt bei höheren $\hat{\mu}$ in der Größenordnung des Systemrauschens, wie es die horizontale gestrichelte Linie in Abbildung 2.39b andeutet. Dieser Wert wurde in zwei Referenzversuchen für jeweils $Re = 1480$ und $Re = 2960$ ohne Magnetfeld sowie bei $\hat{\mu} = 1$ unter der Annahme, dass $v_z \to 0$ gilt, ermittelt. Die Ergebnisse dieser als Festkörperrotation klassifizierten Messungen können als Systemrauschen interpretiert werden, dass auf Störeffekte in der Strömung und Artefakte der Auswertung zurück zu führen ist. Datenpunkte, die sich dieser Linie annähern sind demnach von null nicht mehr unterscheidbar.

Für ein axialsymmetrisches $\vec{B}_{\varphi}(r)$ zeigen R. Hollerbach et al. [101], dass ab $\hat{\mu}_{Re_{\mathrm{krit}}} > 0{,}28$ die kritische Reynolds-Zahl $Re_{\mathrm{krit}} > 3100$ wird, so dass bei $Re \leq 2960$ und $Ha = 124$ ab einem bestimmten $\hat{\mu}_{Re_{\mathrm{krit}}} \approx 0{,}28$ der mittlere quadratische Effektivwert als Maß der Energie in der Strömung gegen null gehen sollte. Die Ergebnisse der numerischen 3D-Simulation von V. Galindo [139] für $Re = 1480$ werden zunächst den experimentellen Daten in Abbildung 2.39 auf der linken Seite gegenübergestellt. Die Dreieck-Symbole in Teilabbildung (b) stehen hier für Rechnungen, denen ein ideal symmetrisches Magnetfeld zugrunde liegt und bestätigen die Aussagen von R. Hollerbach, dass für $Re = 1480$ im Bereich von $\hat{\mu}_{\mathrm{R}} < \hat{\mu}_{Re_{\mathrm{krit}}} < \hat{\mu}_{\mathrm{K}}$ die AMRI in der Strömung nahezu vollständig verschwindet. Dieses Verhalten ändert sich deutlich im realen System, das durch kleine Symmetrieabweichungen des Magnetfeldes beeinflusst wird. Sowohl die Simulation der realen Anordnung als auch die Experimente weisen einen signifikanten Energieanteil auf, selbst für $\hat{\mu} > \hat{\mu}_{\mathrm{K}}$. Ein ähnliches Verhalten lässt sich dabei für beide untersuchten Reynolds-Zahlen beobachten. Aus der rechten Spalte der Abbildung 2.39 geht weiterhin hervor, dass

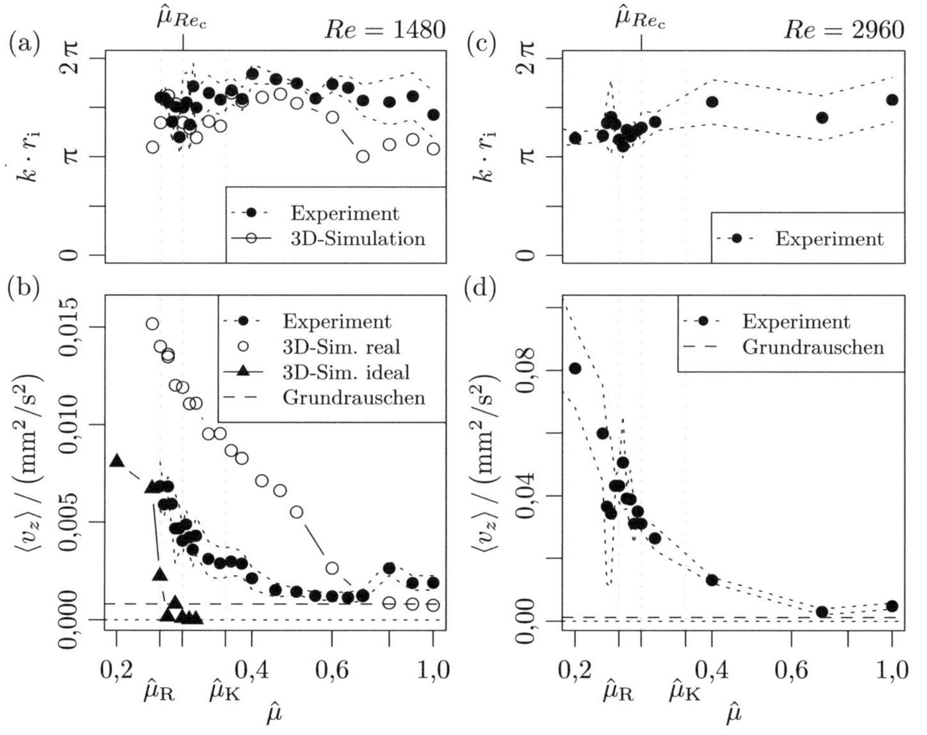

Abbildung 2.39: Gegenüberstellung der normierten Wellenzahlen k in den Teilabbildungen (a) und (c) sowie der Energieäquivalente in den Teilabbildungen (b) und (d). Die gestrichelten Linien geben jeweils das Konfidenzintervall $1 - \alpha = 0{,}85$ der Messreihen an. Die Rechtsachse ist logarithmisch geteilt, wobei die markierten Punkte die Rayleigh-Linie $\hat{\mu}_{\mathrm{R}} = 0{,}25$, das Rotationsverhältnis bei der kritischen Reynolds-Zahl $\hat{\mu}_{Re_{\mathrm{krit}}} \approx 0{,}28$ und die Kepler-Rotation mit $\hat{\mu}_{\mathrm{K}} \approx 0{,}35$ angeben.

für $\hat{\mu} \to 0{,}25$ der mittlere quadratische Effektivwert in Richtung der Rayleigh-Linie immer weiter abnimmt und bei $\hat{\mu} = 0{,}25$ ein lokales Minimum aufweist. Ab $\hat{\mu} > \hat{\mu}_{\mathrm{K}}$ fällt der Energieanteil der Instabilität monoton bis auf das Systemrauschen zurück. Obwohl die 3D-Simulation die Strukturen in guter Näherung zum Experiment reproduziert, überschätzt sie die Energieanteile der realen Strukturen um etwa den Faktor zwei und geht erst ab $\hat{\mu} > 0{,}6$ auf einen minimalen Wert zurück. Der Unterschied zwischen den Experimenten und der Simulation liegt wahrscheinlich in der nicht realistischen Annahme des ideal leitfähigen Außenzylinders sowie des isolierenden Innenzylinders begründet, was jedoch für diese Rechnung erhebliche Geschwindigkeitsvorteile einbringt.

3 Experimente zur Tayler-Instabilität

Die TI gehört zur Klasse der stromgetriebenen Instabilitäten. Eine Besonderheit des in diesem Kapitel beschriebenen Aufbaus ist, dass im Gegensatz zu den bekannten Experimenten der Plasmaphysik hier ein inkompressibles Fluid eingesetzt wird. Kapitel 1.4 skizzierte in Abbildung 1.6 die z-pinch Instabilität, die auftritt, sobald durch eine kompressible Plasmasäule ein axialer Strom fließt, der diese destabilisiert. Das Ziel des durchgeführten TI-Experiments ist es, die auftretende Struktur und das zeitliche Verhalten der Instabilität für ein inkompressibles, viskoses und resistives Fluid, in einem Behälter mit konstantem Volumen, zu untersuchen und den theoretischen Ergebnissen gegenüberzustellen.

Der bemerkenswerte Unterschied zum AMRI-Experiment und den klassischen TC-Experimenten besteht darin, dass sich das Fluid zu Beginn des Versuches in Ruhe befindet, also die Anfangsbedingung $\vec{v} = 0$ gilt. Der Mechanismus der TI beruht ebenfalls auf der Wirkung der Lorentzkraft (1.3), die als Wechselwirkung zwischen einem axialen elektrischen Strom mit dem Magnetfeld, das er selbst erzeugt, entsteht. Nach den Erläuterungen aus Abschnitt 1.4 kann also ein elektrischer Strom, der durch das Medium fließt, den stabilen Anfangszustand $\vec{v} = 0$ eines viskosen und resistiven Fluids destabilisieren. Im Unterschied zu den Flüssigmetall-Strombegrenzern [126, 127], welche die inhomogene Lorentzkraft in einem stromdurchflossenen Kanal als Wirkmechanismus nutzen, bleibt im hier vorgestellten Experiment die Form und das Volumen des Fluids konstant.

Der Versuch zur TI findet in einer ruhenden Taylor-Couette-Zelle statt. Es gibt demnach keinerlei Rotation der Zylinderwände, wie es der übliche Aufbau des TC-Experimentes vorsieht. Im Spalt zwischen den zwei konzentrisch gelagerten Zylindern der Anordnung befindet sich das Flüssigmetall. Als weitere Besonderheit muss hervorgehoben werden, dass für die Experimente zur TI neben der Verwendung verschiedener Innenzylinder auch die Möglichkeit besteht, mit $r_\mathrm{i} = 0$ einen stromdurchflossenen Vollzylinder zu untersuchen. Die Deckel des Experimentes bestehen aus massiven Kupferelektroden, deren Höhe so gewählt wurde, dass sie eine möglichst homogene Stromverteilung sicherstellen. Abbildung 3.1 verdeutlicht das Funktionsprinzip des Versuchsstandes schematisch, wobei in der Abbildung die obere Elektrode aus

Gründen der Übersichtlichkeit nicht dargestellt ist.

Mit dem variablen Parameter r_i, der den Halbmesser des inneren isolierenden Zylinders angibt, kann die vorliegende Anordnung als stromdurchflossener Hohlleiter aufgefasst werden. Der Betrag der Komponente $B_\varphi(r)$ des Magnetfeldes im Inneren des stromdurchflossenen Leiters wächst dabei mit dem Radius r, wobei der Zusammenhang

$$B_\varphi(r) = \frac{\mu}{2\pi} \frac{I_\mathrm{ges}}{r} \frac{r^2 - r_\mathrm{i}^2}{(r_\mathrm{a}^2 - r_\mathrm{i}^2)} \tag{3.1}$$

für einen unendlich ausgedehnten Zylinder in z-Richtung gilt. Für $r_\mathrm{i} \ll r_\mathrm{a}$ kann für diese Feldgeometrie (3.1) in etwa $B_\varphi \propto r$ angenommen werden. Demnach verletzt die Feldverteilung (3.1) die Stabilitätsbedingung (1.44) für nicht axialsymmetrische Störungen, so dass der Strom I_z mit dem erzeugten Magnetfeld $B_\varphi(r)$ für ein ideales Fluid zur Instabilität führt. Es entsteht eine Strömung $\vec{v}$, die den zylindrischen Zwischenraum periodisch ausfüllen kann [8, 9, 117].

Als inkompressibles und elektrisch leitfähiges Fluid wird wiederum die eutektische Metallschmelze $Ga^{67}In^{20,5}Sn^{12,5}$ (GaInSn) eingesetzt. Da diese Substanz bei Raumtemperatur flüssig und weitestgehend unbedenklich ist [136], sind zur Durchführung des Experiments weder eine Heizung noch spezielle Schutzmaßnahmen erforderlich, wie es Natrium oder die niedrig schmelzenden Natrium-Kalium-Legierungen erfordern würden [137].

Nachfolgend werden die theoretischen Ergebnisse verschiedener Ansätze für die vorliegende Geometrie präsentiert. Sie werden später in Kapitel 3.5 den experimentellen Resultaten gegenübergestellt. In Teilabschnitt 3.2 wird auf den detaillierten Aufbau und die Instrumentierung des Versuches eingegangen, um anschließend die Auswertung der gewonnenen Messdaten zu diskutieren.

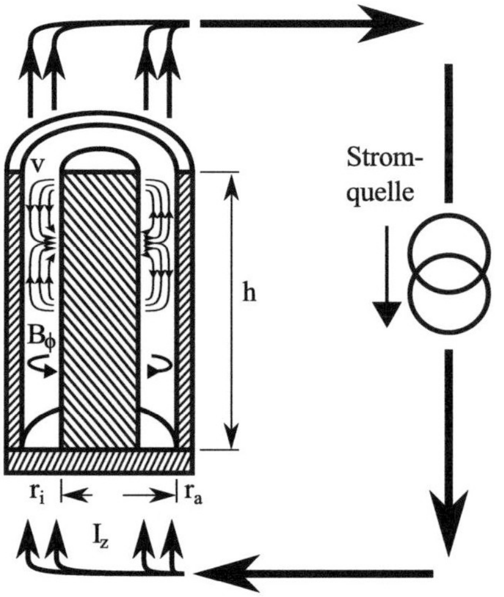

r_{i},r_{a}... Innen- bzw. Außenradius

h... Höhe des Zylinders
$h = 700\,\mathrm{mm}$

I_z... axiale Strom $I_z \leq 8\,\mathrm{kA}$

B_φ... Magnetfeld erzeugt durch I_z

v... Resultierendes Geschwindigkeitsfeld

Abbildung 3.1: Die gegebene Funktionsskizze zeigt das TI-Experiment, wobei die obere Elektrode aus Gründen der Übersicht nicht dargestellt ist. Die Zylinderwände bestehen aus dem elektrisch nicht leitfähigen Kunststoff POM. Mit $r_{\mathrm{i}} \leq 12{,}5\,\mathrm{mm}$ und $r_{\mathrm{a}} = 50\,\mathrm{mm}$ folgt $\hat{\eta} = r_{\mathrm{i}}/r_{\mathrm{a}} \leq 0{,}25$. Die Spaltbreite ergibt sich aus $d_{\mathrm{s}} = r_{\mathrm{a}} - r_{\mathrm{i}}$.

3.1 Theoretische und numerische Ergebnisse

Für die Vorhersage und Berechnung des TI-Experimentes gibt es mehrere Arbeiten, die jeweils verschiedene numerische Methoden anwenden. Zunächst werden die Ergebnisse der linearen Stabilitätsanalyse in Verbindung mit einer nicht-linearen Fouriermoden-Simulation von G. Rüdiger und M. Gellert dargestellt [8, 9]. In der durchgeführten linearen Stabilitätsanalyse werden die MHD-Gleichungen mit einer Ansatzfunktion

$$F\left(r,\varphi,z,t\right) := A\left(r\right)\mathrm{e}^{\mathrm{i}(m\varphi+kz+\omega t)+\lambda t}, \quad \mathrm{m}\in\mathbb{N}\ k,\ \lambda\in\mathbb{R} \tag{3.2}$$

in zylindrischen Koordinaten, ausgehend von einem bestimmten Grundzustand $\vec{v}=\vec{v}_0+\vec{F}$, entwickelt. Mithilfe numerischer Verfahren wird für verschiedene Rand- und Anfangsbedingungen nach Lösungen für m, k und $\mathrm{i}\omega+\lambda$ der vorliegenden Geometrie gesucht [8, 157]. Die Zylinderwände in den Berechnungen [8] sind zunächst ideal leitfähig, was im Vergleich zur Simulation [9] mit isolierenden Zylinderwänden, zu einem leicht höheren kritischen Strom von $I_{\mathrm{krit}}\approx 3{,}2\,\mathrm{kA}$ führt. Die azimutale Wellenzahl von $m=\pm 1$ ist charakteristisch für die TI und bedeutet, dass die auftretende Struktur entlang des Umfanges einmal auftritt. Demgegenüber meint $m=0$, dass unabhängig von der Winkelposition die untersuchte Mode an jeder beliebigen Stelle φ mit einer bestimmten Amplitude A_0 vorhanden ist. Von Interesse sind diejenigen Lösungen, bei denen sich eine Abweichung vom Grundzustand mit der Wachstumsrate $\lambda>0$, von $\vec{v}_0=0$ herkommend, entwickelt. Lösungen, die $\lambda<0$ enthalten, gelten als stabil, da hier alle Störungen gedämpft werden. Bei der Untersuchung von Strömungsphänomenen grenzt der Verlauf des Parameters $\lambda_{\mathrm{krit}}=0$ als implizite Funktion von verschiedenen Einflussgrößen, den stabilen vom instabilen Parameterbereich ab.

Als Randbedingungen der Simulation werden ebenfalls die Geschwindigkeiten am äußeren und inneren Zylinder $\vec{v}\left(r_{\mathrm{a}}\right)=\vec{v}(r_{\mathrm{i}})=0$ gesetzt. Die Zylinderwände selbst sind gemäß dem experimentellen Aufbau isolierend. Die charakteristischen Kennlinien der TI gelten für einen infiniten Zylinder.

Die Darstellung der theoretischen Ergebnisse aus Abbildung 3.2 bezieht sich stets auf den Fall, dass eine TC-Anordnung ohne Rotation, d. h. $Re=0$ betrachtet wird. Ebenfalls gehen Erscheinungen, wie Wärmeentwicklung, Änderung der Stoffparameter aufgrund der Erwärmung und zeitliche Geometrieänderungen nicht in das Modell ein. Abbildung 3.2 stellt die Wachstumsrate für drei verschiedene Geometrieparameter $\hat{\eta}$ und das Stabilitätsdiagramm $I_{\mathrm{krit}}=f\left(\hat{\eta}\right)|_{\lambda=0}$ für die instabilste Mode $m=1$ dar

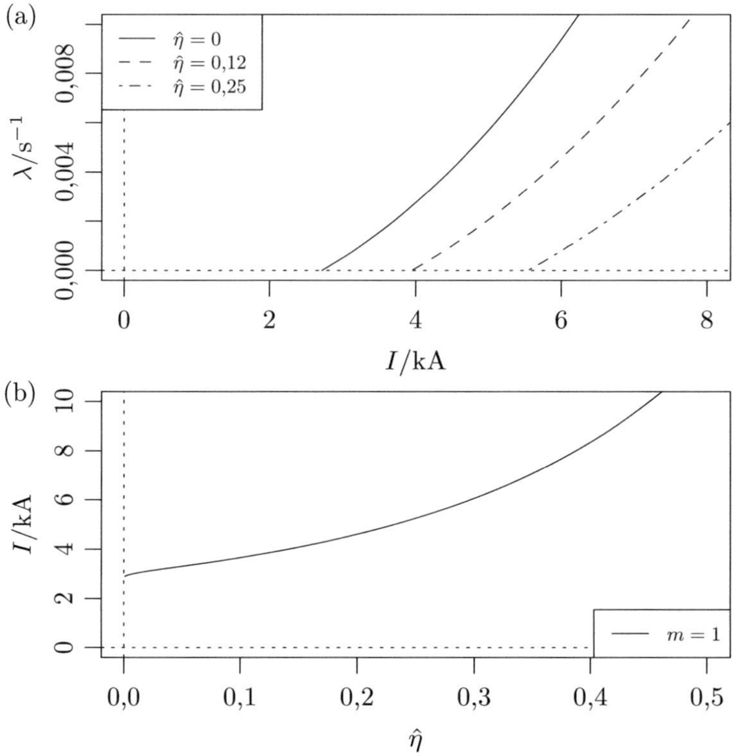

Abbildung 3.2: In Teilabbildung (a) ist die Wachstumsrate λ der $m = 1$-Mode dargestellt [9]; – persönliche Kommunikation mit M. Gellert. (b) veranschaulicht das Stabilitätsdiagramm ($\lambda = 0$) für den kritischen Strom I_{krit}; – persönliche Kommunikation F. Stefani. Alle Kurven gelten für isolierende Zylinderwände.

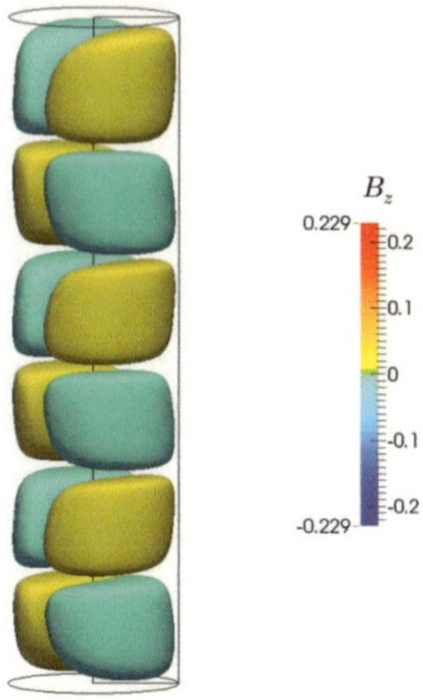

Abbildung 3.3: Dargestellt ist die Magnetfeldverteilung der B_z-Komponente innerhalb des Zylinders aus der numerischen Simulation mit $Re = 0$, $Ha = 30$ und $Pm = 1$. Unterschiedliche Farben deuten unterschiedliche Vorzeichen des Magnetfeldes an. Die Feldstärke B_z ist in Einheiten von $B_\varphi(r_\mathrm{a})$ am äußeren Zylinderrand angegeben. Die Grafik wurde anhand der in Quelle [8] gegebenen Daten mit Unterstützung von M. Gellert am AIP erzeugt. Einheiten und Geometrie sind dimensionslos.

[135]. Eine Besonderheit der hier angewandten Berechnungsmethode ist, dass Werte bei $\hat{\eta} = 0$ nicht angegeben werden können und der exakte Wert für $I_\mathrm{krit}(\hat{\eta} = 0)$ nur als Grenzwert für $\hat{\eta} \to 0$ angenähert werden kann.

Es folgt aus den Untersuchungen von G. Rüdiger und M. Gellert weiterhin, dass die Wellenzahl k nahezu konstant und unabhängig von Ha sowie r_i ist. Damit ist für jeden eingestellten Strom $I > I_\mathrm{krit}$ die Strukturgröße in etwa gleich. Aus der Arbeit von G. Rüdiger et al. [9] geht die dimensionslose Wellenzahl k hervor. Mit der Umrechnung auf physikalische Einheiten

$$l_z = \frac{1}{f_z} = \frac{2\pi}{k}\,(r_\mathrm{a} - r_\mathrm{i}) \cong 120\,\mathrm{mm}\Big|_{\substack{r_\mathrm{i}=0 \\ I \approx I_\mathrm{krit}}} \tag{3.3}$$

wird die örtliche Verteilung der Instabilität abgeschätzt.

Die Wellenlänge l_z gibt die Strukturgröße zweier entgegengesetzter Wirbel in Richtung der z-Koordinate an. Für $k = \pi$ gilt, dass die TI kreisrunde Wirbel mit einem Durchmesser von etwa sechs Zentimetern ausbildet. Die Normierung auf die Zylinderspaltbreite $r_\mathrm{a} - r_\mathrm{i}$ bezieht schließlich die geometrischen Gegebenheiten in die Berechnung von l_z ein. Die Verteilungsdichte f_z, die mithilfe einer Spektralanalyse der später präsentierten Messdaten ermittelt werden kann, hat den Charakter einer Frequenz, bezogen auf den Ort. Die physikalische Wellenlänge der Tayler-Instabilität ist demnach stets doppelt so groß wie ein einzelner Wirbeldurchmesser, skaliert mit der Zylinderspaltbreite des Aufbaus und kann mit l_z oder f_z ausgedrückt werden. Ist kein innerer Zylinder vorhanden, also $r_\mathrm{i} = 0$, so gilt der in Gleichung (3.3) angegebene Wert von rund 12 cm.

Außerdem zeigen die Ergebnisse einer numerischen Simulation mithilfe eines nicht-linearen MHD-Codes [157], dass die kritische Hartmann-Zahl eines unendlich langen Zylinders etwa $Ha_\infty \approx 22{,}3$ und für einen endlichen Zylinder $Ha_\mathrm{finit} \approx 22{,}5$ beträgt und darüber hinaus für alle Pm gilt [9]. Bei einem nach oben und unten mit Deckeln begrenzten Experiment, kann sich in Abhängigkeit der finiten Länge des Versuchsraums zusätzlich die Wellenlänge der Instabilität anpassen, so dass die Messwerte vom hier präsentierten idealisierten Modell abweichen können. Die TI selbst hat eine charakteristische Magnetfeldverteilung zur Folge, deren b_z-Komponente sich außerhalb des Zylinders messen lässt. Im Hinblick auf die Magnetfeldmessung ist in Abbildung 3.3 beispielhaft die Verteilung der b_z-Komponente gegeben, wie sie im Experiment zu erwarten ist.

Die zweite numerische Untersuchung der TI ist in der Arbeit von N. Weber et al. [117] gegeben. Hier wird ebenfalls die vorliegende Zylindergeometrie mit $h = 750\,\mathrm{mm}$ und $r_\mathrm{a} = 50\,\mathrm{mm}$ berechnet. Im Gegensatz zu den Arbeiten von G. Rüdiger und M. Gellert, wird eine Finite-Volumen-Simulation des realen Aufbaus mit dem Simulationsprogramm OpenFoam vorgenommen. Die Herausforderung dieser Rechnung besteht darin, die Lösung der Induktionsgleichung (1.13) durch die der Biot-Savart Gleichung

$$\vec{B}(\vec{r}) = \frac{\mu_0}{4\pi} \int_V \vec{J}(r') \times \frac{\vec{r} - \vec{r}'}{|\vec{r} - \vec{r}'|^3} \,\mathrm{d}V' \tag{3.4}$$

in quasistationärer Näherung zu ersetzen. Anstatt das Magnetfeld $\vec{B}$ im gesamten Raum, auch außerhalb des Versuchsbehälters, zu berechnen, wird hier die Stromdichte $\vec{J}$ im interessierenden Volumen herangezogen, um die relevanten Felder im Inneren des Zylinders zu bestimmen [117].

Abbildung 3.4 veranschaulicht die Verteilung der Geschwindigkeit und des induzierten Magnetfeldes $\vec{b}_z$ bei einem Strom von $I = 6\,\mathrm{kA}$. Die Simulation berücksichtigt die physikalischen Randbedingungen wie Deckel, nicht leitfähige Zylinderwände und die physikalischen Parameter von GaInSn.

Das Magnetfeld $\vec{B}_\varphi$ ist hier ideal axialsymmetrisch, da die Zuleitungen und

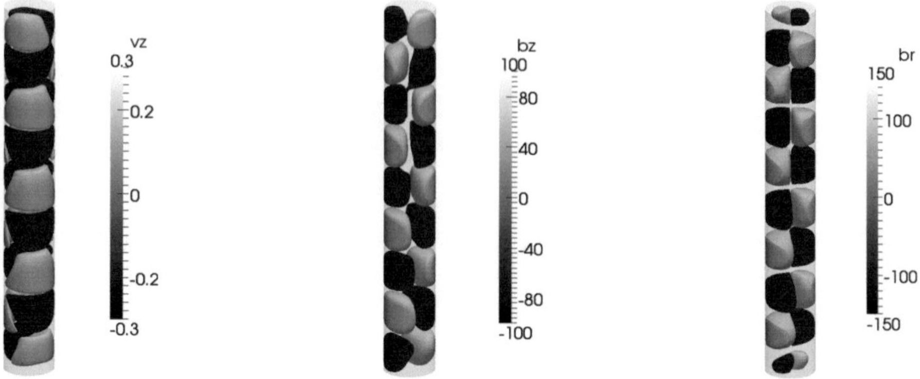

(a) Isoflächen der Geschwindigkeitskomponente v_z/ (mm/s)

(b) Isoflächen der Magnetfeldkomponente $b_z \cdot 10^{-9}\,\mathrm{T}^{-1}$

(c) Isoflächen der Magnetfeldkomponente $b_r \cdot 10^{-9}\,\mathrm{T}^{-1}$

Abbildung 3.4: Für die Finite-Volumen-Simulation der Tayler-Instabilität gelten folgende Parameter $I = 6\,\mathrm{kA}$, $r_\mathrm{i} = 0$, $h = 0{,}75\,\mathrm{m}$ und $Pm \approx 1{,}4 \cdot 10^{-6}$; Die Abbildungen zeigen den gesättigten Zustand der TI nach 4000 s; – persönliche Kommunikation mit V. Galindo

deren Einfluss in der Simulation nicht beachtet werden. In Abbildung 3.4a ist die Geschwindigkeitsverteilung in Form von Isoflächen der Komponente v_z zu sehen. Aus der Darstellung wechselnder Vorzeichen lässt sich schlussfolgern, dass mit einer Wellenlänge l_z Wirbel entstehen, die in Verbindung mit dem Quellenfeld $\vec{B}_\varphi$ ein sekundäres Magnetfeld $\vec{b}_z$ induzieren. Beide Strukturen haben die gleiche Wellenzahl und sind um $\Delta\varphi = 90°$ zueinander verdreht. Im Vergleich mit den Ergebnissen aus der numerischen Simulation in Abbildung 3.2 und Abbildung 3.3 lässt sich schlussfolgern, dass der in Quelle [117] aufgezeigte Ansatz im Wesentlichen zu den gleichen Strukturen und Resultaten führt. Die oben gezeigten Simulationsergebnisse von N. Weber et al. bilden den gesättigten Zustand der Instabilität ab. Dabei fällt auf, dass sich die Wellenlänge der Struktur zu einem späteren Zeitpunkt, wie ihn Abbildung 3.4 zeigt, von 120 mm, die beim Einsetzen der Instabilität auftreten, auf etwa $0{,}75\,\mathrm{m}/4{,}5 = 0{,}167\,\mathrm{m}$ verlängert hat.

3.2 Aufbau und Instrumentierung des TI Experiments

Das TI Experiment besteht aus einem mit der Metallschmelze GaInSn gefüllten Doppelzylinder. Die Metallschmelze wird durch eine Leistungsstromquelle der Firma

„plating electronic“ mit bis zu 8 kA Gleichstrom versorgt. Die Elektroden oben und unten haben einen Innendurchmesser von 10 cm und bestehen aus massivem 9 cm dickem Kupfer. Dadurch ist eine weitgehend homogene Stromeinleitung in die Schmelze garantiert, d. h. es gilt:

$$\frac{\partial \vec{J}}{\partial r} \approx 0. \tag{3.5}$$

Eine Wasserkühlung mit einer stabilen Vorlauftemperatur sorgt für die notwendige Wärmeabfuhr in den Zuleitungen und den Elektroden. Weiterhin ermöglichen die gekühlten Elektroden, zumindest einen Teil der in der Schmelze erzeugten elektrischen Leistung in Höhe von einigen Kilowatt Wärme abzuführen.

Die Abbildung 3.5 zeigt den Versuchsaufbau im Labor nebst der bemaßten Skizze des Experiments. Auf der Oberfläche des Außenzylinders befindet sich ein PT100 Element, das die Wandtemperatur überwacht, um einen sicheren Betrieb zu gewährleisten. Im Abstand von 7,5 cm von der Zylinderwand befinden sich elf Fluxgate Magnetometersonden auf einer Zeile entlang der z-Achse, welche die Änderung der Feldkomponente b_z in z-Richtung detektieren. Zusätzlich wurde ein Ring aus vier Sensoren in Höhe des neunten Zeilensensors angebracht, um die winkelabhängige Verteilung der z-Komponente des Magnetfeldes zu ermitteln. Die nächste Abbildung 3.6 skizziert stark vereinfacht das Zustandekommen des durch die TI induzierten Messfeldes $\vec{b}_z$.

Ein durch die Instabilität hervorgerufener Wirbel, der in Abbildung 3.6 senkrecht zur Bildebene steht, induziert durch seine vertikale Geschwindigkeitskomponente v_z, in Verbindung mit dem Magnetfeld $\vec{B}_\varphi$, den Strom I. Die $m = \pm 1$-Struktur der Instabilität führt dabei zu einer nierenförmigen Verteilung des Stromes in der Schnittebene. Dieser wiederum erzeugt eine Magnetfeldkomponente b_z, welche sich auch außerhalb des Zylinders messen lässt. Abbildung 3.3 und Abbildung 3.4b zeigen dazu die Verteilung der b_z-Struktur, die sich außerhalb des Fluids in abgeschwächter Weise messen lässt.

Mit den physikalischen Eigenschaften der eingesetzten Metallschmelze und einem maximalen Strom $I_{\max} = 8\,\mathrm{kA}$ lassen sich spezifische Parameter abschätzen, die für die Versuchsdurchführung und die Auswertung relevant sind. Aus den elektrischen Kenngrößen und der Geometrie gehen der Gesamtwiderstand und damit die elektrische Verlustleistung des Fluidzylinders hervor. Aus den technischen Parametern des Experiments, die in Anlage 12 dokumentiert sind, wird weiterhin ersichtlich, dass mit einem elektrischen Widerstand von etwa $30\,\mu\Omega$ bei $I_{\max}$ auch eine thermische Verlustleistung von etwa 2 kW zu erwarten ist. Der Geometrieparameter $\hat{\eta} \ll 1$ kann

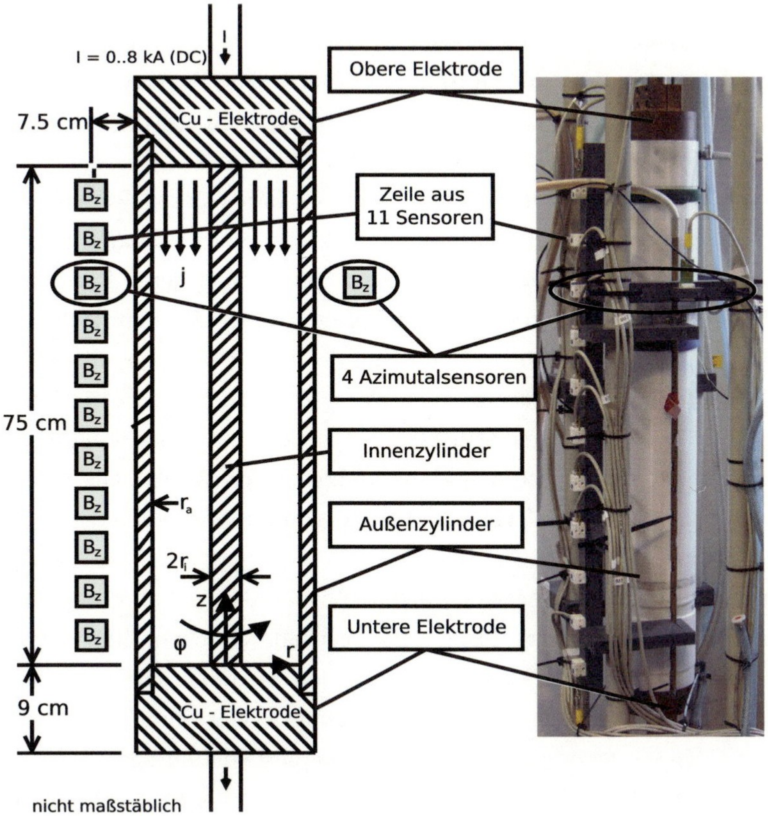

Abbildung 3.5: Bemaßte Skizze der Schnittansicht und ein Foto des TI-Experiments.[1]

[1]Genehmigter Nachdruck und Übersetzung der Abbildung aus M. Seilmayer et al., Physical Review Letters, 108(24):244501, 2012, [135]. Copyright 2012, American Physical Society.

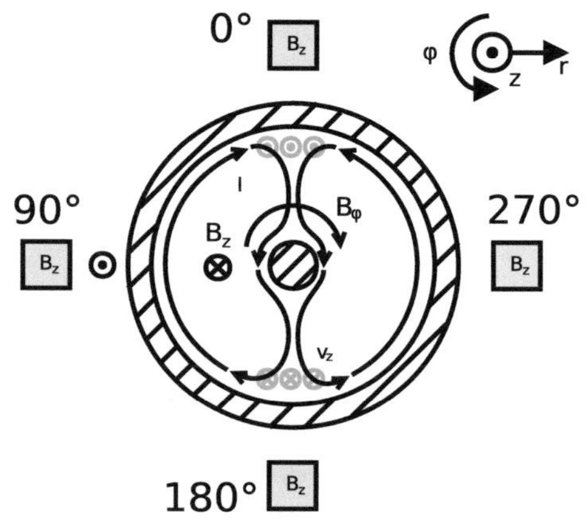

Abbildung 3.6: Die Abbildung skizziert ein Schema, das die Generierung von b_z erklärt. Der abgebildete Querschnitt liegt in Höhe der Azimutalsensoren, einem Ring von vier Einzelsensoren. Die Messgröße b_z kommt dabei durch eine Nieren-förmige Stromverteilung I zustande, die durch einen TI-Wirbel in Verbindung mit $\vec{B}_\varphi$ induziert wird.

für die Versuche die diskreten Werte $\hat{\eta} = \{0; 0{,}12; 0{,}25\}$ annehmen.

3.2.1 Messwerterfassung

Zur Messung der Strömungseffekte stehen verschiedene Methoden zur Verfügung. Zum einen besteht prinzipiell die Möglichkeit, das Messverfahren der Ultrasound-Doppler-Velocimetry (UDV) einzusetzen. Dabei werden die Ultraschallwandler durch die obere Elektrode bis zum Fluid geführt. Allerdings hätte der Sensor in der Elektrode die Wirkung eines Isolators, so dass am Übergang von der Durchgangsbohrung in der Elektrode zum Fluid eine Unstetigkeit, ein Sprung in der Stromdichteverteilung $\vec{J}$ entsteht. Genau an der Kante der Bohrung entsteht dabei lokal eine Stromdichteverteilung, die auch J_r-Komponenten aufweist und so zu einer elektrisch induzierten Wirbelströmung an den Sensordurchbrüchen führt. Die für das Experiment angesetzte Anfangs- und Randbedingung von $v_0 = 0$ und $\vec{J} = \text{const.}$ gilt damit nicht mehr, wodurch das Bild der TI verfälscht wird. Betragsmäßig zeigt sich, dass beim Einsatz von UDV-Sensoren mit einem Durchmesser von $d_{\mathrm{UDV}} = 12\,\mathrm{mm}$ die Stromdichte in den Elektroden etwa 1,4% höher ist als im Fluid. Die Abschätzung dieses Wertes erfolgt über das Verhältnis der Querschnittsflächen,

$$\begin{aligned}\frac{J_{z,0}}{J_{z,\mathrm{UDV}}} &= 1 - \frac{A_{\mathrm{UDV}}}{A_0} \\ &= 1 - \left(\frac{d_{\mathrm{UDV}}}{d_0}\right)^2 \\ &= 1 - \left(\frac{12\,\mathrm{mm}}{100\,\mathrm{mm}}\right)^2 = 98{,}6\%.\end{aligned} \tag{3.6}$$

Der UDV-Sensor stellt außerdem durch sein Edelstahlgehäuse einen direkten elektrischen Kontakt zwischen der Elektrode und dem Ultraschallmessgerät DOP3010 her. Da es sich bei der eingesetzten Leistungsstromquelle um ein Schaltnetzteil handelt, das bauartbedingt hochfrequente Störfelder erzeugt, ist unklar, wie sich diese durch den direkten Kontakt mit dem Messaufbau auf die empfindliche UDV-Messtechnik auswirken. Die zu erwartenden Geschwindigkeiten von weniger als 0,5 mm/s sind zudem nur unter störungsfreien Bedingungen mit Ultraschallmessverfahren zu erfassen.

Eine Alternative zur UDV-Messung der v_z-Geschwindigkeitskomponente ist die nichtinvasive Erfassung einer Magnetfeldkomponente B_z am Außenrand des Zylinders. Die Simulationen des Versuchs zeigen, dass die durch die Instabilität entstehenden Wirbel diese Magnetfeldkomponente induzieren, welche genauso verteilt ist, wie die Wirbel selbst und in der Größenordnung von $b_z \approx \mathcal{O}(0{,}1\,\mu\mathrm{T})$ liegen. Die grobe Abschätzung

$$\begin{aligned}b_z\left(r_\mathrm{a}\right) &\approx \mu_0 \underbrace{\sigma v_0 B_\varphi}_{j} \cdot \underbrace{\frac{\pi}{4} d^2}_{A} \cdot \underbrace{\frac{2}{\pi d}}_{U}, \quad \vec{v}_0 \perp \vec{B}_\varphi \\ &\approx \mu_0 \sigma v_0 B_\varphi d \\ &\approx 4\pi \cdot 10^{-7}\,\frac{\mathrm{V}\cdot\mathrm{s}}{\mathrm{A}\cdot\mathrm{m}} \cdot 10^{7}\,\frac{1}{\Omega\mathrm{m}} \cdot 10^{-4}\,\frac{\mathrm{m}}{\mathrm{s}} \cdot 10^{-3}\,\mathrm{T} \cdot 0{,}1\,\mathrm{m} \\ &\approx \mathcal{O}\left(0{,}1\,\mu\mathrm{T}\right)\end{aligned} \tag{3.7}$$

für die induzierte b_z-Komponente kommt zu einem ähnlichen Ergebnis, wenn jeweils die Größenordnung der Materialwerte und Geometrie eingesetzt wird.

Im Abstand $r = r_\mathrm{a} + 1\,\mathrm{cm} + 7{,}5\,\mathrm{cm}$ von der Fluidsäule ist die messbare Feldstärke

$$B\left(r_\mathrm{a} + d_\mathrm{AZ} + 7{,}5\,\mathrm{cm}\right) = B\left(r_\mathrm{a}\right) \frac{r_\mathrm{a}}{r_\mathrm{a} + 8{,}5\,\mathrm{cm}} \approx \mathcal{O}(0{,}04\,\mu\mathrm{T}) \tag{3.8}$$

wegen $B\,(r) \propto 1/r$ noch etwa halb so groß wie sie in Gleichung (3.7) abgeschätzt wurde. In den Abstand geht an dieser Stelle zusätzlich die Wandstärke des Außenzylinders

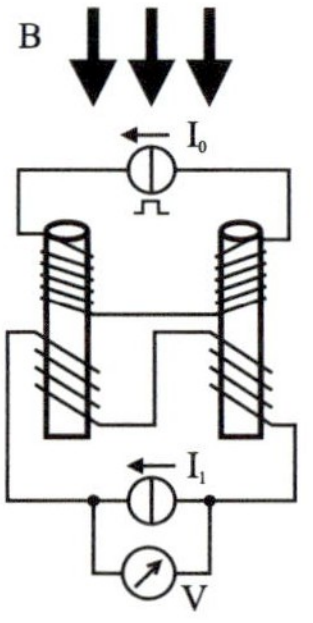

(a) Messprinzip [159]

(b) Modifizierte Förster-Sonden

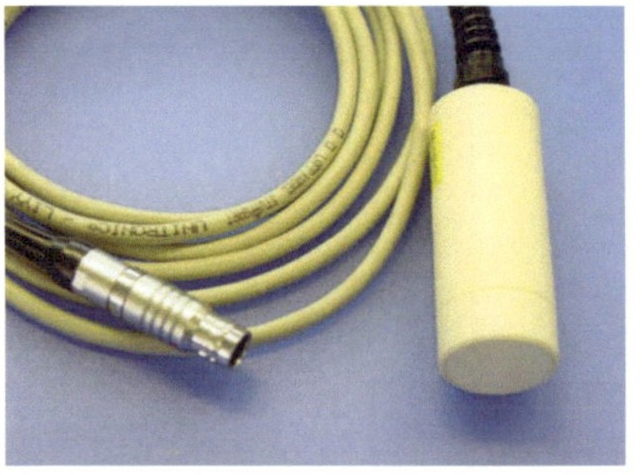

(c) Abbildung eines Sensors gemäß Datenblatt [160].

Abbildung 3.7: Fluxgate Messprinzip und Sonden

von $d_{\mathrm{AZ}} = 1\,\mathrm{cm}$ ein.

Für die Durchführung der Magnetfeldmessung sind Fluxgate-Sensoren, wegen ihrer großen Messgenauigkeit von wenigen Nanotesla, besonders geeignet. Ausgehend von der Bewertung in Tabelle 3.1 werden die Fluxgate Magnetometersonden gewählt, um die Struktur der TI zu untersuchen. Allerdings steht aufgrund der hohen Anschaffungskosten dieser Sensoren für diesen Versuch nur eine sehr begrenzte Anzahl von insgesamt 14 Stück zur Verfügung, so dass Abstriche bei der örtlichen Auflösung in Kauf genommen werden müssen.

3.2.2 Magnetfeldsensoren

Für die Messung der Magnetfeldverteilung an der Zylinderoberfläche stehen insgesamt 14 Fluxgate Sensoren der Firma „Dr. Förster GmbH & Co. KG“ zur Verfügung. Die Funktionsweise beruht auf der Messung der Induktionsspannung einer Aufnehmerspule, deren Kern aus zwei gegensinnig gewickelten Spulen besteht, die periodisch angeregt werden. Ist das anliegende Magnetfeld null, so kompensieren sich die Felder der beiden Erregerspulen, so dass die Induktionsspannung der Aufnehmerspule null wird. Ist die Feldkomponente in Richtung des Kerns verschieden von null, kann eine vom Magnetfeld abhängige Spannung gemessen werden [158].

Ein möglicher Aufbau einer Magnetfeldsonde nach Förster ist in Abbildung 3.7a zu sehen [159]. Die Förstersonden in Abbildung 3.7b, sind eine Sonderanfertigung und verzichten auf das originale zylindrische Gehäuse mit der Schutzklasse IP68, zugunsten der Platzersparnis. Die Messwerte der 14 eingesetzten Magnetfeldsonden werden über fünf Förster Magnetomaten mit einer Samplingfrequenz von $f_{\mathrm{s}} = 237\,\mathrm{Hz}$

Tabelle 3.1: Gegenüberstellung von UDV und Magnetfeldmessung

Kategorie	*Ultraschall*	*Punkte*	*Fluxgate Sonden*	*Punkte*
Messprinzip	Ultraschall Doppler • Korrelationsverfahren • Genauigkeit abhängig von Quantisierung der Messspannung	+	Absolutwert Messung des Magnetfeldes • Kompensationsverfahren • ca. $\approx \pm 1$ nT Empfindlichkeit • Feldverteilung Wirbel	+
Einsatz	Direkter Kontakt mit dem Fluid	-	Nicht invasiv, da die Messsonden außerhalb des Fluids positioniert sind	++
Messdaten	Messung entlang der UDV-Strahllinie, fein diskretisierbar	+	Kompletter 3D Vektor an einem Punkt	0
Genauigkeit	$\approx \pm 0{,}1\,\mathrm{mm/s}$	0	$\approx \pm 1\,\mathrm{nT}$	+
Verfügbarkeit	Anzahl der Sensoren ist wegen dem Platzbedarf auf 2 bis 4 begrenzt	0	Insgesamt stehen 14 Sonden zur Verfügung	0
Summe		+1		+4

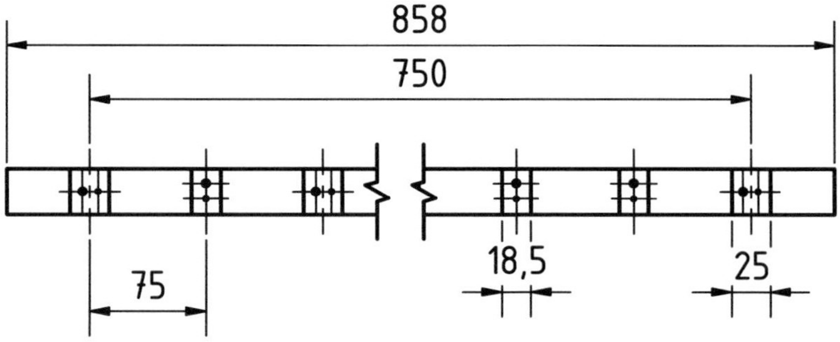

Abbildung 3.8: Skizze der Sensorzeile für 11 Fluxgate Sensoren, aus $30 \times 30\,\mathrm{mm}^2$ PVC Vierkantmaterial

ausgelesen und abgespeichert. Mit einer Förstersonde, wie sie in Abbildung 3.7c dargestellt ist, können gleichzeitig alle drei Feldkomponenten ermittelt werden. Für das Experiment hingegen wird nur eine Komponente benötigt, so dass sich über einen entsprechenden Adapter pro Magnetomat, der Ausleseeinheit, bis zu drei B_z-Sonden auswerten lassen.

Für den gewählten Messbereich und unter sonst konstanten Bedingungen, wie Temperatur oder Betriebsspannung des Messgerätes, kann mit einer Auflösung von $2\,\mathrm{nT}$ gerechnet werden [160],

$$B_z = \pm(0 \ldots 1\,\mathrm{mT} \pm 2\,\mathrm{nT}). \tag{3.9}$$

Die Kerne der Erregerspulen gehen bei Magnetfeldern $|\vec{B}| > 1\,\mathrm{mT}$ in Sättigung, so dass bei der Messung der B_z-Komponente darauf geachtet werden muss, dass die Lageabweichung der Magnetometersonden minimal ist. Die Feldstärke an der Stelle der Fluxgate Sensoren

$$B_\varphi \left(r = r_\mathrm{a} + 7{,}5\,\mathrm{cm} + 1\,\mathrm{cm}\right)\big|_{I=8\,\mathrm{kA}} = 11{,}9\,\mathrm{mT} \tag{3.10}$$

beträgt, bei einem Strom von $8\,\mathrm{kA}$, immerhin noch einige Millitesla, so dass eine etwaige Projektion der φ-Komponente in die Messung von B_z bei der Datenauswertung beachtet werden muss.

Die Halterungen der Sensoren sind aus PVC gefertigt. Dieses Material hat keine magnetischen Eigenschaften, so dass es das Feld nicht beeinflusst und die Messung die Feldverteilung richtig wiedergibt.

Die Tayler-Instabilität entwickelt eine Strömung, die eine $|m| = 1$-Charakteristik aufweist. Aufgrund der limitierten Sensoranzahl ist es naheliegend, lediglich in einer bestimmten Höhe einen Ring aus vier Magnetfeldsensoren zu platzieren und den Rest der Sensoren auf eine Zeile am Rand des Experiments zu verteilen. Maßgebend für die Verteilung der Sensoren war dabei eine größtmögliche Abdeckung der Höhe. Die einzelnen Messpunkte sind durch die Positionen der Sensoren

$$\mathrm{P}_{\mathrm{Zeile}}[i, j=0]\,(r, \varphi, z) = \begin{pmatrix} r_\mathrm{a} + 8{,}5\,\mathrm{cm} \\ 90^\circ \\ 8{,}5\,\mathrm{cm} \cdot i \end{pmatrix}, \text{ mit } i \in \mathbb{Z}, \{0 \ldots 10\} \tag{3.11}$$

sowie der Positionen der Azimutalsensoren

$$\mathrm{P}_{\mathrm{Azimut}}\,[i=9, j]\,(r, \varphi, z) = \begin{pmatrix} r_\mathrm{a} + 8{,}5\,\mathrm{cm} \\ 90^\circ \cdot j \\ 67{,}5\,\mathrm{cm} \end{pmatrix}, \text{ mit } j \in \{0, 1, 2, 3\} \tag{3.12}$$

in zylindrischen Koordinaten, bezogen auf die Achse und den Boden des Zylinders, gegeben. Grundlage dieser Definition ist das Zylinderkoordinatensystem in Abbildung 3.5. Der Sensor P [9, 0] gehört dabei zu beiden Gruppen. Die Berechnung der Sensorwerte wird in Abschnitt 3.4 behandelt.

Die Prämisse „maximale Abdeckung der Höhe" führt letztlich zu einer Unterabtastung der Feldverteilung, da die konkrete Wellenlänge der Instabilität $l_z \approx 12\,\mathrm{cm}$ zum Zeitpunkt der Auslegung des Messsystems noch nicht bekannt gewesen war. Diese Information wird in den folgenden Abschnitten bei der Interpretation der Messergebnisse wichtig werden.

3.2.3 Äußeres Quellenfeld

Ähnlich zum Experiment zur AMRI erzeugt auch hier die Stromquelle durch die Zuleitungen zusätzliche Magnetfeldanteile, so dass das reale Feld nicht mehr ideal axialsymmetrisch ist. Es entstehen winkelabhängige Komponenten in z- und r-Richtung. Das B-Feld der Quelle $\vec{B}_\mathrm{Q}$ wird nun in der Umgebung des Zylinders entlang der z-Achse und entlang des Radius für verschiedene Ebenen betrachtet. Mit Hilfe der Berechnung des Feldes einer Kastenspule kann der Einfluss der Zuleitungen auf das Feld am äußeren Rand der Fluidsäule $r_\mathrm{a} = 0{,}05\,\mathrm{m}$ für einen Strom von $8\,\mathrm{kA}$ berechnet werden. Eine bemaßte Skizze der Seitenansicht und eine Schnittansicht in

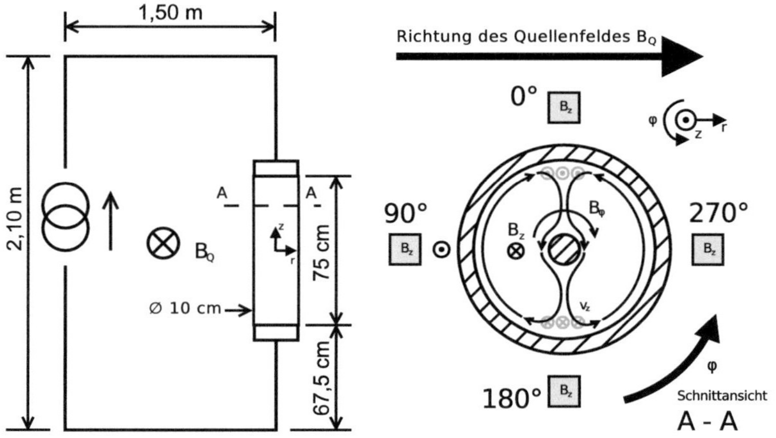

Abbildung 3.9: Schematische Darstellung der Seitenansicht und des Querschnittes des Aufbaus

Höhe der azimutalen Sensoren wird in Abbildung 3.9 gezeigt.

Ausgehend vom Koordinatenursprung in der Mitte des Zylinders, zeigt Abbildung 3.10 die wesentlichen Abweichungen vom idealen axialsymmetrischen Feld für die Geometrie des Laboraufbaus. Die relative Abweichung des realen Feldes $B_\varphi(r < r_\mathrm{a})$ im Inneren des Zylinders beträgt dabei weniger als

$$\left| \frac{B_\varphi(r < r_\mathrm{a})}{B_{\varphi,\mathrm{ideal}}(r < r_\mathrm{a})} \right| < 6\%. \tag{3.13}$$

Die Feldkomponente $B_{r,\mathrm{Spule}}(z)$ existiert nur bei realen Anordnungen, wo die Hin- und Rückleitung die Feldgeometrie beeinflussen. Aus Abbildung 3.4c geht hervor, dass die TI selbst eine induzierte $b_{r,\mathrm{TI}}(z)$-Komponente hervorbringt, die quer durch den Zylinder zeigt. In Folge dessen wird sich die Instabilität unter Umständen an dem externen Quellenfeld $B_{r,\mathrm{Spule}}(z)$ ausrichten können, bis ein energetisches Optimum erreicht ist.

3.2.4 Thermische Einflüsse

Die Erwärmung der Metallschmelze und die damit verbundenen Temperaturunterschiede zur Zylinderwand und den gekühlten Elektroden führen zu einer zusätzlichen Konvektionsströmung im Zylinder, die zum einen den Wärmetransport an Wand und Deckel verstärkt und zum anderen die TI überlagert und beeinflusst. Zum grundsätzlichen Verständnis der Problematik stellt Abbildung 3.11 den prinzipiellen Wärmefluss dar.

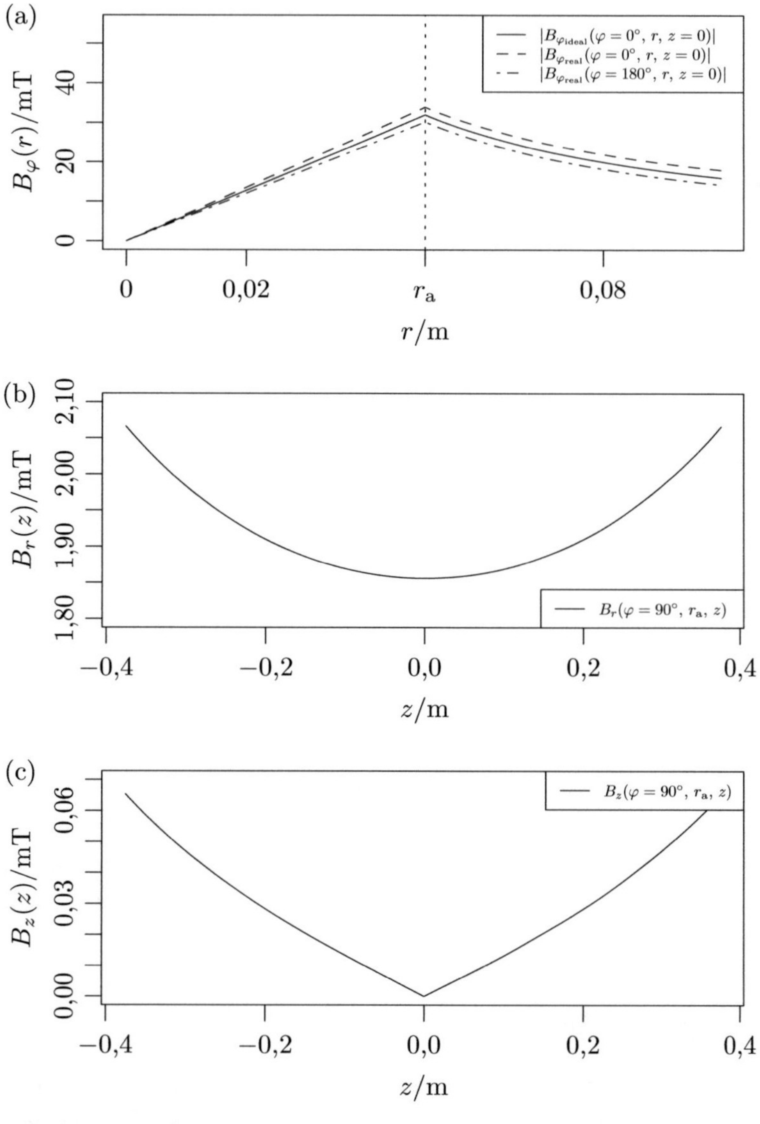

Abbildung 3.10: Magnetfeldkomponenten des TI-Experiments bei $Ha = 62{,}2$.

Obwohl die eingesetzte Metallschmelze von sich aus eine gute Wärmeleitfähigkeit besitzt, entstehen bezüglich der Zylinderwand und den Elektroden Temperaturunterschiede, die zur Konvektion oder Stratifikation führen können. Der Wärmeübergang an der Zylinderwand sorgt zunächst dafür, dass das Fluid an der Mantelfläche des Zylinders etwas abkühlt und durch die resultierende leicht höhere Dichte nach unten fällt. Gleichzeitig steigt weiter innen heißeres Material auf und kommt dabei mit der oberen gekühlten Elektrode in Berührung. Folglich sinkt auch hier die abgekühlte Metallschmelze nach unten. Im Zusammenspiel entsteht nach einiger Zeit im gesamten Zylinder ein „Wind“, der die gesuchte Instabilität überlagern oder sogar dominieren kann. Die gekühlte untere Elektrode hat in der Ausgangskonfiguration nur einen lokal begrenzten stabilisierenden Effekt.

Die Konvektion und die damit verbundenen störenden Effekte lassen sich abschwächen, indem durch einen erzwungenen Temperaturgradienten eine Stratifikation des Fluids erreicht wird. Dazu wird die obere Elektrode vom Kühlsystem entkoppelt, so dass sie sich gemeinsam mit dem darunterliegenden GaInSn erwärmen kann. Die untere Elektrode wird nach wie vor mit einer Vorlauftemperatur von $T_{\text{Vorlauf}} = 20°\text{C} \pm 2\,\text{K}$ gekühlt. Es entsteht so über die Höhe des Zylinders eine stabilisierende thermische Schichtung.

Alternativ wäre es möglich, den thermisch schlecht leitfähigen Kunststoffzylinder durch einen oberflächenpassivierten Kupferzylinder mit äußeren Kühlrippen zu ersetzen. Dadurch würden die Oberfläche und damit die thermische Leitfähigkeit der Wand vergrößert, so dass sich so eine Verbesserung des Wärmeübergangs in die Umgebung ergibt. In Folge dessen wären der Temperaturgradient im Fluid und damit die thermische Konvektion kleiner. Die elektrische Leitfähigkeit der Kupferoberfläche ließe sich dabei über eine geeignete Beschichtung unterdrücken. Dabei ist allerdings zu klären, ob und wie die gewählte Passivierung mit der eingesetzten Metallschmelze GaInSn reagiert.

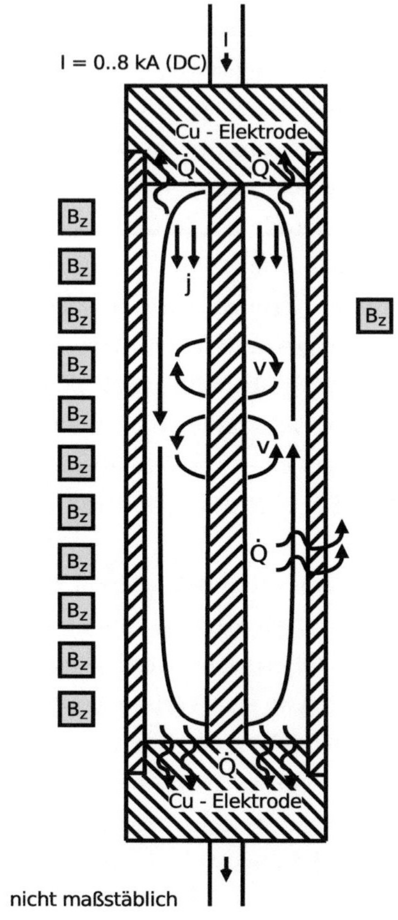

Abbildung 3.11: Die Abbildung stellt eine Idee zum Prinzip der thermischen Konvektion und des Wärmetransports im Experiment dar; Der Wärmestrom $\dot{Q}$ fließt über die Zylinderwand nach außen und über die wassergekühlten Elektroden ab. Wird die obere Elektrode nicht gekühlt, entsteht eine thermische Schichtung, die nur noch durch die Konvektion an der Zylinderwand gestört werden kann. Die kleinen Wirbel in der Mitte deuten die TI-Wirbel an.

3.3 Versuchsplanung und Durchführung

Ausgehend von den theoretischen Vorhersagen aus Kapitel 3.1 setzt die gesuchte Instabilität bei einem Strom von circa 2,8 kA ein. Dieser kritische Strom I_{krit} ist abhängig vom Geometrieparameter $\hat{\eta}$, wie es Abbildung 3.2b darstellt und wird mit zunehmenden $\hat{\eta}$ größer. Zusätzlich sind die Wachstumsraten der Instabilität von Interesse, da diese für das untersuchte Phänomen charakteristische Werte aufweisen und so für den Nachweis der Instabilität von großer Relevanz sind. Aus Abbildung 3.2a lässt sich entnehmen, dass diese Wachstumsraten in der Größenordnung von $\lambda \approx \mathcal{O}\left(10^{-3}\,\text{s}^{-1}\right)$ liegen.

Es lassen sich nun die Einfluss- und Stellgrößen für das Experiment festlegen, sowie die Randbedingungen definieren. Die drei in Tabelle 3.2 angeführten Werte des Geometrieparameters $\hat{\eta}$ werden durch zwei Kunststoffstäbe mit den Durchmessern $r_{\text{i}} = 6\,\text{mm}$ und $r_{\text{i}} = 12{,}5\,\text{mm}$ realisiert. Der Außenzylinder des Aufbaus besteht aus POM, einem weißen und harten Kunststoff. Die Wandstärke beträgt 1 cm. Das Material der beiden Innenzylinder ist PMMA(Acrylglas). Mit einer maximalen thermischen Belastbarkeit von 100°C für POM [161] und 75°C für PMMA muss bei der Versuchsdurchführung darauf geachtet werden, dass bei einer Verlustleistung von bis zu 2 kW sich der Außen- und Innenzylinder nicht dauerhaft verformt. Vorversuche ergaben, dass es aufgrund der hohen elektrischen Verluste bei maximalem Strom zu keinem thermischen Gleichgewicht unterhalb der maximalen Temperatur kommt. Der Einfluss dieser thermischen Effekte wird nachfolgend in Kapitel 3.5 diskutiert. Für die Durchführung der Versuche wird festgelegt, dass bei einer Zylinderwandtemperatur von $T_{\text{zyl}} > 50°\text{C}$ das Experiment beendet wird. Dadurch ist sichergestellt, dass sich die Kunststoffzylinder nicht dauerhaft verformen können.

Der Einfluss des externen, nicht idealen azimutalen Quellenfeldes wurde bereits in Abschnitt 3.2.3 diskutiert. Da sowohl die TI als auch das Magnetfeld der Stromversor-

Tabelle 3.2: Einfluss- und Stellgrößen des TI-Experiments

Parameter	*Einflussgröße*	*Stellgröße*
Geometrie-parameter	$\hat{\eta} < 1$ $\hat{\eta}_{\text{exp}} = \{0;\ 0{,}12;\ 0{,}25\}$	Radius eines isolierenden Innenzylinders $r_{\text{i}} = \{0;\ 6;\ 12{,}5\}$ mm
Magnetfeld	$0 < Ha < 62$	Strom der Stromquelle $I = 0 \dots 8\,\text{kA}$

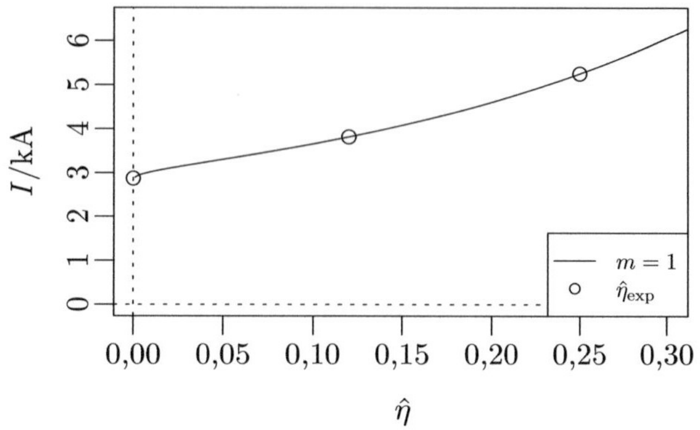

Abbildung 3.12: Wie Abbildung 3.2b, wobei hier die diskreten Durchmesser der inneren Zylinder als Punkte angedeutet sind.

Tabelle 3.3: Versuchsplan des TI-Experiments für Ströme von $I = \{0 \ldots 8\,\mathrm{kA}\}$

Obere Elektrode	*Geometrieparameter* $\hat{\eta}$	*Anzahl der Versuche*
ungekühlt	0	26
	0,12	30
	0,25	31
gekühlt	0	25
	0,12	46
	0,25	29

gung eine B_r-Komponente aufweisen, besteht die Möglichkeit, dass sich die Instabilität am äußeren Feld ausrichtet. Hinzu kommen noch die unbekannten geometrischen Abweichungen, wie Form- und Lageabweichungen der Elektroden oder der Geometrie des Zylinders, die zusätzlich die Orientierung der TI beeinflussen. Es ist also zu erwarten, dass die Winkelorientierung beim Start des Experiments durch die geometrischen Abhängigkeiten, die sich nach jedem Zerlegen und Zusammensetzen des Aufbaus ändern, bestimmt wird. Im weiteren Verlauf eines Versuches, mit stärker werdendem Magnetfeld der TI, gewinnt der Einfluss des externen Feldes an Bedeutung.

Aus den Ausführungen geht nun der Versuchsplan nach Tabelle 3.3 hervor, der die zwei Varianten der gekühlten und ungekühlten oberen Elektrode berücksichtigt.

Nach dem Beenden eines Versuches ist es zwingend erforderlich, dass das Experiment 1–2 Stunden abkühlt und sich beruhigen kann, ehe ein neuer Versuch durchgeführt wird.

Aufgrund der großen Empfindlichkeit der eingesetzten Magnetfeldsensoren werden Bewegungen von metallischen Gegenständen in der Umgebung des Versuchsstandes stets mit aufgezeichnet. Es ist daher ebenso erforderlich, eine hinreichend konstante Umgebung zu schaffen.

3.4 Datenanalyse

Dieser Abschnitt gibt zunächst einen Überblick über die Art und Struktur der Messsignale. Daraus folgen die für die Datenvorverarbeitung notwendigen Analyse- und Filterschritte. Die weitere Zerlegung der gewonnenen Zeitreihen arbeitet schließlich ein detailliertes Bild der gesuchten Instabilität heraus. Als Programmierumgebung für die Datenauswertung kommt wiederum die Skriptsprache R zum Einsatz.

3.4.1 Eigenschaften und Struktur der Daten

Der Aufbau und die Struktur der Rohdaten stellt nachfolgend die Grundlage der in Abschnitt 3.4.2 dokumentierten Verfahren der Datenverarbeitung dar. Mit dem Analyseziel, die Eigenschaften einer globalen und zeitlich abhängigen Magnetfeldverteilung zu ermitteln, werden zunächst die typischen Charakteristika der TI Datensätze anhand eines Beispiels, dem Datensatz D27, aus der Messkampagne „Ohne Kühlung“, in Abbildung 3.13 aufgezeigt. Die Zeitreihen der Rohdaten bestehen dabei jeweils aus $N \approx 3 \cdot 10^5$ Punkten.

Der präsentierte Datensatz zeigt qualitativ die Entwicklung des Magnetfeldes der elf Zeilensensoren, die entlang des Zylindermantels in einem Abstand von 7,5 cm montiert sind. Zu Beginn und zum Schluss sind eindeutig die beiden Ein- und Ausschaltvorgänge zu beobachten. Die Spanne zwischen minimaler und maximaler Magnetfeldstärke deutet ΔB_z an. Der Betrag und das Vorzeichen der sehr starken Projektion von

$$B_\varphi\left(r_s = r_\mathrm{a} + 85\,\mathrm{mm}\right)\big|_{I=7\,\mathrm{kA}} = 10{,}4\,\mathrm{mT} \tag{3.14}$$

ist dabei abhängig von der Lageabweichung der Sensoren bezüglich der Orthogonalität zu $\vec{B}_\varphi$. Die gemessenen Werte für die Spanne ΔB_z korrespondieren mit den Fertigungs- und Lagetoleranzen der Halterung sowie dem maximalen Spiel der Passung zwischen den gefrästen Taschen der Halterung und den Sensoren selbst. Mit der Näherung für kleine Winkel ergibt sich der Projektionswinkel

$$\alpha \approx \frac{\max(\Delta B_z)}{B_\varphi\left(r_s\right)} = \frac{235\,\mu\mathrm{T}}{10{,}4\,\mathrm{mT}} \approx 0{,}0226 \tag{3.15}$$

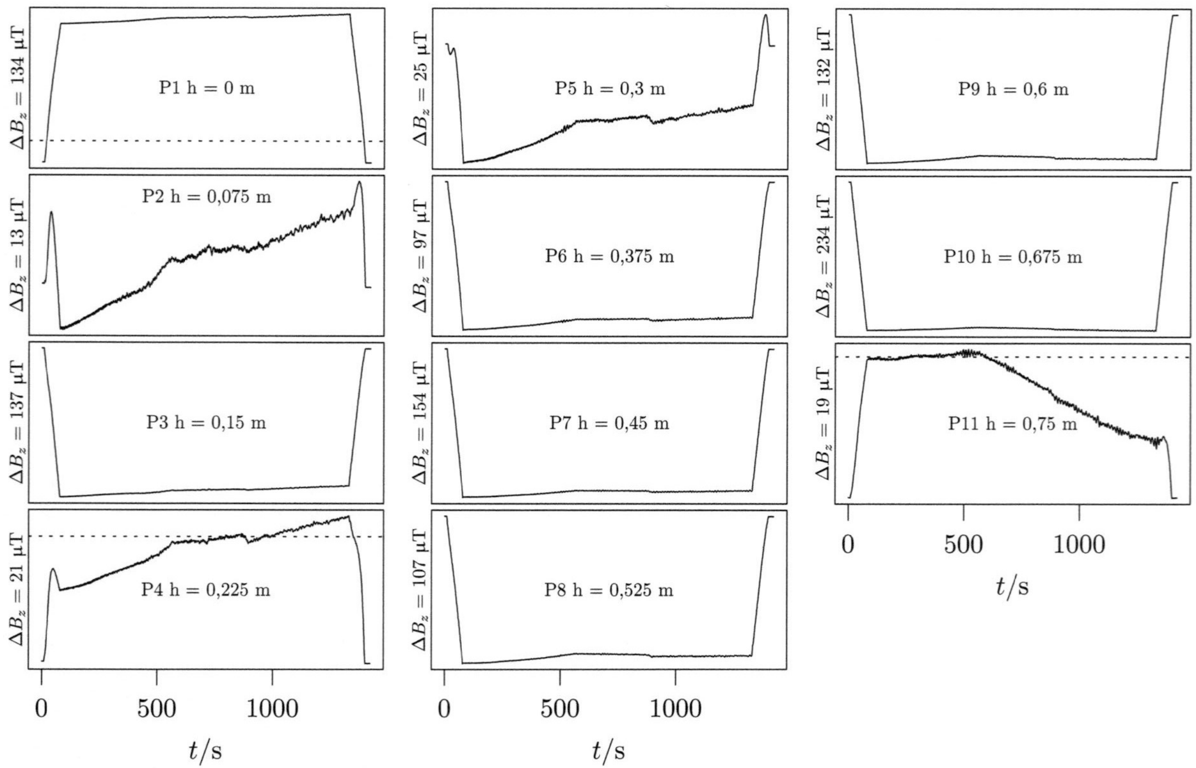

Abbildung 3.13: Das Beispiel der Rohdaten des Datensatzes D27 ohne Kühlung der oberen Elektrode mit $I = 7\,\mathrm{kA}$ und $\hat{\eta} = 0{,}25$ stellt die nicht kalibrierten Rohdaten dar.

durch den Quotienten des projizierten Anteils von B_φ auf B_z, gemessen kurz nach dem Beenden des Einschaltens, bezogen auf den theoretischen Wert des azimutalen Feldes $B_\varphi(r_s)$ an der gleichen Stelle. Aus der Multiplikation mit den Abmessungen eines Sensors lässt sich nun die maximale Lageabweichung

$$\begin{aligned} \Delta x, \Delta y \approx \alpha \cdot d_{\text{Sensor}} &= 0{,}0226 \cdot 20\,\text{mm} \\ &\approx 0{,}45\,\text{mm} \end{aligned} \tag{3.16}$$

bezüglich der zylindrischen Fluidsäule abschätzen. Da neben den fertigungsbedingten Toleranzen ebenfalls die Anzugskraft der Befestigungsschrauben einen Einfluss auf die Lage besitzt, hat der geschätzte Wert der maximalen absoluten Lageabweichung nach Gleichung (3.16) von weniger als 0,5 mm eine realistische Größe. Es wird nachfolgend davon ausgegangen, dass sich die relative Position und Ausrichtung der Sensoren während eines Versuches nicht verändert, so dass ein Zeitpunkt nach dem Einschaltereignis als Referenz- oder Kalibrierwert gesetzt werden kann.

Abbildung 3.14 fasst vorgreifend auf die Ergebnisse der Datenvorverarbeitung die elf kalibrierten Zeitreihen der Zeilensensoren P1 . . . P11 zusammen, um einige der Haupteigenschaften der Daten zu erläutern. Aus dieser Zusammenstellung geht hervor, dass sich in Abhängigkeit der Höhe, der zeitliche Verlauf der Signale verschiebt und sich zum Sensor P11 hin umkehrt. Bis zum Zeitpunkt $t = 500\,\text{s}$ kann ein nicht-lineares Anwachsen der Magnetfeldstärke verzeichnet werden. Der Wachstumsprozess endet ab diesem Zeitpunkt und die Werte stabilisieren sich zum Teil. Diese Plateauphase lässt sich in diesem Beispiel über mehrere hundert Sekunden lang beobachten. Der letzte Zeitabschnitt der Messreihen ist durch eine erneute fast lineare Änderung des Signals in eine von der Position der Sensoren abhängige Richtung geprägt. Der Versuch D27 muss nach etwa 1200 s beendet werden, da die kritische Temperatur von 50°C an der Außenwand des POM-Zylinders erreicht wurde.

3.4.2 Datenverarbeitung

Aus der aufgezeigten Struktur der Daten lässt sich schlussfolgern, dass eine Reduktion der Datenmenge und eine nachträgliche Synchronisation der Messdaten der ersten Schritte der weiteren Datenverarbeitung sind. Wie aus Abbildung 3.13 hervorgeht, sind in den Messdaten der Magnetometer der Einschalt- und Ausschaltmoment des Experiments enthalten. Diese beiden Punkte zeichnen sich durch eine sprunghafte Änderung der Werte aus, weil sich, mit dem Einschalten des Stromes, die projizierte B_φ-Komponente mit dem Sensorsignal B_z überlagert. Das Zuschneiden nach dem

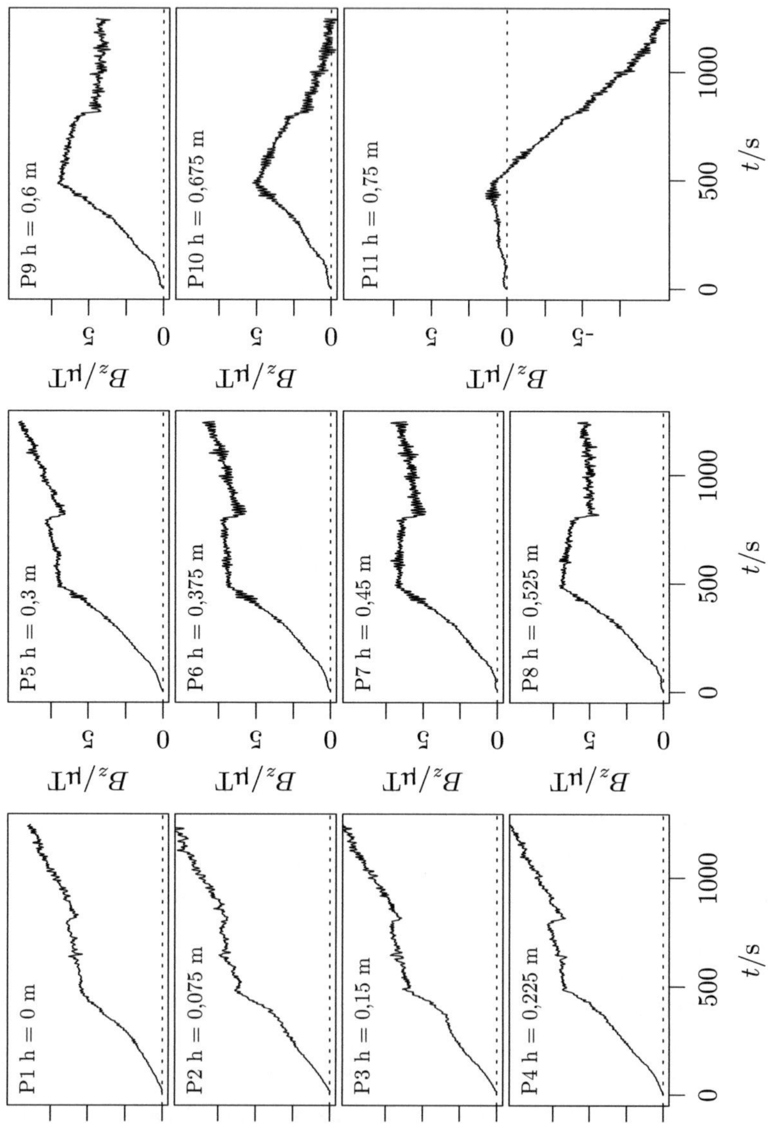

Abbildung 3.14: Die Daten für dieses Beispiel entstammen ebenfalls dem Datensatz D27 und dokumentieren das Kalibrieren der Rohdaten.

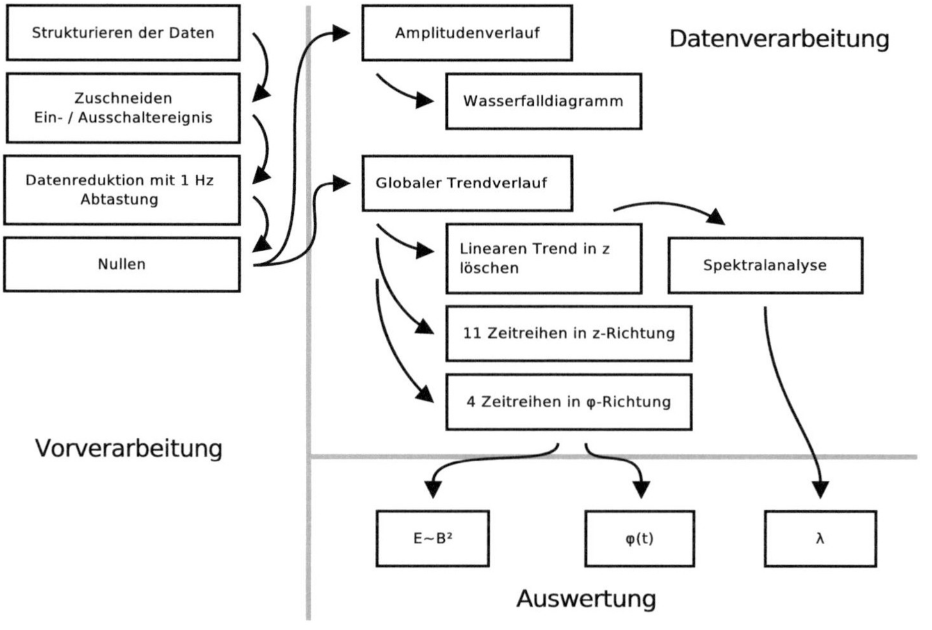

Abbildung 3.15: TI-Flussdiagramm der Datenverarbeitung und Auswertung

Einlesen besteht demnach aus einer zeitlichen Synchronisation auf den Einschaltsprung und dem Löschen nicht benötigter Abschnitte. Das Ergebnis sind Zeitreihen, die nach dem Einschaltereignis bei $t_0 = 0$ beginnen und mit dem Ausschaltereignis aufhören, wie sie in Abbildung 3.14 im Vergleich zu Abbildung 3.13 zu sehen sind.

Nachdem der Ein- und Ausschaltsprung entfernt wurde, findet die Datenreduktion statt. Die Strömung im Inneren des Zylinders induziert Magnetfelder, die eine ähnliche Dynamik aufweisen, wie die Strömung selbst. Es werden Strömungsgeschwindigkeiten von $v \approx \mathcal{O}\,(1\,\mathrm{mm/s})$ erwartet, so dass die messbaren Effekte, bei einer Abtastrate der Magnetometer von $f_\mathrm{s} = 237\,\mathrm{Hz}$, deutlich überabgetastet sind. Mit dem Ziel, die Verarbeitungszeit und das Rauschen im Datensatz zu minimieren, werden jeweils eine Sekunde der Messdaten durch den arithmetischen Mittelwert zusammengefasst. Es entstehen so neue Zeitreihen mit einer niedrigeren Abtastung $f_{\mathrm{s,neu}} = 1\,\mathrm{Hz}$.

Die Datenvorverarbeitung endet, indem die bestehenden konstanten Abweichungen jeder Zeitreihe gelöscht werden, so dass jeder Datensatz der 14 Sensoren bei $B_z\,(t = 0) \equiv 0$ beginnt. Die Messdaten beziehen sich somit auf einen Bezugspunkt, der für die Dauer des Versuches stets als konstant angesehen wird.

Die Wachstumsrate der TI beträgt in etwa $\lambda \approx \mathcal{O}\left(10^{-3}\,\mathrm{s}^{-1}\right)$ und liegt damit in der Größenordnung der gesamten Versuchszeit, so dass die relevanten Strukturen sich im globalen Trend des Messsignals abbilden. Exemplarisch wird dieses Verhalten in den ersten 500 s als nicht-lineares Wachstum in den Graphen in Abbildung 3.14 deutlich. Nach den obigen Überlegungen ist der nächste logische Schritt die Aufspaltung der Zeitreihen

$$P\,[i,j] = \overline{P}[i,j] + \tilde{P}[i,j] \tag{3.17}$$

in einen globalen Verlauf, den Absolutwert $\overline{\mathrm{P}}\,[i,j]$ und die Schwankungen um diesen Trend herum, den Amplitudenverlauf $\tilde{\mathrm{P}}\,[i,j]$. Mithilfe eines Ausgleichssplines wird der Trend des Kurvenverlaufs bestimmt. Die Subtraktion von den Messwerten führt schließlich zum Amplitudenverlauf.

3.4.3 Auswertung der Trenddaten

Die so geglätteten $\overline{\mathrm{P}}\,[i,j]$ Daten beinhalten verschiedene Informationen, die nachfolgend am Beispiel des Versuchs D27, $\hat{\eta} = 0{,}25$, „Ohne Kühlung“ diskutiert werden. Zunächst zeigt das nachfolgende Diagramm 3.16 einen typischen Verlauf der geglätteten $\overline{\mathrm{P}}\,[i,j]$ Sensordaten. Die Teilabbildungen 3.16a und 3.16c zeigen einen Farbplot, wobei die Zwischenwerte mithilfe eines B-Splines interpoliert wurden. Der Kurvenverlauf der Graphen in Teilabbildung (b) zeigt, dass durch die Filterung und Abspaltung von $\overline{\mathrm{P}}[i,j]$, die schon erwähnten Eigenschaften der Rohdaten erhalten bleiben. Teilabbildung (c) und (d) konzentrieren sich auf die vier Azimutalsensoren an Sensorposition P9. Die Tatsache, dass jeweils die gegenüber liegenden Sensoren sich nur im Vorzeichen unterscheiden, deutet den vorhergesagten $m = 1$-Charakter der Magnetfeldstrukturen an. Die simulierten Strukturen aus Abbildung 3.3 und Abbildung 3.4 unterstützen diese These zusätzlich.

Winkelabhängigkeit Aus Abbildung 3.16c geht hervor, dass sich die beiden Extremwerte von der Startposition bei 90° und 270° auf 180° bzw. 0° verschieben. Das bedeutet, dass sich die $m = 1$-Struktur im Zylinder in eine Vorzugsrichtung zu drehen scheint und sich dort stabilisiert. Ein möglicher Grund für dieses Verhalten könnte die besprochene B_r-Komponente sein. Sie entsteht durch die Zuleitungen der Stromquelle und führt in Verbindung mit dem durch die Strömungsstruktur induzierten Feld b_r zu einer Kraftwechselwirkung zwischen diesen beiden Magnetfeldkomponenten. Auf diese Weise kann das externe Feld der Zuleitungen zu einer Ausrichtung der Strömungsstrukturen führen.

Die Phasenlage

$$\varphi = \tan^{-1}\left(\frac{\mathrm{P9}_{\varphi=0°} - \mathrm{P9}_{\varphi=180°}}{\mathrm{P9}_{\varphi=90°} - \mathrm{P9}_{\varphi=270°}}\right) \tag{3.18}$$

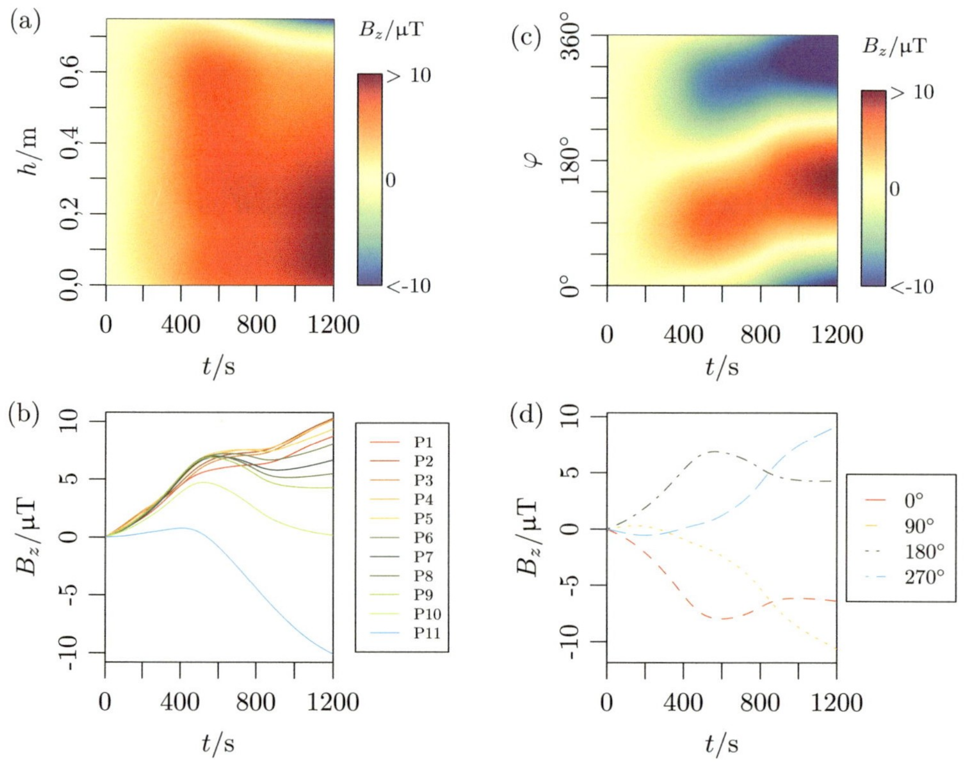

Abbildung 3.16: TI-Zeitreihen. (a) und (b) entsprechen den Zeilensensoren $\overline{\mathrm{P}}\,[i,0]$, $i \in \mathbb{Z}$, $\{0..10\}$ sowie (c) und (d) den Azimuthalsensoren $\overline{\mathrm{P}}\,[9,j]$, $j \in \{0;\ 1;\ 2;\ 3\}$

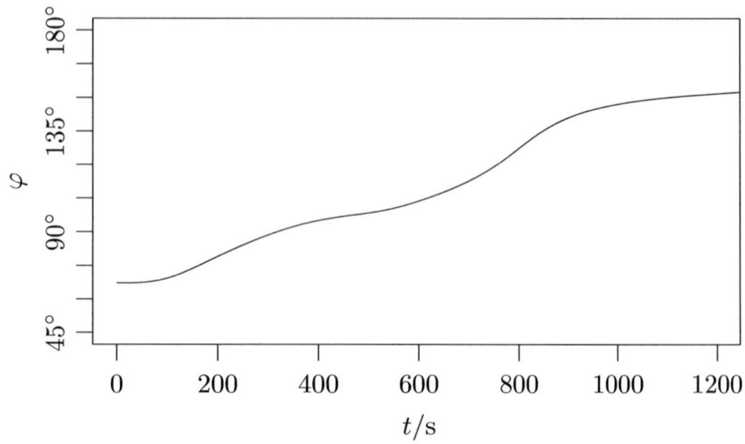

Abbildung 3.17: Phasenlage der TI an Position P9.

der Magnetfeldstrukturen $B_z(\varphi)$ ist in Abbildung 3.17 gegeben. Diese Darstellung des Phasenwinkels bestätigt die Aussage, dass sich, von einer Startposition ausgehend, die Orientierung der Magnetfeldverteilung während der Versuchszeit ändert und scheinbar gegen eine Endlage bei $\varphi = 150°$ konvergiert. Ob diese Endlage stabil ist, kann nicht gesagt werden, da durch die zunehmende Erwärmung des Fluids die Versuche zeitlich begrenzt sind.

Berechnung der Energien Die Gesamtenergie der Instabilität lässt sich mit den vier Azimutalsensoren für die Position 9 ermitteln. Da dieser Sensorring den kompletten Umfang des Zylinders abdeckt, ist dieser Wert unabhängig von der Phasenlage der Magnetfeldverteilung. Der Betrag der kinetischen Energie im Fluid ist aufgrund des Wirkmechanismus der TI mit dem Betrag der messbaren induzierten Magnetfeldstärke b_z verknüpft. Abbildung 3.6 verdeutlicht dazu die Wechselwirkung zwischen der v_z-Komponente des Wirbels, die einen Strom I_φ induziert, der seinerseits ein außen messbares Magnetfeld b_z hervorruft.

Für einen qualitativen Vergleich innerhalb der Versuchsreihen reicht es nach der Abschätzung

$$\begin{aligned} E \sim v_z^2 \sim \frac{1}{2}\int B_z^2 dV \\ \sim \Big(B_z(\varphi = 0°)^2 + B_z(\varphi = 90°)^2 + B_z(\varphi = 180°)^2 + B_z(\varphi = 270°)^2\Big) \end{aligned} \tag{3.19}$$

aus, die Messwerte der Magnetfeldstärke der vier Sensoren quadratisch zu summieren.

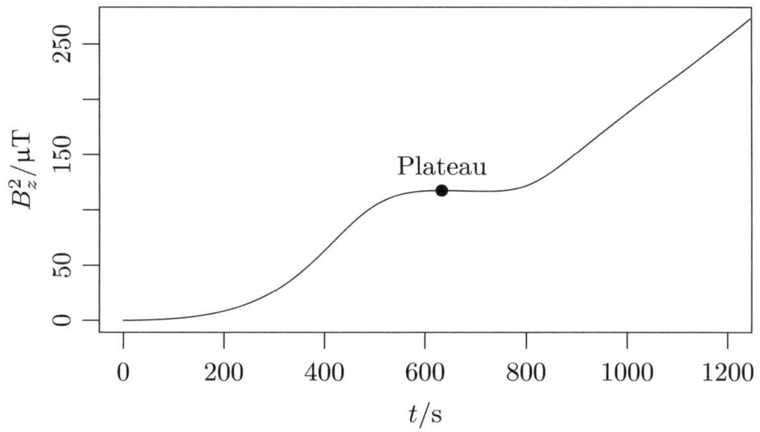

Abbildung 3.18: Energieverlauf der TI, berechnet aus den Azimutalsensoren.

Das Ergebnis ist ein Wert $E(t)$, der nachfolgend als Maß des kinetischen Energiegehalts genutzt wird.

Auffällig am zeitlichen Verlauf des Graphen in Abbildung 3.18 ist das Plateau bei $t \approx 600\,\mathrm{s}$, welches das nichtlineare Wachstum abschließt. Zu diesem Zeitpunkt herrscht ein kurzzeitiger Gleichgewichtszustand, der ab $t = 800\,\mathrm{s}$ durch einen weiteren Wachstumsprozess abgelöst wird. Bis zum Ende des Versuchs wird kein erneuter Gleichgewichtszustand erreicht.

Das Verhalten, nach dem nicht-linearen Wachstum ein Plateau oder Sattelpunkt auszubilden, ist typisch für alle Experimente zur Tayler-Instabilität. Bei einigen Versuchen konnte die Herausbildung von mehreren Plateaus beobachtet werden, was auf mehrere metastabile Zustände während der Entwicklung der TI hindeutet.

Das nicht-lineare Wachstum am Beginn der Zeitreihe lässt sich nicht ausschließlich durch exponentielles Wachstum erklären. Vielmehr sind verschiedene, sich überlagernde Effekte in dieser Kurve enthalten, die zu dem oben aufgezeigten nicht-linearen Wachstum führen. Nähere Untersuchungen dieser Kurve für mehrere Versuche ergaben, dass der Betrag des größten exponentiellen Wachstums mit den theoretischen Werten für die jeweiligen λ korrespondiert.

Die nachfolgende spektrale Zerlegung der Daten der Sensorzeile liefert einen deutlich stabileren Nachweis des exponentiellen Wachstums, so dass auf die Auswertung der Kurve $E(t)$ nicht näher eingegangen wird.

Spektrale Zerlegung und Bestimmung der Wachstumsraten Entlang der z-Achse lässt sich die b_z-Magnetfeldverteilung beobachten, die durch die Ausprägung der Strömungsstrukturen und durch die Wechselwirkung mit $\vec{B}_\varphi$ induziert wird. Dabei entspricht die Verteilung von b_z auch der Variation von v_z entlang der Zylinderachse. Diese Aussage wird durch die Simulationsergebnisse, wie sie in Abbildung 3.4 zu sehen sind, gestützt. Die TI startet im Beispiel D27, „Ohne Kühlung“ mit $\hat{\eta} = 0{,}25$, in einer Orientierung, bei der die Extremwerte der azimutalen b_z-Verteilung in Richtung der Zeilensensoren zeigen. Aus den Ausführungen in Abschnitt 3.1 geht hervor, dass die theoretische Wellenlänge etwa $l_{z,\mathrm{th}} \approx 12\,\mathrm{cm}$ beträgt. Die nachfolgende Zerlegung der Zeilendaten gibt Aufschluss darüber, in welche Spektralanteile sich das Signal aufteilt und wie sich einzelne Wellenlängen zeitlich verhalten.

Für die Berechnung des Amplitudengangs wird die Programmiersprache R und die Funktion „spec.lomb“ aus dem Paket „nlts“ verwendet. Diesem hier eingesetzten Algorithmus zur Spektralzerlegung liegt die Methode nach N. R. Lomb und J. Scargle zugrunde [151]. Sie erlaubt, nicht gleichmäßig abgetastete Messwerte im Frequenzraum mit beliebig vielen Frequenzen zu untersuchen. Im Gegensatz zur diskreten Fouriertransformation (DFT) ergibt sich hier ein kontinuierliches Amplitudenspektrum. Eine Herleitung und Betrachtung des Lomb-Scargle-Verfahrens ist in Anlage 3 gegeben.

In Abbildung 3.19a ist farblich das Amplitudenspektrum $A(t, \lambda)$ als Funktion der Zeit und der Wellenlänge l_z gegeben. Es sind vier dominierende Moden zu erkennen, die bei $l_z = \{0{,}18;\ 0{,}24;\ 0{,}36;\ 0{,}71\}$ m liegen. Die untere Teilabbildung (b) stellt den Amplitudenverlauf der Moden als Zeitreihe dar. Dabei fällt auf, dass die Beruhigungsphase der drei kürzesten Wellenlängen nach dem Einschaltereignis in einen exponentiellen Anstieg übergeht. Ab dem Zeitpunkt $t = 260\,\mathrm{s}$ dominiert dann die längste Mode das System. Der Knick der Linien, sowie der folgende synchrone Verlauf sind Hinweise darauf, dass sich die kleineren Strukturen der globalen Mode mit $l_z = 0{,}71\,\mathrm{m}$ unterordnen und ab diesem Moment von ihr bestimmt werden.

Eine mögliche Ursache für das Auftreten eines global verteilten b_z ist die thermische Konvektion, die ab einem bestimmten Zeitpunkt in Form eines „Windes“ den gesamten Zylinder durchdringt. Ein Beispiel dafür ist in Abschnitt 3.2.4 gegeben. Abbildung 3.16a unterstützt diese These, da hier ab $t \approx 250\,\mathrm{s}$ eine globale Gleichverteilung von b_z zu verzeichnen ist. Die mit $l_z = 0{,}71\,\mathrm{m}$ identifizierte längste Mode stellt also die erste Oberwelle des thermischen Winds dar.

Mit Bezug auf den Phasenwinkel der Feldverteilung aus Abbildung 3.17 kann der weitere Verlauf der Graphen interpretiert werden. Da die $m = 1$-Struktur offensichtlich während des Versuches die Ausrichtung ändert, deutet der undifferenzierte Fortgang der Funktionen ebenfalls darauf hin, dass sich die kurzwelligen messbaren Strukturen

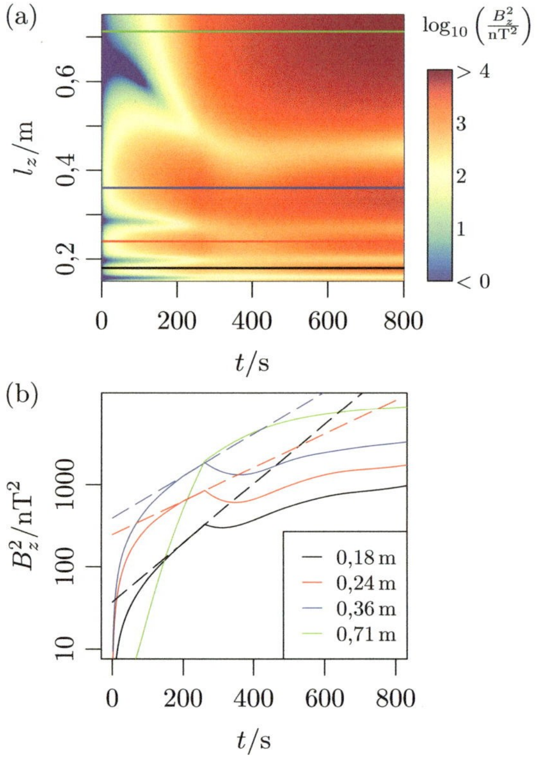

l_z	λ
0,18 m	0,0041 s^{-1}
0,24 m	0,0023 s^{-1}
0,36 m	0,003 s^{-1}

Abbildung 3.19: Spektrale Zerlegung der $\overline{\mathrm{P}}\,[i,1]$-Daten [135].

von der Sensorleiste weggedreht haben. Es deutete sich im Vergleich mit den anderen Versuchen an, dass die Startorientierung der TI ab und zu nicht in Richtung der Sensorzeile zeigte, so dass für einige Versuche das Ermitteln der Wachstumsraten nicht möglich war.

Die kürzeste Wellenlänge ist hier mit $\min(l_z) = 0{,}18\,\mathrm{m}$ angegeben. Für die spektrale Zerlegung diskreter gleichmäßig abgetasteter Messwerte folgt aus dem Abtasttheorem, dass bei einem Signal mit N Stützstellen die Amplitudenverteilung periodisch mit der Abtastfrequenz $f_\mathrm{s} \propto \frac{2\pi}{N}$ im Bildbereich auftaucht. Eine Herleitung dieser Eigenschaft für die diskrete Fouriertransformation ist in Anlage 4 gegeben. Für gleichmäßig abgetastete Signale bildet die diskrete Fouriertransformation einen Spezialfall der hier angewendeten Spektralzerlegung nach Lomb-Scargle [162]. Das bedeutet, dass alle Eigenschaften der DFT auch vom Lomb-Scargle-Periodogramm erfüllt werden. Für nicht bandbegrenzte Signale mit $f_\mathrm{max} > \frac{f_\mathrm{s}}{2}$ gilt, dass die Zuordnung von einzelnen Frequenzen im Bildbereich auf physikalische Ereignisse nicht eindeutig ist.

Im vorliegenden Fall wird eine theoretische Wellenlänge von $l_{z,\mathrm{th}} \approx 12\,\mathrm{cm}$ erwartet, aber gleichzeitig die Magnetfeldverteilung mit einem Abstand von $d_\mathrm{Fluxgate} = 7{,}5\,\mathrm{cm}$ abgetastet. Die halbe Abtastrate $\frac{f_\mathrm{s}}{2}$ ist damit kleiner als $f_{z,\mathrm{th}} = 1/l_{z,\mathrm{th}}$,

$$\begin{aligned} \frac{1}{l_{z,\mathrm{th}}} &> \frac{1}{2d_\mathrm{Fluxgate}} \\ \frac{1}{12\,\mathrm{cm}} &> \frac{1}{15\,\mathrm{cm}}, \end{aligned} \tag{3.20}$$

so dass eine Unterabtastung entsteht. Frequenzen mit $f > \frac{f_\mathrm{s}}{2}$ werden demnach, als Folge der Unterabtastung in den unteren Frequenzbereich $0 < f \leq \frac{f_\mathrm{s}}{2}$ abgebildet. Diese Aliasfrequenzen f_z^*, spiegeln die echten Frequenz $f_z = 1/l_z$ aus dem oberen Frequenzband $\frac{f_\mathrm{s}}{2} < f_z < f_\mathrm{s}$ wieder. Eine Umrechnung zwischen beiden kann wie folgt angegeben werden:

$$\begin{array}{ccccc} f_\mathrm{s} & - & f_z & = & f_z^* \\ d_\mathrm{Fluxgate}^{-1} & - & l_z^{-1} & = & l_z^{*-1} \\ \dfrac{1}{0{,}075\,\mathrm{m}} & - & \dfrac{1}{0{,}18\,\mathrm{m}} & = & \dfrac{1}{0{,}128\,\mathrm{m}}. \end{array} \tag{3.21}$$

Das reale, teilweise unterabgetastete, nicht bandbegrenzte Signal besitzt eine gemessene kürzeste Mode mit $l_z = 0{,}18\,\mathrm{m}$, die durch die mehrdeutige Zuordnung ebenfalls mit einer Wellenlänge von $l_z^* = 0{,}128\,\mathrm{m}$ korrespondiert. Allerdings lässt sich ohne eine weitere Zusatzinformation an dieser Stelle keine Aussage darüber treffen, welche der beiden Werte für l_z der wahren Wellenlänge entspricht.

3.4.4 Auswertung der Schwankungen

Die $\tilde{\mathrm{P}}[i,j]$-Daten stellen die Schwankungen dar, welche sich um den Trendverlauf $\overline{\mathrm{P}}[i,j]$ ausbilden. Diese Daten beinhalten die kurzzeitigen Änderungen der Messwerte und lassen Rückschlüsse auf die dynamischen Prozesse im Zylinder zu.

Einfluss der thermischen Konvektion Einer der wesentlichsten Störeinflüsse auf das Experiment zur Tayler-Instabilität ist die thermische Konvektion. Sie wird hervorgerufen durch die Ohm'schen Verluste von bis zu $P_{\mathrm{max}} \leq 2\,\mathrm{kW}$, welche zu einer starken Erwärmung der Metallschmelze und damit zu einer konvektiven Strömung führen. Die Wärmeübergänge in den gekühlten Elektroden und der Zylinderwand führen dabei zu einer globalen Strömungsstruktur, die das gesamte System beherrschen kann. Eine Skizze dieses Phänomens ist in Abschnitt 3.2.4 entwickelt.

Zum Erhalt der Betriebssicherheit der Anlage ist aufgrund der hohen elektrischen Verlustleistungen von mehreren Kilowatt eine aktive Wasserkühlung der Stromquelle sowie der Zuleitungen notwendig. Die beiden Kupferelektroden, die den Versuchsraum begrenzen, gehören dabei ebenfalls zu den gekühlten Elementen. Es stellte sich heraus, dass die Kühlung der oberen Elektrode einen signifikanten Einfluss auf das Experiment hatte. Abbildung 3.20 und Abbildung 3.21 stellen dazu die Auswirkungen der zwei Kühlungskonzepte gegenüber. Zu sehen sind in den Teilabbildungen (a) die $\tilde{\mathrm{P}}[i,j]$-Daten. Diese werden mithilfe einer Amplitudendemodulation bei verschiedenen Frequenzen gefiltert, so dass das „Wasserfall"-Diagramm in den Teilabbildungen (b) und (c) entsteht. Dadurch wird ein Zusammenhang zwischen der Amplitude $A := f(t, f)$ bei einer bestimmten Frequenz zu einer bestimmten Zeit hergestellt.

In der ersten Versuchsreihe, „Mit Kühlung", entsteht sowohl an der oberen als auch an der unteren Elektrode des Experiments ein Temperaturgradient. Dieser führt im unteren Teil zu einer Stratifikation, einer sich stabilisierenden Dichteschichtung der Metallschmelze. Oben entsteht jedoch eine konvektive Strömung, da sich hier die Richtung des Temperaturgradienten umkehrt und die abgekühlte Metallschmelze herabsinkt, während wärmeres Fluid aufsteigt. Das Resultat sind stark verschliffene Magnetfeldprofile in den $\overline{\mathrm{P}}[i,j]$-Daten und ein starker kurzwelliger Signalanteil in den $\tilde{\mathrm{P}}[i,j]$-Daten, wie sie in Abschnitt 3.2.4– „Mit Kühlung" zu sehen sind. Die bestimmbaren Wachstumsraten und Wellenlängen korrespondieren dabei nicht mit den theoretischen Werten.

In der zweiten Versuchsreihe „Ohne Kühlung" wurde die obere Elektrode vom

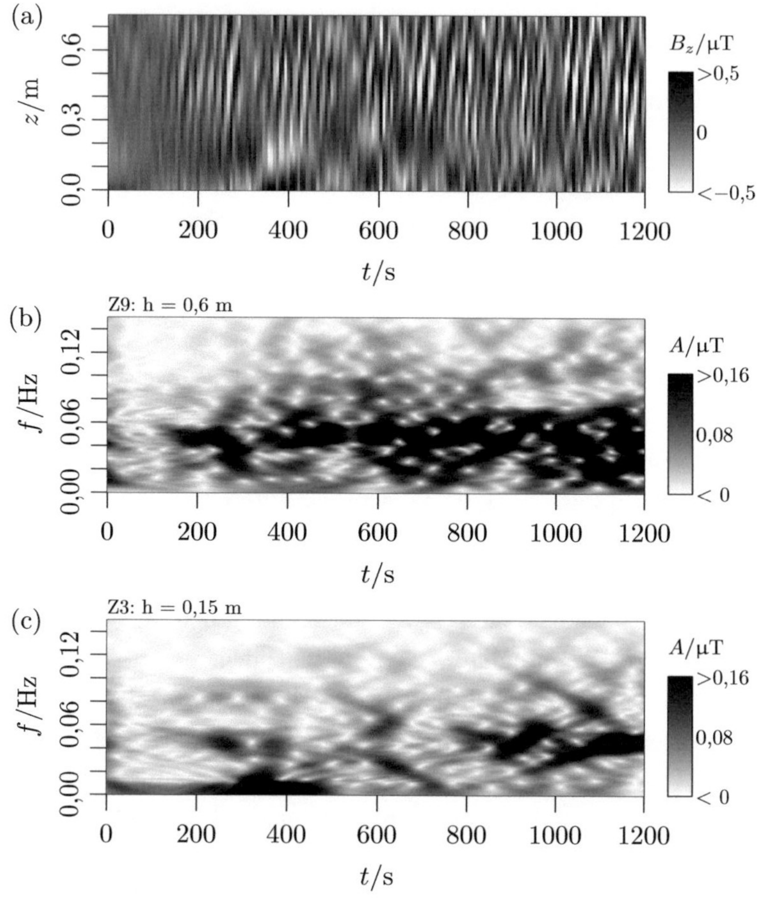

Abbildung 3.20: Dargestellt ist der Einfluss der Stratifikation *mit* Kühlung der oberen Elektrode aus Datensatz D17-„Mit Kühlung“. Folgende Parameter gelten: $I = 6{,}5\,\mathrm{kA}$ und $\hat{\eta} = 0{,}25$.

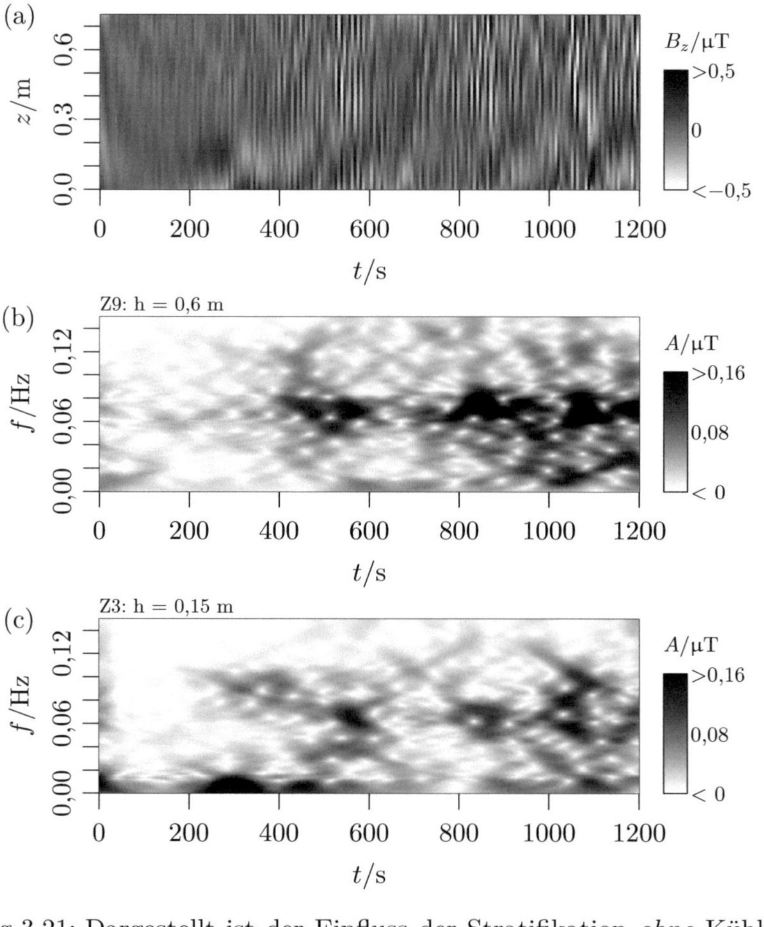

Abbildung 3.21: Dargestellt ist der Einfluss der Stratifikation *ohne* Kühlung der oberen Elektrode aus Datensatz D20-„Ohne Kühlung“. Folgende Parameter gelten: $I = 6{,}5\,\mathrm{kA}$ und $\hat{\eta} = 0{,}25$.

Kühlsystem getrennt, so dass sie sich mit dem Fluid zusammen erwärmen kann. Durch die alleinige Kühlung am Boden folgt eine Dichteschichtung der Metallschmelze, die nun einen stabilisierenden Einfluss auf die konvektive Strömung im Zylinder zur Folge hat. Dieser Effekt ist im Vergleich zwischen den beiden Abbildungen „Mit Kühlung" und „Ohne Kühlung" zu erkennen. Hier sind die Amplitudenwerte des Versuchs ohne Elektrodenkühlung wesentlich kleiner als die der gekühlten Variante. Außerdem geht aus den Abbildungen hervor, dass in der Variante „Mit Kühlung" die dynamischen Prozesse gleich nach Beginn des Experiments einsetzen, so dass sie als zusätzliche Störgröße auf die Instabilität wirken. Im Gegensatz dazu herrscht im Falle der ungekühlten oberen Elektrode in den ersten 500 s eine nahezu störungsfreie Situation vor, in der sich die TI entwickeln kann.

3.5 Ergebnisse und Diskussion

In den vorangegangenen Abschnitten 3.1 und 3.4 wurde die Tayler-Instabilität sowohl theoretisch als auch experimentell betrachtet. In Abschnitt 3.4 sind durch geeignete Analyseverfahren wichtige Eigenschaften der Daten herausgearbeitet worden. Das Ausbilden eines Plateaus im Energieverlauf und die Wachstumsraten der kleinsten Wellenlänge, welche in der Größenordnung von $\lambda \approx \mathcal{O}\left(10^{-3}\,\mathrm{s}^{-1}\right)$ liegt, weisen daraufhin, dass neben globalen Effekten, wie der Konvektion, ebenfalls Signale enthalten sind, die sich nach der gegebenen Theorie der TI zuordnen lassen. Das zusammenfassende Bild dieser Instabilität, in Abhängigkeit von den Stellgrößen I und $\hat{\eta}$, wird nachfolgend diskutiert.

Eine Gegenüberstellung der Wachstumsrate λ sowie der Energie der induzierten b_z-Komponente in Abhängigkeit vom Strom durch das Fluid zeigt, für drei verschiedene Innenzylinderradien, Abbildung 3.22.

Anhand des Graphen für $\hat{\eta} = 0$ in der Teilabbildung (a) lassen sich zwei Dinge erkennen. Zum einen liegen die experimentellen Werte für λ unterhalb der theoretischen Wachstumsrate, so dass sich die Instabilität im realen Experiment etwas langsamer als erwartet entwickelt. Da die theoretischen Kurven Werte des maximal möglichen λ_{opt} im unendlich langen Zylinder, ohne externe Störeinflüsse, angeben, passt ein leicht verzögertes Anwachsen der Messgrößen ins Bild eines realen Versuches.

Die für $r_{\mathrm{i}} = 0$ beobachteten Eigenschaften werden zudem durch die Finite-Volumen-Simulation des experimentellen Aufbaus durch N. Weber et al. [117] gestützt. Hier liefert die Simulation ebenfalls eine reduzierte Wachstumsrate für die reale Anordnung bei $r_{\mathrm{i}} = 0$, wie es die gestrichelte Linie andeutet.

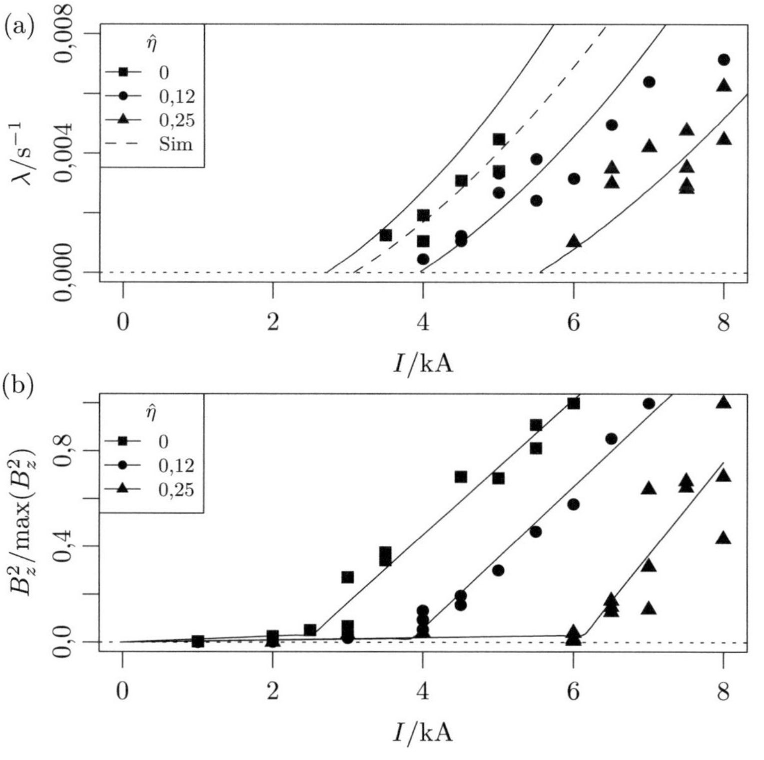

Abbildung 3.22: Wachstumsraten und Magnetfeldentwicklung der TI.

An den Datenpunkten in Teilabbildung (a) fällt ebenso auf, dass die Varianz der Punkte bei steigendem Strom zunimmt. Wegen der ohmschen Verlustleitung $P \propto I^2$ steigt der Einfluss von Temperaturabhängigkeiten. Materialwerte, wie die Viskosität und die Dichte ändern sich mit der Temperatur des Fluids. Ebenso nimmt die Stärke der konvektiven Störung mit steigendem Strom überproportional zu. Dass schließlich für $\hat{\eta} > 0$ die Werte für λ nicht ausschließlich unterhalb der theoretischen Linie zu finden sind, könnte am Einfluss der thermischen Effekte auf die Strömung liegen. Diesen Sachverhalt, dass die TI in Konkurrenz mit einem zusätzlichen Wärmeeffekt steht, veranschaulichen Abbildung 3.19 und Abschnitt 3.2.4. Die erhöhte Varianz der Messpunkte bei zunehmendem Strom stellt damit eine begründete Tatsache dar.

Die Ursache für die unterschiedliche Anzahl an Datenpunkten in den Teilabbildungen (a) und (b) ist die zufällige Ausrichtung der TI zu Beginn des Experiments. Die Spektralzerlegung der Zeilensensordaten liefert in Abhängigkeit der Startorientierung nicht immer ein erkennbares exponentielles Wachstum der kleinsten Wellenlänge. Demgegenüber lassen sich aber die Energiewerte am Sensorring unabhängig von der Phasenlage der TI-Wirbel bestimmen.

Der Energieverlauf in Teilabbildung (b) ist typisch für eine Vielzahl von physikalischen Systemen, die in Abhängigkeit eines Stellparameters Φ eine Art Phasenübergang vollziehen können. Hier besteht eine funktionale Abhängigkeit zwischen Sättigungsniveau der Messgröße A und der Stellgröße Φ [163] in der Form

$$A \propto (\Phi - \Phi_{\text{krit}})^{\beta} . \tag{3.22}$$

Dabei ändert sich ab einem kritischen Wert Φ_{krit} das Systemverhalten in der Art, dass der Parameter β einen neuen konstanten Wert annimmt. Insbesondere bei Instabilitäten der MHD und der Hydrodynamik beträgt der Exponent $\beta = \frac{1}{2}$, so dass der charakteristische Verlauf der Kurven in Abbildung 3.22b eine nach Gleichung (3.22) typische Struktur

$$B_z \propto (I - I_{\text{krit}})^{\beta} , \text{mit } \beta = \begin{cases} 0, & I < I_{\text{krit}} \\ \frac{1}{2}, & I \geq I_{\text{krit}} \end{cases} \tag{3.23}$$

aufweist.

Aufgrund des konvektiven Einflusses im Experiment lässt sich kein stabiles Sättigungsniveau der Energie der Instabilität beobachten. Anstelle dieses treten die in Abbildung 3.18 dargestellten Plateaus auf, welche auf eine kurzzeitige Stabilisierung

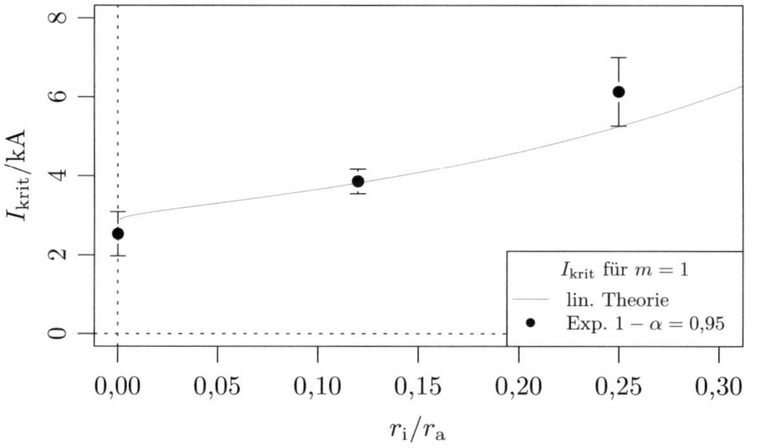

Abbildung 3.23: Die gemessenen kritischen Ströme werden hier der Theorie gegenüber gestellt.

der TI hindeuten, bevor die langwelligen Effekte das System dominieren. Die Werte dieser besonderen Punkte sind in Abbildung 3.22b zusammengefasst und stellen einen Zusammenhang zwischen der Stellgröße I und der Energie $E \propto B_z^2$ her. Es ist klar erkennbar, dass in Abhängigkeit des Geometrieparameters $\hat{\eta}$ die Werte für den kritischen Strom I_{krit} variieren. Dabei wird I_{krit} mit einem stückweise linearen Modell bestimmt. Die ermittelten Werte und die dazu gehörigen Konfidenzintervalle für $1 - \alpha = 0{,}95$ sind in Tabelle 3.4 aufgelistet.

Zum Nachweis der Unabhängigkeit der verschiedenen I_{krit} wird der Welch-Test eingesetzt. Dieser gibt Auskunft darüber, ob zwei Stichproben mit gemessenem Mittelwert μ und empirischer Streuung s zur selben Grundgesamtheit gehören oder nicht. Geprüft wird die Null-Hypothese $\mu_0 = \mu_1$, ob die Mittelwerte $\mu = I_{\mathrm{krit}}$ paarweise zur selben Grundgesamtheit gehören. Im Ergebnis muss mit einer Wahrscheinlichkeit von $1 - \alpha = 95\%$ diese Null-Hypothese abgelehnt werden. Es lassen sich damit die Werte der berechneten kritischen Ströme I_{krit} eindeutig voneinander unterscheiden und gehören so zu verschiedenen Prozessen. Es folgt, dass ein signifikanter Zusammenhang zwischen Geometrieparameter und kritischem Strom nicht ausgeschlossen werden kann. Abbildung 3.23 stellt die gefundenen kritischen Ströme den theoretischen Werten gegenüber.

Mit den gefundenen Wachstumsraten λ der Wellenlänge $l_z = 18\,\mathrm{cm}$, konnte die TI durch die charakteristischen Wachstumsraten experimentell nachgewiesen werden. Mit der Unterabtastung durch den großen Sensorabstand und der Spektralanalyse folgt eine Mehrdeutigkeit zur Wellenlänge $l_z^* = 12{,}8\,\mathrm{cm}$. Im Vergleich zum theoretischen

Tabelle 3.4: Kritische Ströme und normierte Magnetfelder

$\hat{\eta}$	$I_{\text{krit}}\vert_{1-\alpha=0{,}95}$	$B^2_{z,\max}$
0	$(2{,}23 \pm 0{,}56)$ kA	31 $(\mu\text{T})^2$
0,12	$(3{,}86 \pm 0{,}31)$ kA	275 $(\mu\text{T})^2$
0,25	$(6{,}13 \pm 0{,}86)$ kA	860 $(\mu\text{T})^2$

Wert von $l_{\text{th}} \approx 12\,\text{cm}$ als Strukturgröße der TI, ließe sich eine Übereinstimmung feststellen. Verstärkt wird dies durch die Tatsache, dass ganzzahlige Vielfache von $n \cdot l_z^* \approx \{24;\ 36;\ 72\}$ cm, $n \in \{2;\ 3;\ 6\}$ messbar sind, die ebenfalls exponentielles Wachstum aufweisen. Nachdem die langwelligen Effekte das System dominieren, zählen sie als Oberwellen, so dass $l_z = 18\,\text{cm}$ eine echte Aliasfrequenz zu $l_z^* = 12{,}8\,\text{cm}$ sein könnte. Durch diese Mehrdeutigkeit der Spektralanalyse und eine fehlende Apriori-Information über die Bandbegrenzung des Messsignal oder Ähnlichem, bleibt die Bestimmung der wahren Wellenlänge durch die Magnetfelddaten offen. Um $l_z^* \leftrightarrow l_{\text{th}}$ zu bestätigen, müssen erneut Experimente mit einer verbesserten Sensoranordnung, also höherer Abtastung oder mit Ultraschall durchgeführt werden.

Aktuelle Untersuchungen, deren Analyse allerdings nicht Teil dieser Arbeit ist, wenden die Ultraschallmesstechnik an, um die Geschwindigkeitskomponenten v_z der TI-Wirbelstruktur zu ermitteln. Abbildung 3.24a zeigt beispielhaft einen Ausschnitt einer solchen zweidimensionalen Zeitreihe der Vorversuche. Sie zeigt die örtliche Verteilung der Geschwindigkeit in Abhängigkeit der Zeit. Der konkrete Versuch fand bei $I = 4\,\text{kA}$ und mit $\hat{\eta} = 0$ statt. Die Tiefe d bezeichnet hier den Abstand vom Ultraschallsensor, der durch die obere Elektrode ins Fluid ragt. Ein Abstand von $d = 0{,}75\,\text{m}$ vom Sensor zeigt die Oberfläche der unteren Elektrode an. Es ist in der Teilabbildung (a) deutlich zu erkennen, dass im oberen Bereich des Zylinders $d < 0{,}1\,\text{m}$, direkt unter dem Sensor ein starkes, verrauschtes Signal zu verzeichnen ist. Ab einer Tiefe von $d > 0{,}1\,\text{m}$ zeigen die Daten an, dass bis zum Boden mehrere Doppelwirbel entstehen, deren Wellenlänge nachfolgend ermittelt werden soll. In Abbildung 3.24b ist dazu die zeitlich gemittelte Geschwindigkeit als durchgezogene Linie in Abhängigkeit der Tiefe gegeben. Der skizzierte Auswertebereich schließt den oberen Abschnitt der Daten aus, da dieser durch die Nähe zum Sensor von den dort herrschenden Einflüssen des imperfekten Übergangs von der Elektrode ins Fluid geprägt ist. Der nutzbare Ausschnitt $0{,}2\,\text{m} < d < 0{,}75\,\text{m}$ wird mithilfe der Spektralanalyse nach Lomb-Scargle zerlegt. Der Amplitudengang ist dazu in Teilabbildung (c) gegeben und weist dabei

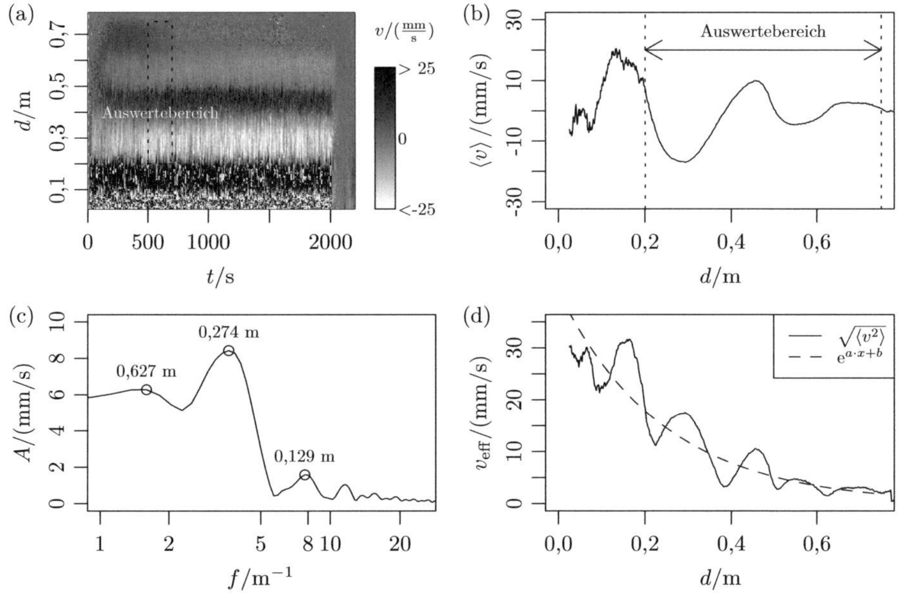

Abbildung 3.24: Die Ultraschallversuche gehören zu einer Reihe von Vorversuchen einer weiterführenden Arbeit. Die dargestellten Daten wurden bei $\hat{\eta} = 0$ und $I = 4\,\text{kA}$ gemessen. Teilabbildung (a) stellt die 2D Zeitreihe der Ultraschallmessung dar. In (b) ist ein über den Auswertebereich zeitlich gemitteltes Geschwindigkeitsprofil gegeben. Die Teilabbildungen (c) und (d) geben die Spektralzerlegung und den Effektivwert von (b) an.

Ähnlichkeiten zu den Amplituden der Magnetfelddaten aus Abbildung 3.19 auf. Aus der nebenstehenden Abbildung 3.24c geht hervor, dass bei $l_z \approx 13\,\mathrm{cm}$ der Amplitudengang ein lokales Maximum aufweist. Dieser Wert korrespondiert mit der theoretischen Wellenlänge der TI, so dass davon ausgegangen werden kann, dass es sich bei der aus den Magnetfelddaten ermittelten Frequenz l_z^* um einen echten spektralen Aliaseffekt handelt. Weiterhin ist die Wellenlänge $l_z \approx 27\,\mathrm{cm}$ in der gemittelten Geschwindigkeitsverteilung aus Teilabbildung (b) dominant. Ebenfalls in großer Ähnlichkeit zu den Magnetfelddaten existiert eine $l_z \approx 62\,\mathrm{cm}$ Struktur, welche fast die gesamte Höhe des Zylinders einnimmt. In beiden Datensätzen wird die kurzwellige Struktur der TI durch langwellige Anteile, die den gesamten Messbereich ausfüllen, überlagert. Ob die Möglichkeit einer Wellenlängendopplung von $l_z = 27\,\mathrm{cm} \approx 2 \cdot 12{,}5\,\mathrm{cm}$ besteht, müssen zukünftig Untersuchungen zeigen, welche ebenfalls die Konvektion mit einbeziehen.

Der Effektivwert der zeitlich gemittelten Geschwindigkeit

$$v_{\mathrm{eff}}\,(d) = \sqrt{\frac{1}{T}\int v(d,t)^2\,\mathrm{d}t} \tag{3.24}$$

aus Teilabbildung (d) besteht aus der Überlagerung von einem, den ganzen Zylinder dominierenden Trend $\overline{v}$ und der quadrierten Wirbelstruktur $\tilde{v}$ der TI.

Auffällig an der Form ist das exponentielle Abfallen des Effektivwertes

$$v_{\mathrm{eff}}\,(d) = \overline{v}_0 \mathrm{e}^{a\cdot d+b} + \tilde{v}(d), \mathrm{mit}\ a < 0 \tag{3.25}$$

der lokalen kinetischen Energie $E_{\mathrm{kin}}(d) \propto v_{\mathrm{eff}}^2(d)$.

Ob dieses Verhalten durch die Eigenschaften des Ultraschallmessverfahrens herrührt oder ob sie das tatsächliche Geschwindigkeitsprofil abbilden, weil die Konvektion im oberen Teil des Zylinders stärker ist, müssen ebenfalls weiterführende Untersuchungen zeigen.

4 Zusammenfassung

Die experimentellen Untersuchungen der vorliegenden Arbeit zeigen, dass ein azimutales Magnetfeld $\vec{B}_\varphi$ in einer Doppelzylindergeometrie eine hydrodynamisch stabile Strömung eines elektrisch leitfähigen Fluids destabilisieren kann. Es wurden dazu zwei verschiedene Experimente durchgeführt.

Die Versuche zur azimutalen Magnetorotationsinstabilität (AMRI) zeigen, dass eine hydrodynamisch stabile TC-Strömung in Verbindung mit einem stromfreien azimutalen Magnetfeld mit $B_\varphi \propto 1/r$ destabilisiert werden kann [132, 138]. Es kommt dabei zu einer nicht-axialsymmetrischen Wellenerscheinung, die relativ zur Rotationsgeschwindigkeit des Außenzylinders langsam driftet. Die Versuchsreihen, in welchen die Feldstärke variiert wird, bilden das durch die theoretischen Vorbetrachtungen prognostizierte Verhalten der Instabilität grundsätzlich ab. Gemessen an der kinetischen Energie, welche in Abhängigkeit von der Magnetfeldstärke angegeben werden kann, ist der Übergang von der stabilen hin zur destabilisierten TC-Strömung sehr verschliffen. Dieses unerwartete Verhalten ist allerdings in guter Übereinstimmung mit den numerischen Ergebnissen für kleine Pm. Eine einfache Begründung dafür konnte aus den vorliegenden Daten nicht abgeleitet werden. Es wird vermutet, dass obwohl die Abweichungen von der idealen Magnetfeldverteilung klein sind, die nicht ideale Feldkonfiguration mit einer leicht nicht-axialsymmetrischen Verteilung der B_φ-Komponente und den zusätzlichen Anteilen in r- und z-Richtung die Ursache dafür ist. Unterstützt wird diese Idee durch aktuelle Arbeiten von O. Kirillov [155], aus denen hervorgeht, dass eine von $B_\varphi(r) \propto r^{-1}$ abweichende radiale Verteilung des Magnetfeldes, ausgedrückt durch die magnetische Rossby-Zahl *Rb*, die Instabilität beeinflusst. Damit wäre die Strömung, in Abhängigkeit der Winkelposition, unterschiedlich instabil, so dass es denkbar ist, dass schon bei niedrigen, eigentlich unterkritischen, Feldstärken eine AMRI-Welle entsteht. Allerdings bezieht dieser Ansatz die zusätzlichen Feldkomponenten B_z und B_r des realen Aufbaus nicht mit ein. Die Messungen der Driftfrequenzen der vollständig destabilisierten Strömung sind demgegenüber in guter Übereinstimmung zur Theorie und unterstreichen so den Nachweis der AMRI.

Das zweite Experiment zur Tayler-Instabilität (TI) untersucht einen besonderen

Aspekt, da sich in diesem Fall das inkompressible Fluid in Ruhe befindet. Es konnte erstmals experimentell gezeigt werden, dass mit einem hinreichend großen Magnetfeld $B_\varphi \propto r$ ebenfalls eine nicht-axialsymmetrische Instabilität einsetzt [135]. Der genutzte Aufbau entspricht dabei einer nicht beweglichen Taylor-Couette-Anordnung. Die Instabilität wurde für drei verschiedene Geometrieparameter $\hat{\eta} = r_\mathrm{i}/r_\mathrm{a}$ untersucht, wobei jeweils die Stärke des axialen Stroms, der durch das Fluid fließt, variiert wurde. Es zeigte sich, dass die thermischen Verluste, die im Kilowattbereich liegen können, eine Konvektionsströmung antreiben, welche die gesuchte Instabilität überlagern. Ein verändertes Kühlungskonzept, das eine Stratifikation des Fluids zur Folge hat und so den Einfluss der Konvektion dämpft, ermöglicht es schließlich, die TI in den ersten Minuten eines Versuchs zu beobachten, bis die thermischen Effekte dominieren.

Die durch die Strömung induzierten b_z-Komponenten lassen sich außerhalb des Zylinders erfassen und gestatten somit eine nicht invasive Bestimmung der Struktur der Instabilität entlang der Zylinderachse. Durch die Zuleitungen des Stromes entsteht auch bei diesem Experiment eine nicht ideale Magnetfeldverteilung, die offenbar die Winkelorientierung der Instabilität beeinflusst. Die entstehenden TI-Strukturen streichen daher, bedingt durch die Ausrichtung am äußeren Quellenfeld, unter der Sensorzeile hinweg, so dass sich die Beobachtungszeit zusätzlich verkürzt. Eine stabile Sättigung der TI konnte aufgrund der thermisch begrenzten Versuchszeit nicht beobachtet werden. Stattdessen bilden sich, gemessen am Energieäquivalent $E \propto \sum B_z^2$, in den ersten Minuten metastabile Plateaus aus, die mit fortschreitender Versuchszeit durch einen erneuten Wachstumsprozess abgelöst werden. Anhand der deutlichen Änderung des Zusammenhangs zwischen dem Energieäquivalent und dem Strom $E \propto \sum B_z^2 \sim (I - I_\mathrm{krit})^\beta$ unter Berücksichtigung des kritischen Stromes I_krit lässt sich schlussfolgern, dass im betrachteten Versuchsraum eine Instabilität entsteht, die eine neue Strömungsstruktur zur Folge hat. Die Abhängigkeit des kritischen Stromes vom Geometrieparameter $\hat{\eta}$ ließ sich dabei als signifikant nachweisen. Die ermittelten Wachstumsraten der am schnellsten wachsenden Mode korrespondieren ebenfalls mit den theoretischen Rechnungen, welche die Auswertung stützen.

Die Ergebnisse dieser Arbeit zeigen, dass eine hinreichend robuste Wechselwirkung existiert, die eine hydrodynamisch stabile rotierende Strömung eines elektrisch leitfähigen Fluids durch ein angelegtes azimutales Magnetfeld in verschiedenen Feldkonfigurationen destabilisieren kann. Sie lässt sich in Form der AMRI und der TI in einem Laborversuch, der systematische und zufällige Störeinflüsse besitzt, beobachten. Bezüglich der gewählten Randbedingungen, wie Feldkonfiguration und Drehraten, stellen beide Versuche zwei völlig verschiedene Experimente desselben zugrundeliegenden TC-Aufbaus dar. Die Untersuchung des Übergangs zwischen TI und AMRI motiviert das nachfolgend umrissene Experiment, das beide Versuche zusammenführt. Der Ausblick auf die weiterführenden Fragestellungen unterstreicht dabei die grundlegende Bedeutung der Ergebnisse dieser Arbeit.

5 Ausblick

Die experimentellen Ergebnisse dieser Arbeit legen dar, dass sich sowohl die TI als auch die AMRI als MHD-Instabilitäten in einem Laborexperiment untersuchen lassen. Eine Variation der Feldgeometrie war bislang nur möglich, indem zwei verschiedene Versuche, mit unterschiedlichen Stromzuführungen aufgebaut wurden. Im Rahmen des „DRESDYN“ Projektes am HZDR soll ein kombiniertes MRI/TI Experiment entstehen, das grundsätzlich alle, für die SMRI, HMRI und AMRI und die TI erforderlichen Magnetfeldkonfigurationen bereitstellt [67].

5.1 Kombiniertes MRI/TI Experiment

Mit dem zukünftigen kombinierten MRI/TI-Experiment wird es möglich sein, $B_\varphi(r)$-Geometrien mit $0 < \mu_{\mathrm{B}} < \infty$, wie sie in Abbildung 1.4 dargestellt sind, zu erzeugen. Zwei getrennt steuerbare elektrische Ströme, die isoliert auf der Achse sowie durch das Fluid fließen, können mit $a_{\mathrm{B}} \geq 0$ und $b_{\mathrm{B}} \geq 0$ beliebig eingestellt werden, was nach Gleichung (1.30) und (1.32) zu den in Abbildung 1.4 dargestellten physikalischen Feldverläufen führt. Ebenfalls erlaubt die neue Konstruktion, durch eine koaxiale Spulenanordnung eine B_z-Komponente zu überlagern, so dass ein helikales Magnetfeld sowie ein reines $\vec{B}_z$ appliziert werden kann.

Neben den, im Vergleich zu den hier vorgestellten Aufbauten, größeren Abmessungen des MRI/TI Experiments mit $r_{\mathrm{a}} \approx 0{,}4\,\mathrm{m}$ und $h \approx \mathcal{O}(2\,\mathrm{m})$, sowie bei bedeutend größeren Rotationsfrequenzen von $f_{\mathrm{i}} \leq 16\,\mathrm{Hz}$ und $f_{\mathrm{a}} \leq 6\,\mathrm{Hz}$, ist es nun möglich die für die SMRI erforderlichen viel größeren Reynolds-Zahlen von $Re \approx \mathcal{O}(10^6)$ zu erreichen. Der geplante Einsatz von flüssigem Natrium, das eine höhere Leitfähigkeit mit $\sigma_{\mathrm{Na}} = 9 \cdot 10^6\,(\Omega\mathrm{m})^{-1}$ [164] im Vergleich zu GaInSn mit $\sigma_{\mathrm{GaInSn}} = 3{,}3 \cdot 10^6\,(\Omega\mathrm{m})^{-1}$ [165, 166] besitzt, hat außerdem den Vorteil, dass sich die kritischen Ströme bei gleichbleibender Hartmann-Zahl reduzieren. Als direkte Folge sinkt die elektrische Verlustleistung, wodurch ebenfalls der Einfluss der Konvektion reduziert wird.

Die numerischen und theoretischen Untersuchungen einer stabilen TC-Strömung, mit $\mu_\Omega > \hat{\eta}^2$ in Verbindung mit einem azimutalen Magnetfeld $\vec{B}_\varphi$ von G. Rüdiger

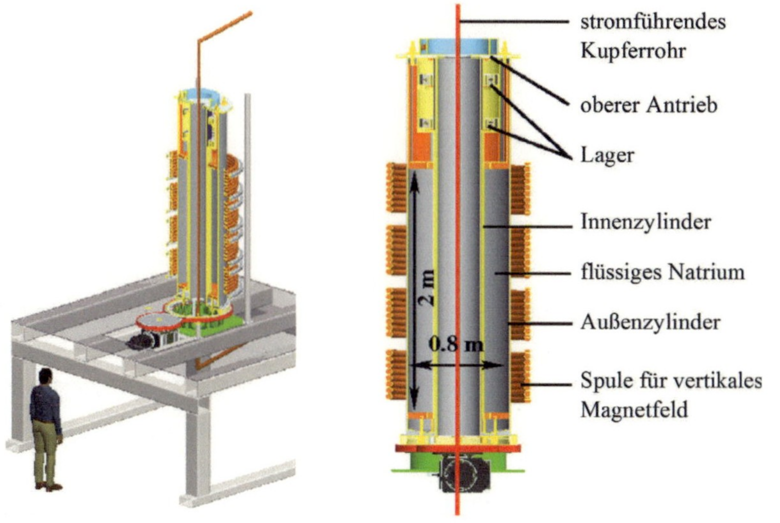

Abbildung 5.1: Schnittbild des geplanten MRI/TI-Experiments [interne Kommunikation mit Herrn F. Stefani]

ergeben, dass die TI sowie die AMRI im gleichen Parameterraum $\{Re;\ Ha\}$ stattfinden [4, 73]. Das Diagramm in Abbildung 5.2 fasst dies für verschiedene Feldkonfigurationen zusammen.

Bemerkenswert ist die Erkenntnis, dass die Linie $Re = Ha$ den Parameterraum der beiden Instabilitäten teilt. Die untere Ebene der TI, mit $\Omega_\mathrm{A}/\Omega < 1$, unterscheidet sich dabei von der AMRI, welche durch $\Omega_\mathrm{A}/\Omega > 1$ gekennzeichnet ist. Dabei sind die Alfvén-Frequenz durch $\Omega_\mathrm{A} = B_\mathrm{a}/\left(r_\mathrm{a}\sqrt{\mu_0\rho}\right)$ und die magnetische Prandtl-Zahl durch $Pm = \nu/\eta_\mathrm{M}$ definiert. Für die Parameterrelation $Re = Ha$ gilt weiterhin, dass die Umwandlung von Rotationsenergie in magnetische Energie auf dieser Linie maximal ist [73]. Für das geplante Natrium-MRI/TI-Experiment mit $Pm \approx \mathcal{O}\left(10^{-6}\right)$ ändert sich das obige Diagramm dahingehend, dass alle Kurven zu höheren Reynolds-Zahlen hin verschoben sind [4]. Die Ausführungen von O. Kirillov et al. [74] legen darüber hinaus dar, dass die AMRI und die HMRI vom konkreten Magnetfeldprofil μ_B abhängen. Damit steht unter anderem die Untersuchung der Übergänge zwischen den einzelnen Instabilitäten durch Variation der angelegten Feldgeometrie im Mittelpunkt des neuen Experiments.

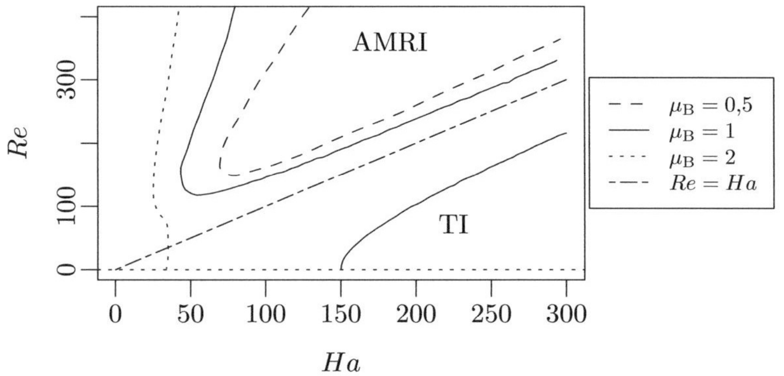

Abbildung 5.2: TI/AMRI Bifurkationsdiagramm. Für eine TC-Anordnung ergibt sich für $\hat{\eta} = 0{,}5$, $Pm = 1$ und $\hat{\mu} = 0{,}5$ das dargestellte Stabilitätsdiagramm nach [73, S. 261].

5.2 Sphärisches Couette-Experiment

Ein weiteres Experiment, das sich im Moment im Aufbau befindet, bezieht sich auf eine Couette Anordnung mit sphärischer Geometrie. Es soll hierbei untersucht werden, welchen Einfluss ein axiales Magnetfeld auf die Strömung eines elektrisch leitfähigen Fluids in einer Doppelkugelgeometrie hat. Der Aufbau besteht dabei aus zwei konzentrisch gelagerten Kugeln, die sich unabhängig voneinander in Rotation versetzen lassen. Der Hohlraum zwischen den Kugeln enthält das elektrisch leitfähige Fluid, so dass die Drehbewegung der inneren Kugel die Strömung durch viskose Kopplung zwischen dem Fluid und der Kugeloberfläche antreiben kann. Die Sphären selbst haben eine elektrisch nicht leitfähige PMMA Oberfläche [123, 167, 168].

Abbildung 5.3 zeigt schematisch den Aufbau und die Funktionsweise des Experiments. Teilabbildung (a) veranschaulicht die Struktur des Versuchsstandes. Die mittig angeordnete Doppelsphäre ist symmetrisch von einem Helmholtzspulenpaar umgeben, welches ein nahezu homogenes Magnetfeld in Richtung der Rotationsachse der Kugeln erzeugt. Oberhalb und unterhalb der Sphäre sind die beiden Antriebe angedeutet, die sowohl die äußere als auch die innere Kugel antreiben können. Teilabbildung (b) verdeutlicht die drei verschiedenen Regime, welche sich auf dem Hintergrund der axialsymmetrischen Grundströmung ausprägen können.

Ohne Magnetfeld führt die Rotation der inneren Sphäre zu einer stationären Grundströmung v_φ und einer meridionalen Rückströmung, wie sie in Abbildung 5.3b, Variante (I), als das klassische sphärische Couette Experiment angedeutet ist. Sobald ein Magnetfeld $\vec{B}_0 = \vec{B}_z$ hinzukommt, entsteht durch die Lorentzkraft eine zusätzliche

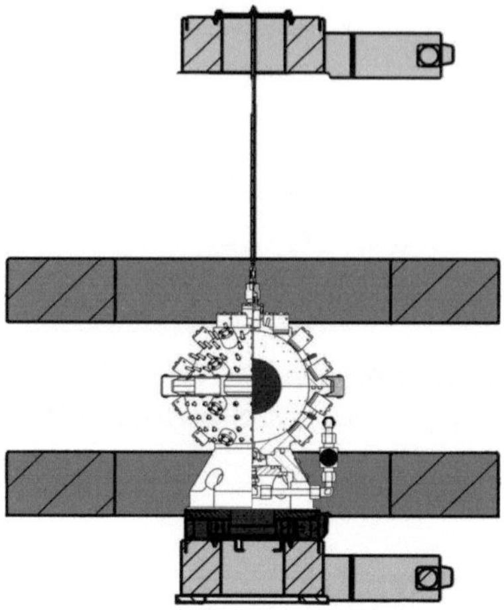

(a) Schnittbild

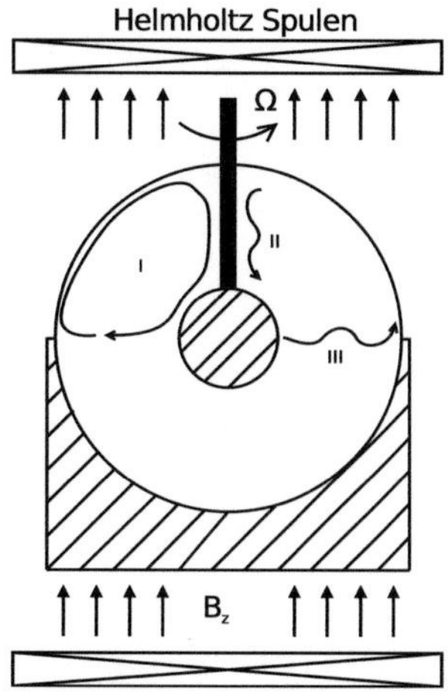

(b) Schema des Aufbaus

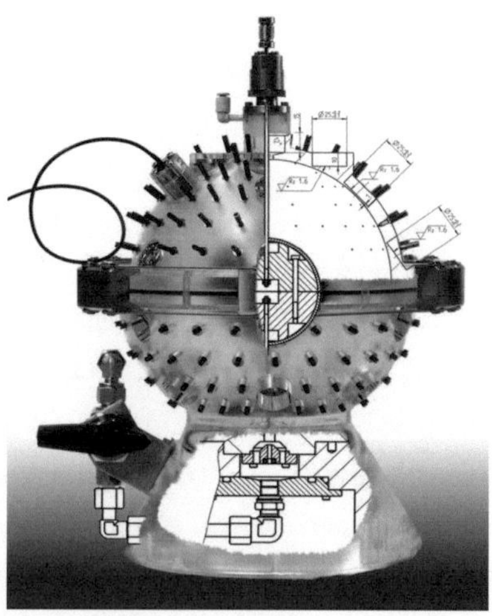

(c) Foto mit Schnittbild

Abbildung 5.3: (a) Schematische Darstellung des sphärischen Couette Experiments; (b) Grundsätzliche Funktionsweise mit Grundzustand (I), Stewartson Layer (II), und Äquatorial-Instabilität (III); (c) Detaildarstellung der konstruktiven Realisierung

Kopplung im Fluid. Die meridionale Rückströmung (I) passt sich mit zunehmender Feldstärke immer mehr an den Projektionszylinder über und unter der inneren Kugel an. Je nach Magnetfeldstärke, die durch die Hartmann-Zahl Ha ausgedrückt wird, treten hierbei zwei unterschiedliche Instabilitäten auf.

Die Linien für marginale Instabilität in Abbildung 5.4 skizzieren für verschiedene azimutale Moden einen Zusammenhang zwischen der kritischen Reynolds-Zahl $Re_{\text{krit}} := f(Ha)$ in Abhängigkeit von der Hartmann-Zahl. Von links nach rechts, bei einer Reynolds-Zahl von $Re = 600$, sowie mit zunehmendem Magnetfeld tritt als Sekundärströmung zuerst eine, bezüglich der Äquatorialebene antisymmetrische, Instabilität auf. Hierbei wird der äquatoriale Jet, der von innen nach außen strömt und sich über die beiden Pole der inneren Kugel schließt, instabil. Dieses zur nicht-magnetischen sphärischen Instabilität ähnliche Verhalten wird in Abbildung 5.3b Variante (III) angedeutet. Der mittlere Bereich der Abbildung stellt eine Lücke dar, in der das Magnetfeld die Instabilitäten der Meridionalströmung unterdrückt.

Ab einer Hartmann-Zahl von $Ha > 24$ ändert sich das Verhalten der Strömung erneut. Es entsteht eine symmetrische Instabilität der Rückströmung an den Polen, wie sie in Abbildung 5.3b Variante (II) zu sehen ist. Eine Vorhersage der theoretischen Untersuchung von R. Hollerbach lautet demnach, dass es bei konstanter Geschwindigkeit $Re =$ const. und variablem Magnetfeld im, in Abbildung 5.4, dargestellten Parameterraum einen Bereich gibt, in dem die Instabilitäten der Rückströmung durch das Magnetfeld $\vec{B}_z$ unterdrückt werden. Dieser Bereich trennt dabei zwei unterschiedliche Typen von Instabilitäten voneinander ab [168]. Der Parameter

$$\hat{\eta} = \frac{r_{\text{i}}}{r_{\text{a}}} \tag{5.1}$$

bezeichnet das Verhältnis der beiden Kugelradien.

Es ist geplant, Versuche bei zwei verschiedenen $\hat{\eta} = \{0{,}33;\ 0{,}5\}$ durchzuführen, wobei in beiden Varianten die äußere Sphäre gleich bleibt, so dass lediglich die innere Kugel ausgetauscht werden muss.

Übersetzt in physikalische Einheiten lassen sich aus den dimensionslosen Kennzahlen die notwendigen Stellgrößen für das Experiment abschätzen. Aus der Reynolds-Zahl

$$Re = \frac{\Omega_{\text{i}} r_{\text{i}}^2}{\nu} < 3000 = Re_{\max} \tag{5.2}$$

ergibt sich dabei die Rotationsrate der inneren Kugel. Die notwendige Magnetfeldstärke

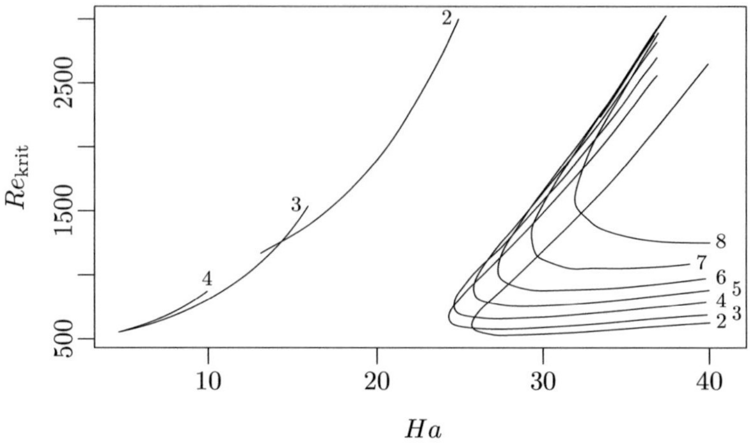

Abbildung 5.4: Stabilitätsdiagramm für das sphärische Couette Experiment mit Magnetfeld. Die Linien markieren die Parameterpaarungen mit marginaler Stabilität, $\lambda = 0$. In Abhängigkeit von der kritischen Reynolds-Zahl Re_{krit} bezogen auf die Hartmann-Zahl Ha für $\hat{\eta} = 0{,}5$ ergibt sich nach V. Travnikov et al. [168] die bemerkenswerte Eigenschaft, dass im mittleren Bereich des Bildes alle Instabilitäten gedämpft werden.

ergibt sich schließlich aus der Hartmann-Zahl

$$Ha = B_0 r_{\text{i}} \sqrt{\frac{\sigma}{\mu_0 \rho}} < 40 = Ha_{\text{max}}. \tag{5.3}$$

Ausgehend von den Ergebnissen in den Arbeiten von R. Hollerbach [123, 167] lassen sich die maximalen Werte für Re und Ha, wie in Tabelle 5.1 dargestellt, abschätzen.

Die Rotationsfrequenz der inneren Kugel ist mit $f_{\text{i}} \approx 0{,}1\,\text{Hz}$ sehr gering und für die Realisierung des Aufbaus unkritisch. Das konstante Magnetfeld mit einer Feldstärke von weniger als $24\,\text{mT}$ wird über ein wassergekühltes Helmholtz-Spulenpaar erzeugt.

Das vorgestellte Grundlagenexperiment mit einer sphärischen Couette Anordnung untersucht eine Strömung, die in Verbindung mit einem axialen Magnetfeld im gleichen Parameterraum zwei verschiedene Instabilitäten hervorbringen kann.

Tabelle 5.1: Parameter des sphärischen Couette Experiments

Parameter	*Wert*
r_a	$90\,\mathrm{mm}$
r_i	$\{30;\ 45\}\,\mathrm{mm}$
$\hat{\eta}$	$\hat{\eta} = \frac{r_\mathrm{i}}{r_\mathrm{a}} = \{0{,}33;\ 0{,}5\}$
$\Omega_\mathrm{i} = 2\pi f_\mathrm{i}$	$f_\mathrm{i} = \frac{\nu Re_\mathrm{max}}{2\pi r_i^2} < 0{,}1\,\mathrm{Hz}$
B_0	$B_0 = \frac{Ha}{r_\mathrm{i}\sqrt{\frac{\sigma}{\rho\nu}}} < 24\,\mathrm{mT}$

5.3 Flüssigmetallbatterien

Flüssigmetallbatterien sind Energiespeichersysteme, deren Anode, Kathode und das trennende Elektrolyt flüssig sind. Beispielsweise bilden Natrium, Natriumchlorid und Bismut, aufgrund der Dichteunterschiede ein sich selbstschichtendes Stoffsystem, das als Akkumulator genutzt werden kann. Die Vorteile dieser Anordnung liegen dabei auf der Hand. Mit dem Einsatz flüssiger Funktionselemente existiert keinerlei Degradation der Elektrolyt- oder Elektrodenoberflächen, welche bei Feststoffbatterien die Anzahl der Ladezyklen erheblich begrenzt. Außerdem zählen hohe Stromdichten und ein einfacher Aufbau zu den Vorteilen einer Flüssigmetallbatterie. Die Einsatzgebiete dieser Energiespeichertechnologie konzentrieren sich deshalb auf Hochstromanwendungen in der Elektroenergieversorgung und auf die Zwischenspeicherung erneuerbarer Energien [169].

Aus dem hohen elektrischen Strom, der während des Betriebs dieser Energiespeicher axial durch die Metallschmelze fließt, resultiert jedoch, aufgrund der Wechselwirkung mit dem eigenen Magnetfeld, eine radial nach innen gerichtete Volumenkraft. Unter der Bedingung, dass die Form dieser Anordnung stabil bleibt und sich das elektrisch leitfähige Fluid in Ruhe befindet, führt diese Volumenkraft ab einer gewissen Stromstärke zur Tayler-Instabilität.

Für eine effiziente Funktionsweise einer solchen Anordnung sollte die ebenfalls flüssige, elektrolytische Trennschicht zwischen Anode und Kathode so dünn wie möglich dimensioniert werden. Setzt dann allerdings durch den elektrischen Strom, während der Lade- oder Entladevorgänge der Batterie, die TI ein, könnte die vertikale Schichtung an der dünnen flüssigen Elektrolytschicht destabilisieren. Die einsetzenden

TI-Wirbel würden an dieser Stelle einen Stofftransport hervorrufen, der lokal die Dicke dieser Trennschicht reduziert. Ist die trennende Barriere zwischen Anode und Kathode durch die TI einmal abgebaut, entsteht an dieser Stelle ein Kurzschluss innerhalb der Batterie. Die gespeicherte Energie würde jetzt unkontrolliert in Form von Wärme freigesetzt und könnte die Zerstörung der Batterie nach sich ziehen.

Bezogen auf die Dimensionierung und Konstruktion von Flüssigmetallbatterien zeigen aktuelle Untersuchungen, dass sich die TI durch eine flache Bauweise [117] oder durch eine Rückführung des Stromes innerhalb der Batterie [116] unterdrücken lässt. Die vorliegenden Ergebnisse der Experimente zur TI zeigen zudem, dass ebenso konvektive Effekte, die ebenfalls die Funktionsfähigkeit einer solchen Batterie beeinträchtigen können, einen Einfluss auf die TI haben.

Die Ergebnisse des vorgestellten Experiments zur TI weisen erstmalig im Labor eine stromgetriebene Instabilität inkompressibler Fluide nach, die neben ihrer astrophysikalischen Bedeutung auch eine wichtige Rolle bei der Auslegung von Flüssigmetallbatterien spielt. Die Eigenschaft dieser Instabilität, dass sich selbst ein ruhendes Fluid durch ein radial anwachsendes azimutales Magnetfeld destabilisieren lässt, legen dabei den Grundstein für weiterführende Arbeiten, die sich unter anderem auf die Funktionsfähigkeit der angesprochenen neuartigen Energiespeicher konzentrieren. Die in Aussicht gestellte Zusammenführung mit dem Experiment zur AMRI verallgemeinert zusätzlich die Fragestellung, welchen Einfluss die konkrete Magnetfeldgeometrie μ_{B} auf die Stabilität einer hydrodynamisch stabilen Strömung hat.

Literaturverzeichnis

[1] RAYLEIGH, LORD: *On the dynamics of revolving fluids.* Proceedings of the Royal Society of London. Series A, 93(648):148–154, 1917.

[2] MICHAEL, DAVID HUGH: *The stability of an incompressible electrically conducting fluid rotating about an axis when current flows parallel to the axis.* Mathematika, 1(01):45–50, 1954.

[3] CHANDRASEKHAR, SUBRAHMANYAN: *The stability of viscous flow between rotating cylinders in the presence of a magnetic field.* Proceedings of the Royal Society of London A: Mathematical, Physical and Engineering Sciences, 216(1126):293–309, 1953.

[4] RÜDIGER, GÜNTHER; R. HOLLERBACH; M. SCHULTZ und D. ELSTNER: *Destabilization of hydrodynamically stable rotation laws by azimuthal magnetic fields.* Monthly Notices of the Royal Astronomical Society, 377(4):1481–1487, 2007.

[5] RÜDIGER, GÜNTHER; R. HOLLERBACH; M. GELLERT und M. SCHULTZ: *The azimuthal magnetorotational instability (AMRI).* Astronomische Nachrichten, 328(10):1158–1161, 2007.

[6] TAYLER, ROGER JOHN: *Hydromagnetic instabilities of an ideally conducting fluid.* Proceedings of the Physical Society. Section B, 70(1):31, 1957.

[7] TAYLER, ROGER JOHN: *The adiabatic stability of stars containing magnetic fields – I. Toroidal fields.* Monthly Notices of the Royal Astronomical Society, 161:365, 1973.

[8] RÜDIGER, GÜNTHER; M. SCHULTZ und M. GELLERT: *The Tayler instability of toroidal magnetic fields in a columnar gallium experiment.* Astronomische Nachrichten, 332(1):17–23, 2011.

[9] RÜDIGER, GÜNTHER; M. GELLERT; M. SCHULTZ; K. G. STRASSMEIER; F. STEFANI; T. GUNDRUM; M. SEILMAYER und G. GERBETH: *Critical*

fields and growth rates of the Tayler instability as probed by a columnar gallium experiment. The Astrophysical Journal, 755(2):181, 2012.

[10] BRONŠTEJN, ILJA N. und K. A. SEMENDJAEV: *Taschenbuch der Mathematik.* Harri Deutsch, Thun, 5. Auflage, 2001.

[11] NATIONAL INSTITUTE OF STANDARDS AND TECHNOLOGY; B. N. TAYLOR und A. THOMPSON: *The international system of units (SI)*, Band 330 der Reihe *Special Publication.* US Department of Commerce, Technology Administration, National Institute of Standards and Technology, Gaithersburg, 8. Auflage, 2008.

[12] BIRZVALKS, JURIS und G. UHLMANN: *Streifzug durch die Magnetohydrodynamik.* Deutscher Verlag für Grundstoffindustrie, Leipzig, 1. Auflage, 1986.

[13] DAVIDSON, PETER ALAN: *An introduction to magnetohydrodynamics.* Cambridge texts in applied mathematics. Cambridge University Press, Cambridge; New York, 2001.

[14] BUCHENAU, DOMINIQUE; V. GALINDO und S. ECKERT: *The magnetic flywheel flow meter: Theoretical and experimental contributions.* Applied Physics Letters, 104(22):223504, 2014.

[15] SHERCLIFF, JOHN ARTHUR: *The Theory of Electromagnetic Flow-Measurement.* CUP Archive, 1987.

[16] WONDRAK, THOMAS; S. ECKERT; G. GERBETH; F. STEFANI; K. TIMMEL; A. J. PEYTON; N. TERZIJA und W. YIN: *Visualization of the Flow in a Mold of Continuous Casting by Contactless Inductive Flow Tomography and Mutual Inductance Tomography.* steel research international, 85(8):1266–1273, 2014.

[17] RICOU, RENE und C. VIVES: *Local velocity and mass transfer measurements in molten metals using an incorporated magnet probe.* International Journal of Heat and Mass Transfer, 25(10):1579–1588, 1982.

[18] VON WEISSENFLUH, THOMAS: *Probes for local velocity and temperature measurements in liquid metal flow.* International Journal of Heat and Mass Transfer, 28(8):1563–1574, 1985.

[19] Kolin, Alexander: *Electromagnetic Velocimetry. I. A Method for the Determination of Fluid Velocity Distribution in Space and Time.* Journal of Applied Physics, 15(2):150, 1944.

[20] Tsinober, Arkady B.; E. Kit und M. Teitel: *On the relevance of the potential-difference method for turbulence measurements.* Journal of Fluid Mechanics, 175:447–461, 1987.

[21] Kit, Lazar Gershevich; Y. B. Kolesnikov; A. B. Tsinober und P. G. Shtern: *Use of a conduction anemometer in investigating the MHD wake behind a body.* Magnetohydrodynamics, 5(4):46–50, 1969.

[22] Alfvén, Hannes: *Existence of electromagnetic-hydrodynamic waves.* Nature, 150(3805):405–406, 1942.

[23] Lundquist, Stig Adolf Svante: *Experimental Investigations of Magneto-Hydrodynamic Waves.* Physical Review, 76(12):1805–1809, 1949.

[24] McIntosh, Scott W.; B. De Pontieu; M. Carlsson; V. Hansteen; P. Boerner und M. Goossens: *Alfvénic waves with sufficient energy to power the quiet solar corona and fast solar wind.* Nature, 475(7357):477–480, 2011.

[25] Tarbuck, Edward J.; F. K. Lutgens und B. Lammerer: *Allgemeine Geologie.* Pearson Studium - Geologie. Pearson Studium, München, 9. Auflage, 2009.

[26] Roberts, Paul H. und G. A. Glatzmaier: *Geodynamo theory and simulations.* Reviews of Modern Physics, 72(4):1081, 2000.

[27] Hale, George E.: *On the probable existence of a magnetic field in sun-spots.* The Astrophysical Journal, 28:315, 1908.

[28] Larmor, Joseph: *How could a Rotating Body such as the Sun become a Magnet?* Report of the British Association for the Advancement of Science, 87:159–160, 1919.

[29] Gailitis, Agris; O. Lielausis; E. Platacis; G. Gerbeth und F. Stefani: *The Riga dynamo experiment.* Surveys in Geophysics, 24(3):247–267, 2003.

[30] Müller, Ullrich und R. Stieglitz: *Can the Earth's magnetic field be simulated in the laboratory?* Naturwissenschaften, 87(9):381–390, 2000.

[31] VERHILLE, GAUTIER; N. PLIHON; M. BOURGOIN; P. ODIER und J. F. PINTON: *Laboratory Dynamo Experiments.* Space Science Reviews, 152(1-4):543–564, 2010.

[32] STEFANI, FRANK; A. GAILITIS und G. GERBETH: *Magnetohydrodynamic experiments on cosmic magnetic fields.* ZAMM-Journal of Applied Mathematics and Mechanics/Zeitschrift für Angewandte Mathematik und Mechanik, 88(12):930–954, 2008.

[33] GAILITIS, AGRIS; O. LIELAUSIS; E. PLATACIS; S. DEMENT'EV; A. CIFERSONS; G. GERBETH; T. GUNDRUM; F. STEFANI; M. CHRISTEN und G. WILL: *Magnetic Field Saturation in the Riga Dynamo Experiment.* Physical Review Letters, 86(14):3024–3027, 2001.

[34] VELIKHOV, EVGENY PAVLOVICH: *Stability of an ideally conducting liquid flowing between rotating cylinders in a magnetic field.* Soviet physics / JETP, 36, 1959.

[35] BALBUS, STEVEN A. und J. F. HAWLEY: *A powerful local shear instability in weakly magnetized disks. I-Linear analysis. II-Nonlinear evolution.* The Astrophysical Journal, 376:214–233, 1991.

[36] PRINGLE, JIM E.: *Accretion discs in astrophysics.* Annual review of astronomy and astrophysics, 19:137–162, 1981.

[37] BALBUS, STEVEN A. und J. F. HAWLEY: *Instability, turbulence, and enhanced transport in accretion disks.* Reviews of Modern Physics, 70(1):1–53, 1998.

[38] KAGAN, DANIEL und J. C. WHEELER: *The Role of the Magnetorotational Instability in the Sun.* The Astrophysical Journal, 787(1):21, 2014.

[39] DZIOURKEVITCH, NATALIA: *Interstellar turbulence driven by magnetorotational instability.* Dissertation, Universität Potsdam, Potsdam, 2005.

[40] HERAULT, JOHANN; F. RINCON; C. COSSU; G. LESUR; G. I. OGILVIE und P. Y. LONGARETTI: *Periodic magnetorotational dynamo action as a prototype of nonlinear magnetic-field generation in shear flows.* Physical Review E, 84(3):036321, 2011.

[41] LESUR, GEOFFROY und G. I. OGILVIE: *Localized magnetorotational instability and its role in the accretion disc dynamo.* Monthly Notices of the Royal Astronomical Society, 391(3):1437–1450, 2008.

[42] ROMANOVA, MARINA M.; G. V. USTYUGOVA; A. V. KOLDOBA und R. V. E. LOVELACE: *MRI-driven accretion on to magnetized stars: global 3D MHD simulations of magnetospheric and boundary layer regimes.* Monthly Notices of the Royal Astronomical Society, 421(1):63–77, 2012.

[43] NOGUCHI, KOICHI; V. I. PARIEV; S. A. COLGATE; H. F. BECKLEY und J. NORDHAUS: *Magnetorotational instability in liquid metal Couette flow.* The Astrophysical Journal, 575(2):1151, 2002.

[44] RÜDIGER, GÜNTHER und D. SHALYBKOV: *Stability of axisymmetric Taylor-Couette flow in hydromagnetics.* Physical Review E, 66(1):016307, 2002.

[45] HOLLERBACH, RAINER und G. RÜDIGER: *New Type of Magnetorotational Instability in Cylindrical Taylor-Couette Flow.* Physical Review Letters, 95(12):124501, 2005.

[46] STEFANI, FRANK; T. GUNDRUM; G. GERBETH; G. RÜDIGER; M. SCHULTZ; J. SZKLARSKI und R. HOLLERBACH: *Experimental evidence for magnetorotational instability in a helical magnetic field.* Physical Review Letters, 97(18):184502, 2006.

[47] SHAFRANOV, VITALY DMITRIEVICH: *The stability of a cylindrical gaseous conductor in a magnetic field.* Atomic Energy, 1(5):709–713, 1956.

[48] KRUSKAL, MARTIN DAVID und M. SCHWARZSCHILD: *Some instabilities of a completely ionized plasma.* Proceedings of the Royal Society of London. Series A. Mathematical and Physical Sciences, 223(1154):348–360, 1954.

[49] BERGERSON, WILLIAM; C. FOREST; G. FIKSEL; D. HANNUM; R. KENDRICK; J. SARFF und S. STAMBLER: *Onset and Saturation of the Kink Instability in a Current-Carrying Line-Tied Plasma.* Physical Review Letters, 96(1):015004, 2006.

[50] RÜDIGER, GÜNTHER und M. SCHULTZ: *Tayler instability of toroidal magnetic fields in MHD Taylor-Couette flows.* Astronomische Nachrichten, 331(1):121–129, 2010.

[51] Ott, Christian D.; A. Burrows; T. A. Thompson; E. Livne und R. Walder: *The spin periods and rotational profiles of neutron stars at birth.* The Astrophysical Journal Supplement Series, 164(1):130, 2006.

[52] Suijs, Maarten Pieter Leo; N. Langer; A. J. Poelarends; S. C. Yoon; A. Heger und F. Herwig: *White dwarf spins from low-mass stellar evolution models.* Astronomy & Astrophysics, 481(3):4, 2008.

[53] Spruit, Hendrik C.: *Dynamo action by differential rotation in a stably stratified stellar interior.* Astronomy & Astrophysics, 381(3):923–932, 2002.

[54] Gellert, Marcus; G. Rüdiger und R. Hollerbach: *Helicity and α-effect by current-driven instabilities of helical magnetic fields.* Monthly Notices of the Royal Astronomical Society, 414(3):2696–2701, 2011.

[55] Braithwaite, Jonathan: *A differential rotation driven dynamo in a stably stratified star.* Astronomy & Astrophysics, 449(2):451–460, 2006.

[56] Zahn, Jean Paul; A. S. Brun und S. Mathis: *On magnetic instabilities and dynamo action in stellar radiation zones.* Astronomy & Astrophysics, 474(1):145–154, 2007.

[57] Robinet, Isabelle: *Taiji tu. Diagram of the Great Ultimate.* In: Pregadio, Fabrizio (Herausgeber): *The encyclopedia of Taoism A-Z*, Seiten 934–936. Routledge, Abingdon, 2008.

[58] Taylor, Geoffrey I.: *Stability of a viscous liquid contained between two rotating cylinders.* Philosophical Transactions of the Royal Society of London. Series A, Containing Papers of a Mathematical or Physical Character, 223:289–343, 1923.

[59] Couette, Maurice Frédéric Alfred: *Etudes sur le frottement des liquides.* Dissertation, Gauthier-Villars, 1890.

[60] Franklin, Dean L.; W. Schlegel und R. F. Rushmer: *Blood flow measured by Doppler frequency shift of back-scattered ultrasound.* Science, 134(3478):564–565, 1961.

[61] Takeda, Yasushi: *Development of an ultrasound velocity profile monitor.* Nuclear Engineering and Design, 126(2):277–284, 1991.

[62] Durst, Franz; A. Melling und J. H. Whitelaw: *Principles and practice of Laser-Doppler anemometry.* NASA STI/Recon Technical Report A, 76:47019, 1976.

[63] Watrasiewicz, Bohdan Macies und M. J. Rudd: *Laser Doppler measurements.* Butterworths and Co., Ltd., London, 1976.

[64] Kirillov, Oleg N.; F. Stefani und Y. Fukumoto: *Instabilities of rotational flows in azimuthal magnetic fields of arbitrary radial dependence.* Fluid Dynamics Research, 46(3):031403, 2014.

[65] Kirillov, Oleg N.; F. Stefani und Y. Fukumoto: *Local instabilities in magnetized rotational flows: A comprehensive short-wavelength approach.* Journal of Fluid Mechanics, 760:591–633, 2014.

[66] Rüdiger, Günther; M. Schultz; F. Stefani und M. Mond: *Diffusive Magnetohydrodynamic Instabilities beyond the Chandrasekhar Theorem.* The Astrophysical Journal, 811(2):84, 2015.

[67] Stefani, Frank; S. Eckert; G. Gerbeth; A. Giesecke; T. Gundrum; C. Steglich; T. Weier und B. Wustmann: *DRESDYN-A new facility for MHD experiments with liquid sodium.* Magnetohydrodynamics, 48(1):103–113, 2012.

[68] Schnack, Dalton D.: *Lectures in Magnetohydrodynamics*, Band 780 der Reihe *Lecture Notes in Physics.* Springer-Verlag, Berlin; Heidelberg, 2009.

[69] Chandrasekhar, Subrahmanyan: *Hydrodynamic and hydromagnetic stability.* Clarendon Press, Oxford, 1961.

[70] Reynolds, Osborne: *An experimental investigation of the circumstances which determine whether the motion of water shall be direct or sinuous, and of the law of resistance in parallel channels.* Proceedings of the royal society of London, 35(224-226):84–99, 1883.

[71] Goedbloed, J. P. Hans und S. Poedts: *Principles of magnetohydrodynamics: with applications to laboratory and astrophysical plasmas.* Cambridge University Press, Cambridge; New York, 2004.

[72] Rüdiger, Günther und R. Hollerbach: *The Magnetic Universe – Geophysical and Astrophysical Dynamo Theory.* Wiley-VCH, Weinheim, 2004.

[73] Rüdiger, Günther; L. L. Kitchatinov und R. Hollerbach: *Magnetic processes in astrophysics theory, simulations, experiments.* Wiley-VCH, Weinheim, Germany, 2013.

[74] Kirillov, Oleg N.; F. Stefani und Y. Fukumoto: *A Unifying Picture of Helical and Azimuthal Magnetorotational Instability, and the Universal Significance of the Liu Limit.* The Astrophysical Journal, 756(1):83, 2012.

[75] Piau, Jean Michel; M. Bremond; J. M. Couette und M. Piau: *Maurice Couette, one of the founders of rheology.* Rheologica acta, 33(5):357–368, 1994.

[76] Mallock, Arnulph Henry Reginald: *Determination of the viscosity of water.* Proceedings of the Royal Society of London, 45(273-279):126–132, 1888.

[77] Mallock, Arnulph Henry Reginald: *Experiments on fluid viscosity.* Philosophical Transactions of the Royal Society of London. Series A, Containing Papers of a Mathematical or Physical Character, 187:41–56, 1896.

[78] Donnelly, Russell J.: *Taylor-Couette flow: the early days.* Physics Today, 44(11):32–39, 1991.

[79] Chandrasekhar, Subrahmanyan: *The stability of viscous flow between rotating cylinders.* Proceedings of the Royal Society of London A: Mathematical, Physical and Engineering Sciences, 246(1246):301–311, 1958.

[80] Jeffreys, Harold: *Some Cases of Instability in Fluid Motion.* Proceedings of the Royal Society of London A: Mathematical, Physical and Engineering Sciences, 118(779):195–208, 1928.

[81] Youd, Anthony J.; C. F. Barenghi und A. P. Willis: *Hydromagnetic instabilities in Taylor-Couette flow at finite and infinite aspect ratios.* In: *MHD Couette Flows: Experiments and Models*, Band 733, Seiten 83–99, 2004.

[82] Donnelly, Russell J. und M. Ozima: *Hydromagnetic Stability of Flow Between Rotating Cylinders.* Physical Review Letters, 4(10):497–498, 1960.

[83] Rosner, Robert: *Magneto-Couette Instabilities — Astrophysics, Theory and Experiments.* In: *MHD Couette Flows: Experiments and Models*, Band 733, Seiten 3–5, 2004.

[84] Chandrasekhar, Subrahmanyan: *The stability of non-dissipative Couette flow in hydromagnetics.* Proceedings of the National Academy of Sciences of the United States of America, 46(2):253, 1960.

[85] Rüdiger, Günther und Y. Zhang: *MHD instability in differentially-rotating cylindric flows.* Astronomy & Astrophysics, 378(1):302–308, 2001.

[86] Ji, Hantao; J. Goodman und A. Kageyama: *Magnetorotational instability in a rotating liquid metal annulus.* Monthly Notices of the Royal Astronomical Society, 325(2):L1–L5, 2001.

[87] Willis, Ashley P. und C. F. Barenghi: *Magnetic instability in a sheared azimuthal flow.* Astronomy & Astrophysics, 388(2):688–691, 2002.

[88] Kirillov, Oleg N. und F. Stefani: *Paradoxes of magnetorotational instability and their geometrical resolution.* Physical Review E, 84(3):036304, 2011.

[89] Ji, Hantao und S. Balbus: *Angular momentum transport in astrophysics and in the lab.* Physics Today, 66(8):27, 2013.

[90] Shakura, Nikolai Ivanovich und R. A. Sunyaev: *Black holes in binary systems. Observational appearance.* Astronomy & Astrophysics, 24:337–355, 1973.

[91] Balbus, Steven A.: *Enhanced angular momentum transport in accretion disks.* Annual Review of Astronomy and Astrophysics, 41:555–597, 2003.

[92] Nornberg, Mark D.; H. Ji; E. Schartman; A. Roach und J. Goodman: *Observation of Magnetocoriolis Waves in a Liquid Metal Taylor-Couette Experiment.* Physical Review Letters, 104(7):074501, 2010.

[93] Sisan, Daniel R.; N. Mujica; W. A. Tillotson; Y. M. Huang; W. Dorland; A. B. Hassam; T. M. Antonsen und D. P. Lathrop: *Experimental Observation and Characterization of the Magnetorotational Instability.* Physical Review Letters, 93(11):114502, 2004.

[94] Geratherm Medical AG: *Safety Data Sheet acc, to Guideline 93/112/EC.* Sicherheitsdatenblatt, Geratherm Medical AG, Geschwenda, 2004.

[95] Hollerbach, Rainer und A. Fournier: *End-effects in rapidly rotating cylindrical Taylor-Couette flow.* In: *AIP Conference Proceedings*, Band 733, Seiten 114–121, Acitrezza, Italien, 2004.

[96] Rüdiger, Günther und M. Schultz: *The Magnetorotational Instability of MHD Taylor-Couette Flows.* Magnetohydrodynamics, 42(2-3):3–11, 2006.

[97] Altmeyer, Sebastian; C. Hoffmann; M. Heise; J. Abshagen; A. Pinter; M. Lücke und G. Pfister: *End wall effects on the transitions between Taylor vortices and spiral vortices.* Physical Review E, 81(6):066313, 2010.

[98] Szklarski, Jacek und G. Rüdiger: *Ekman-Hartmann layer in a magnetohydrodynamic Taylor-Couette flow.* Physical Review E, 76(6):066308, 2007.

[99] Szklarski, Jacek: *Reduction of boundary effects in the spiral MRI experiment PROMISE.* Astronomische Nachrichten, 328(6):499–506, 2007.

[100] Ogilvie, Gordon I. und J. E. Pringle: *The non-axisymmetric instability of a cylindrical shear flow containing an azimuthal magnetic field.* Monthly Notices of the Royal Astronomical Society, 279(1):152–164, 1996.

[101] Hollerbach, Rainer; V. Teeluck und G. Rüdiger: *Non-axisymmetric Magnetorotational Instabilities in Cylindrical Taylor-Couette Flow.* Physical Review Letters, 104(4):044502, 2010.

[102] Vandakurov, Yuri Vasilevich: *Theory for the Stability of a Star with a Toroidal Magnetic Field.* Soviet Astronomy, 16(2):265–272, 1972.

[103] Kruskal, Martin David und J. L. Tuck: *The instability of a pinched fluid with a longitudinal magnetic field.* Proceedings of the Royal Society of London A: Mathematical, Physical and Engineering Sciences, 245(1241):222–237, 1958.

[104] Piel, Alexander: *Plasma Physics.* Springer-Verlag, Berlin; Heidelberg, 2010.

[105] Kadomtsev, Boris Borisovich: *Hydromagnetic stability of a plasma.* Reviews of plasma physics, 2:153–199, 1966.

[106] Lanskii, Ilia Markovich und A. I. Shchetnikov: *Kink instability of plasma column with frozen-in ends.* Soviet Journal of Plasma Physics (English Translation), 16(5):322–324, 1990.

[107] Ryutov, Dmitri D.; R. H. Cohen und L. D. Pearlstein: *Stability of a finite-length screw pinch revisited.* Physics of Plasmas, 11(10):4740, 2004.

[108] HEGNA, CHRIS C.: *Stabilization of line tied resistive wall kink modes with rotating walls.* Physics of Plasmas, 11(9):4230, 2004.

[109] KONDO, YOSHIHIRO; A. KIMURA; S. AKIYOSHI; T. NAMIHIRA; T. SAKUGAWA; S. KATSUKI und H. AKIYAMA: *Modification of z-Pinch Plasmas with an Axial Magnetic Fields.* In: HOTTA, EIKI (Herausgeber): *New aspects of high energy density plasma*, Seiten 17–22, Toki, Gifu (Japan), 2005.

[110] HAINES, MALCOLM G. und M. COPPINS: *Universal diagram for regimes of Z-pinch stability.* Physical Review Letters, 66(11):1462, 1991.

[111] SPIES, GÜNTHER OTTO: *Visco-resistive stabilization of kinks with short wavelengths along an elliptic magnetic stagnation line.* Plasma Physics and Controlled Fusion, 30(8):1025, 1988.

[112] SHAN, XIAOWEN; D. MONTGOMERY und H. CHEN: *Nonlinear magnetohydrodynamics by Galerkin-method computation.* Physical Review A, 44(10):6800, 1991.

[113] MAEDER, ANDRÉ und G. MEYNET: *Stellar evolution with rotation and magnetic fields: III: The interplay of circulation and dynamo.* Astronomy & Astrophysics, 440(3):1041–1049, 2005.

[114] DENISSENKOV, PAVEL A. und M. PINSONNEAULT: *A revised prescription for the Tayler-Spruit dynamo: magnetic angular momentum transport in stars.* The Astrophysical Journal, 655(2):1157, 2007.

[115] SHALYBKOV, DIMA: *Pinch instabilities in Taylor-Couette flow.* Physical Review E, 73(1):016302, 2006.

[116] STEFANI, FRANK; T. WEIER; T. GUNDRUM und G. GERBETH: *How to circumvent the size limitation of liquid metal batteries due to the Tayler instability.* Energy Conversion and Management, 52(8-9):2982–2986, 2011.

[117] WEBER, NORBERT; V. GALINDO; F. STEFANI; T. WEIER und T. WONDRAK: *Numerical simulation of the Tayler instability in liquid metals.* New Journal of Physics, 15(4):043034, 2013.

[118] WEBER, NORBERT; V. GALINDO; F. STEFANI und T. WEIER: *Current-driven flow instabilities in large-scale liquid metal batteries, and how to tame them.* Journal of Power Sources, 265:166–173, 2014.

[119] Schartman, Ethan; H. Ji und M. J. Burin: *Development of a Couette–Taylor flow device with active minimization of secondary circulation.* Review of Scientific Instruments, 80(2):024501, 2009.

[120] Schartman, Ethan; H. Ji; M. J. Burin und J. Goodman: *Stability of quasi-Keplerian shear flow in a laboratory experiment.* Astronomy & Astrophysics, 543:A94, 2012.

[121] Schartman, Ethan; H. Ji; A. Roach; E. Edlund; E. P. Gilson; T. Zick; P. Sloboda; J. Goodman; F. Jenko und A. Limone: *Recent Results from the Princeton MRI Experiment.* Bulletin of the American Physical Society, 58, 2013.

[122] Spence, Eric und H. Ji: *Recent results from the Princeton MRI experiment.* In: *AGU Fall Meeting Abstracts*, Band 1, Seite 0757, 2010.

[123] Hollerbach, Rainer: *Non-axisymmetric instabilities in magnetic spherical Couette flow.* Proceedings of the Royal Society A: Mathematical, Physical and Engineering Sciences, 465(2107):2003–2013, 2009.

[124] Gissinger, Christophe; H. Ji und J. Goodman: *Instabilities in magnetized spherical Couette flow.* Physical Review E, 84(2):026308, 2011.

[125] Vogel, Franziska: *Modeling and Simulation of the Liquid Metal Pinch.* Doktorarbeit, Friedrich-Alexander-Universität, Erlangen-Nürnberg, 2008.

[126] Wu, Huaren; X. Li; M. Zhang; D. Stade und H. Schau: *Analysis and Design of GaInSn Current Limiter.* In: *Conference Record of the 2006 IEEE Industry Applications Conference, 2006. 41st IAS Annual Meeting*, Band 5, Seiten 2627–2630, 2006.

[127] Wu, Huaren; X. Li; M. Zhang; D. Stade und H. Schau: *Analysis of a Liquid Metal Current Limiter.* IEEE Transactions on Components and Packaging Technologies, 32(3):572–577, 2009.

[128] Messadek, Karim und R. Moreau: *An experimental investigation of MHD quasi-two-dimensional turbulent shear flows.* Journal of Fluid Mechanics, 456:137–159, 2002.

[129] Moresco, Pablo und T. Alboussière: *Experimental study of the instability of the Hartmann layer.* Journal of Fluid Mechanics, 504:167–181, 2004.

[130] Boisson, Jean; A. Klochko; F. Daviaud; V. Padilla und S. Aumaître: *Travelling waves in a cylindrical magnetohydrodynamically forced flow.* Physics of Fluids, 24(4):044101, 2012.

[131] Nataf, Henri Claude; T. Alboussiere; D. Brito; P. Cardin; N. Gagniere; D. Jault; J. P. Masson und D. Schmitt: *Experimental study of super-rotation in a magnetostrophic spherical Couette flow.* Geophysical and Astrophysical Fluid Dynamics, 100(4-5):281–298, 2006.

[132] Seilmayer, Martin; V. Galindo; G. Gerbeth; T. Gundrum; F. Stefani; M. Gellert; G. Rüdiger; M. Schultz und R. Hollerbach: *Experimental Evidence for Nonaxisymmetric Magnetorotational Instability in a Rotating Liquid Metal Exposed to an Azimuthal Magnetic Field.* Physical Review Letters, 113(2):024505, 2014.

[133] Hollerbach, Rainer; X. Wei; J. Noir und A. Jackson: *Electromagnetically driven zonal flows in a rapidly rotating spherical shell.* Journal of Fluid Mechanics, 725:428–445, 2013.

[134] Hollerbach, Rainer und A. Jackson: *Electromagnetically Driven Flows in Laboratory Experiments.* Präsentation, International Symposium on Geophysical and Astronomical Dynamos, eGDR, Ascona, 2013.

[135] Seilmayer, Martin; F. Stefani; T. Gundrum; T. Weier; G. Gerbeth; M. Gellert und G. Rüdiger: *Experimental Evidence for a Transient Tayler Instability in a Cylindrical Liquid-Metal Column.* Physical Review Letters, 108(24):244501, 2012.

[136] Geratherm Medical AG und M. Alt: *Sicherheitsdatenblatt gemäß Verordnung (EG) Nr. 1907/2006.* Sicherheitsdatenblatt, Geratherm Medical AG, Geschwenda, 2009.

[137] BASF und B. Atkins: *Product Safety Summary - Sodium Potasium Alloy.* Sicherheitsdatenblatt, BASF Corporation, Evans City, 2011.

[138] Rüdiger, Günther; M. Gellert; M. Schultz; R. Hollerbach und F. Stefani: *Astrophysical and experimental implications from the magnetorotational instability of toroidal fields.* Monthly Notices of the Royal Astronomical Society, 1(438):271–277, 2014.

[139] GALINDO, VLADIMIR; F. STEFANI und M. SEILMAYER: *Numerical Simulatoin of the Non-Axisymmetric Magnetorotational Instability in a Dominantly Azimuthal Magnetic Field.* In: *Fundamental and Applied MHD, Thermo Accoustic and Space Technologies*, Riga, 2014.

[140] SEILMAYER, MARTIN; F. STEFANI und T. GUNDRUM: *Noise reduction of UDV measurements in liquid metal experiments with high magnetic fields.* Flow Measurement and Instrumentation, DOI:10.1016/j.flowmeasinst.2015.08.008, 2015.

[141] BÖDEWADT, UWE TIMM: *Die Drehströmung über festem Grunde.* ZAMM - Journal of Applied Mathematics and Mechanics / Zeitschrift für Angewandte Mathematik und Mechanik, 20(5):241–253, 1940.

[142] PLATING ELECTRONIC: *Gleichstromquelle, wassergekühlt - POWER STATION pe4206 im 19 Zoll-Gehäuse.* Datenblatt, plating electronic GmbH, Denzlingen, 2008.

[143] KRAUTKRÄMER, JOSEF und H. KRAUTKRÄMER: *Ultrasonic testing of materials.* Springer-Verlag, 4. Auflage, 1990.

[144] LEFHALM, CORD HENRICH: *Qualifizierung von Messtechniken zur Erfassung von Strömungsgrößen in flüssigen Schwermetallen.* Forschungszentrum Karlsruhe GmbH, 2005.

[145] BRÜEL & KJAER VIBRO GMBH: *Allgemeine Erdungsempfehlung.* Anwendungsnotitz, Brüel & Kjaer Vibro GmbH, Darmstadt, 2006.

[146] HOFFMANN, RÜDIGER: *Signalanalyse und -erkennung: eine Einführung für Informationstechniker; mit 18 Tabellen.* Springer-Verlag, Berlin; Heidelberg, 1998.

[147] KAUPPINEN, ISMO und K. ROTH: *Audio signal extrapolation - Theory and Application.* In: *Proceedings of the 5th International Conference on Digital Autdio Effects*, Seiten 105–110, Hamburg, 2002.

[148] ETTER, WALTER: *Restoration of a discrete-time signal segment by interpolation based on the left-sided and right-sided autoregressive parameters.* IEEE Transactions on Signal Processing, 44(5):1124–1135, 1996.

[149] KEILER, FLORIAN; D. ARFIB und U. ZÖLZER: *Efficient linear prediction for digital audio effects.* In: *Proceedings of the COST G-6 Conference on Digital Audio Effects (DAFX-00)*, Verona, 2000.

[150] HOCKE, KLEMENS und N. KÄMPFER: *Gap filling and noise reduction of unevenly sampled data by means of the Lomb-Scargle periodogram.* Atmospheric Chemistry and Physics, 9(12):4197–4206, 2009.

[151] SCARGLE, JEFFREY D.: *Studies in astronomical time series analysis. II - Statistical aspects of spectral analysis of unevenly spaced data.* The Astrophysical Journal, 263:835–853, 1982.

[152] DOMINGUEZ-LERMA, MARCO ANTONIO; G. AHLERS und D. S. CANNELL: *Marginal stability curve and linear growth rate for rotating Couette–Taylor flow and Rayleigh–Bénard convection.* Physics of Fluids, 27(4):856, 1984.

[153] PAAP, HANS GEORG und H. RIECKE: *Wave-number restriction and mode interaction in Taylor vortex flow: Appearance of a short-wavelength instability.* Physical Review A, 41(4):1943, 1990.

[154] AVILA, MARC; A. MESEGUER und F. MARQUES: *Double Hopf bifurcation in corotating spiral Poiseuille flow.* Physics of Fluids, 18(6):064101, 2006.

[155] KIRILLOV, OLEG N. und F. STEFANI: *Extending the Range of the Inductionless Magnetorotational Instability.* Physical Review Letters, 111(6):061103, 2013.

[156] LIU, WEI; J. GOODMAN; I. HERRON und H. JI: *Helical magnetorotational instability in magnetized Taylor-Couette flow.* Physical Review E, 74(5):056302, 2006.

[157] GELLERT, MARCUS; G. RÜDIGER und A. FOURNIER: *Energy distribution in nonaxisymmetric magnetic Taylor-Couette flow.* Astronomische Nachrichten, 328(10):1162–1165, 2007.

[158] ACUNA, MARIO H.: *Fluxgate Magnetometers For outer Planets Extrapolation.* IEEE Transactions on Magnetics, MA10(3):519–523, 1974.

[159] PRIMDAHL, FRITZ: *The fluxgate magnetometer.* Journal of Physics E: Scientific Instruments, 12(4):241, 1979.

[160] INSTITUT DR. FOERSTER: *Magnetomat 1.782.* Datenblatt, Institut Dr. Förster GmbH & Co. KG, Reutlingen, 2007.

[161] DMR SEALS: *Material Datasheet POM.* Datenblatt, DMR Seals, Sheffield, 2014.

[162] MATHIAS, ADOLF; F. GROND; R. GUARDANS; D. SEESE; M. CANELA; H. H. DIEBNER und G. BAIOCCHI: *Algorithms for spectral analysis of irregularly sampled time series.* Journal of Statistical Software, 11(2):1–30, 2004.

[163] CROSS, MARK C. und P. C. HOHENBERG: *Pattern formation outside of equilibrium.* Reviews of Modern Physics, 65(3):851–1124, 1993.

[164] SOBOLEV, VITALY: *Database of thermophysical properties of liquid metal coolants for GEN-IV.* Technischer Bericht 1069, Belgian Nuclear Research Centre, Mol, 2011.

[165] MORLEY, NEIL B.; J. BURRIS; L. C. CADWALLADER und M. D. NORNBERG: *GaInSn usage in the research laboratory.* Review of Scientific Instruments, 79(5):056107, 2008.

[166] PLEVACHUK, YURI; V. SKLYARCHUK; S. ECKERT; G. GERBETH und R. NOVAKOVIC: *Thermophysical Properties of the Liquid Ga–In–Sn Eutectic Alloy.* Journal of Chemical & Engineering Data, 59(3):757–763, 2014.

[167] HOLLERBACH, RAINER: *Magnetohydrodynamic flows in spherical shells.* In: *Physics of rotating fluids*, Band 549, Seiten 295–316. Springer-Verlag, Berlin; Heidelberg, 2000.

[168] TRAVNIKOV, VADIM; K. ECKERT und S. ODENBACH: *Influence of an axial magnetic field on the stability of spherical Couette flows with different gap widths.* Acta Mechanica, 219(3-4):255–268, 2011.

[169] WEIER, TOM; N. WEBER; F. STEFANI; V. GALINDO und M. SEILMAYER: *Fluid Dynamic Aspects of Large Liquid Metal Batteries.* In: *3rd International Conference on Energy Process Engineering*, Frankfurt am Main, 2013.

[170] PENROSE, ROGER: *A generalized inverse for matrices.* Mathematical Proceedings of the Cambridge Philosophical Society, 51(03):406–413, 1955.

[171] ZECHMEISTER, MATHIAS und M. KÜRSTER: *The generalised Lomb-Scargle periodogram. A new formalism for the floating-mean and Keplerian periodograms.* Astronomy & Astrophysics, 496(2):577–584, 2009.

[172] Hocke, Klemens: *Phase estimation with the Lomb-Scargle periodogram method*. Annales Geophysicae, 16(3):356–358, 1998.

[173] Press, William H. (Herausgeber): *Numerical recipes in C: the art of scientific computing*. Cambridge University Press, Cambridge; New York, 2. Auflage, 1992.

[174] Küpfmüller, Karl; W. Mathis und A. Reibiger: *Theoretische Elektrotechnik: eine Einführung*. Springer-Lehrbuch. Springer, Berlin, 17. Auflage, 2006.

[175] Dou, Hua Shu; B. C. Khoo und K. S. Yeo: *Instability of Taylor–Couette flow between concentric rotating cylinders*. International Journal of Thermal Sciences, 47(11):1422–1435, 2008.

[176] Andereck, C. David; S. S. Liu und H. L. Swinney: *Flow regimes in a circular Couette system with independently rotating cylinders*. Journal of Fluid Mechanics, 164:155–183, 1986.

[177] Braunfels, Karl Heinz Bernhardt: *Vacuum Technology Compendium*. Pfeiffer Vacuum GmbH, Asslar, 2010.

[178] Philippow, Eugen: *Taschenbuch Elektrotechnik – Starkstromtechnik*, Band 2. VEB Verlag Technik, Berlin, 1965.

[179] Tietze, Ulrich; C. Schenk und E. Gamm: *Halbleiter-Schaltungstechnik*. Springer-Verlag, Berlin; Heidelberg, 11. Auflage, 1999.

[180] Epcos: *Ferrites and accessories, SIFERRIT, Material T37*. Datenblatt, Epcos AG, München, 2006.

Abbildungsverzeichnis

Tabellenverzeichnis

Anlagen

1 Stoffparameter GaInSn

Nachfolgend sind die Stoffparameter für das in den Experimenten eingesetzte Fluid aufgelistet. Die eingesetzte eutektische trinäre Galliumlegierung ist bei Raumtemperatur flüssig und eignet sich daher hervorragend zum Experimentieren.

Tabelle 1: Materialeigenschaften für $Ga^{67}In^{20,5}Sn^{12,5}$

Parameter bei $T = 20°C$		$Ga^{67}In^{20,5}Sn^{12,5}$
Dichte	ρ	$6360\,\frac{\mathrm{kg}}{\mathrm{m}^3}$
elektrische Leitfähigkeit	σ	$3{,}29 \cdot 10^6\,\frac{1}{\Omega\mathrm{m}}$
kinematische Viskosität	ν	$3{,}4 \cdot 10^{-7}\,\frac{\mathrm{m}^2}{\mathrm{s}}$
mag. Diffusivität	η_{M}	$0{,}265\,\frac{\mathrm{m}^2}{\mathrm{s}}$
Schmelztemperatur	T_{L}	$\approx 10°\mathrm{C}$
Schallgeschwindigkeit	v_{s}	$2750\,\frac{\mathrm{m}}{\mathrm{s}}$
mag. Prandtl-Zahl	Pm	$1{,}397 \cdot 10^{-6}$

Die magnetische Prandtl-Zahl Pm ist definiert durch:

$$Pm = \frac{\nu}{\eta_{\mathrm{F}}} = \mu_0 \sigma \nu. \tag{1}$$

Diese materialspezifischen Daten sind aus der Arbeit von Y. Plevachuk [166], dem Sicherheitsdatenblatt der Vertriebsfirma „RG Medical Diagnostics“ [94] und der Arbeit von Morley [165] hervorgegangen.

2 Berechnung des Feldes einer Kastenspule

Die Experimente zur Tayler-Instabilität und zur AMRI werden beide von realen Stromquellen versorgt, deren Zuleitungen ein zusätzliches Magnetfeld erzeugen. Vereinfacht lässt sich sagen, dass diese Anordnung eine Kastenspule mit einer Windung ist. Nachfolgend wird analytisch das Magnetfeld mit allen Komponenten für den Aufbau hergeleitet.

Das B-Feld $\vec{B}_{\text{Kasten}}$ an einem beliebigen Punkt $\vec{r}$ im Raum von einer Kastenspule, die in der x-y-Ebene liegt, kann mithilfe der Superposition der Felder von den vier begrenzenden Einzelleitern r' errechnet werden. Grundlage hierfür ist das Biot-Savartsche-Gesetz

$$\vec{B}\,(\vec{r}) = \frac{\mu_0}{4\pi} \int_V \frac{\vec{J}(\vec{r}\,') \times (\vec{r} - \vec{r}\,')}{|\vec{r} - \vec{r}\,'|^3}\, \mathrm{d}V'. \tag{1}$$

Der Strom soll hier auf einer konstanten begrenzten Fläche A auf dem roten Pfad, entsprechend Abbildung 1 fließen. Damit ergibt sich für das Integrationsvolumen im Leiter mit einer konstanten Stromdichte

$$\vec{J}\,(\vec{r}\,')\,\mathrm{d}V = I\,\mathrm{d}\vec{l}. \tag{2}$$

Der Integrand $\mathrm{d}V'$ kann so in ein Linienintegral über den Weg S überführt werden:

$$\vec{B}\,(\vec{r}) = \frac{\mu_0 I}{4\pi} \int_S \frac{\mathrm{d}\vec{l}\,' \times (\vec{r} - \vec{r}\,')}{|\vec{r} - \vec{r}\,'|^3}. \tag{3}$$

Außerdem gelten die folgenden Beziehungen für die einzelnen Vektorkomponenten und Teilausdrücke:

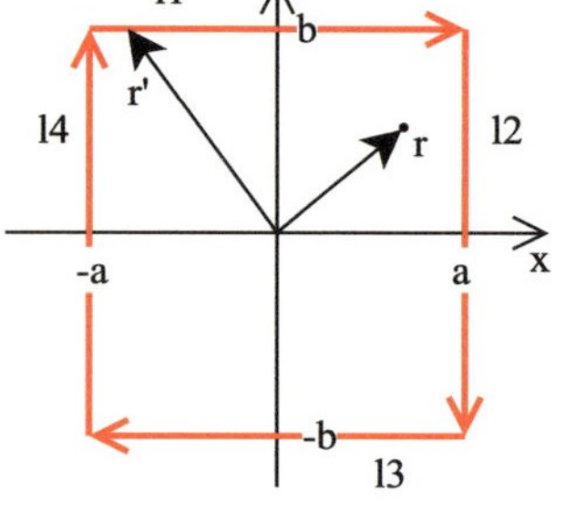

Abbildung 1: Integrationsweg zur Berechnung einer Kastenspule

$$\vec{r} = \begin{pmatrix} x \\ y \\ z \end{pmatrix}, \qquad \vec{r}' = \begin{pmatrix} x' \\ y' \\ z' \end{pmatrix},$$
$$\vec{r} - \vec{r}' = \begin{pmatrix} x - x' \\ y - y' \\ z - z' \end{pmatrix}, \tag{4}$$

und

$$|\vec{r} - \vec{r}'|^3 = \left((x - x')^2 + (y - y')^2 + (z - z')^2 \right)^{3/2}, \tag{5}$$

$$\vec{B}\,(\vec{r}) = \frac{\mu_0 I}{4\pi} \int_S \frac{\mathrm{d}\vec{l}' \times \begin{pmatrix} x - x' \\ y - y' \\ z - z' \end{pmatrix}}{\left((x - x')^2 + (y - y')^2 + (z - z')^2 \right)^{3/2}}. \tag{6}$$

Das Feld an einem beliebigen Punkt $\vec{r}$ setzt sich aus vier Einzelfeldern zusammen,

$$\vec{B}_{\text{Kasten}}\,(\vec{r}) = \vec{B}_1\,(\vec{r}) + \vec{B}_2\,(\vec{r}) + \vec{B}_3\,(\vec{r}) + \vec{B}_4\,(\vec{r})\,, \tag{7}$$

die sich nach obiger Formel durch Ändern der Integrationsgrenzen berechnen lassen.

Die vier einzelnen Leiterelemente $l_{1\ldots4}$ und die jeweilige Ableitung lassen sich wie folgt ausdrücken:

$$l_{1,3}: \quad \vec{r}' = \begin{pmatrix} x' \\ \pm b \\ 0 \end{pmatrix}, \text{und} \quad \mathrm{d}\vec{l}' = \vec{e}_x\,\mathrm{d}x, \tag{8}$$

$$l_{2,4}: \quad \vec{r}' = \begin{pmatrix} \pm a \\ y' \\ 0 \end{pmatrix}, \text{und} \quad \mathrm{d}\vec{l}' = \vec{e}_y\,\mathrm{d}y. \tag{9}$$

Die Stammfunktion für das Grundintegral zu $\vec{B}(\vec{r})$ lautet

$$\int \frac{1}{(x^2+a^2)^{3/2}}\,\mathrm{d}x = \frac{x}{a^2\sqrt{x^2+a^2}}, \text{mit } a^2 = y^2+z^2. \tag{10}$$

Die drei Kreuzprodukte berechnen sich wie folgt. Es werden die Parameter a und b entsprechend eingesetzt

$$l_1: \quad \vec{e}_x \times \begin{pmatrix} x-x' \\ y-b \\ z \end{pmatrix} = -z\cdot\vec{e}_y + (y-b)\cdot\vec{e}_z, \tag{11}$$

$$l_2: \quad \vec{e}_y \times \begin{pmatrix} x-a \\ y-y' \\ z \end{pmatrix} = z\cdot\vec{e}_x - (x-a)\cdot\vec{e}_z, \tag{12}$$

$$l_3: \quad \vec{e}_x \times \begin{pmatrix} x-x' \\ y+b \\ z \end{pmatrix} = -z\cdot\vec{e}_y + (y+b)\cdot\vec{e}_z, \tag{13}$$

$$l_4: \quad \vec{e}_y \times \begin{pmatrix} x+a \\ y-y' \\ z \end{pmatrix} = z\cdot\vec{e}_x - (x+a)\cdot\vec{e}_z. \tag{14}$$

Da das Kreuzprodukt unabhängig vom Integranden ist, kann dieser Vektor jeweils vor das Integral gezogen werden:

$$B_1 = \frac{\mu_0 I}{4\pi}\left(-z\cdot\vec{e}_y + (y-b)\cdot\vec{e}_z\right)\int_{-a}^{a} \frac{1}{\left((x-x')^2+(y-b)^2+z^2\right)^{3/2}}\,\mathrm{d}x'. \tag{15}$$

Eine Substitution von $(x-x')$ durch x'' ermöglicht an dieser Stelle eine korrekte

Integration. Es gelte zum Lösen des Integrals

$$(x - x') \to x'', \tag{16}$$

$$\begin{aligned} \frac{\mathrm{d}}{\mathrm{d}x'} x'' &= \frac{\mathrm{d}}{\mathrm{d}x'} (x - x'), \\ &= -1 \Rightarrow \mathrm{d}x'' = -\mathrm{d}x', \end{aligned} \tag{17}$$

$$\text{und } (y - b)^2 + z^2 \to a''^2. \tag{18}$$

Integrieren und Einsetzen der Substitutionen ergibt

$$B_1 = \frac{\mu_0 I}{4\pi} (-z \cdot \vec{e}_y + (y - b) \cdot \vec{e}_z) \int_{-a}^{a} \frac{-\mathrm{d}x''}{(x''^2 + a''^2)^{3/2}} \tag{19}$$

$$= -\frac{\mu_0 I}{4\pi} (-z \cdot \vec{e}_y + (y - b) \cdot \vec{e}_z) \frac{x''}{a''^2 \sqrt{x''^2 + a''^2}} \Bigg|_{-a}^{a} \tag{20}$$

$$= -\frac{\mu_0 I}{4\pi} \frac{(-z \cdot \vec{e}_y + (y - b) \cdot \vec{e}_z)}{(y - b)^2 + z^2} \frac{x - x'}{\sqrt{(x - x')^2 + (y - b)^2 + z^2}} \Bigg|_{-a}^{a}. \tag{21}$$

Schließlich berechnet sich das Feld des ersten Leiterstückes wie folgt:

$$\begin{aligned} B_1 = -\frac{\mu_0 I}{4\pi} \frac{(-z \cdot \vec{e}_y + (y - b) \cdot \vec{e}_z)}{(y - b)^2 + z^2} \Bigg(&\frac{x - a}{\sqrt{(x - a)^2 + (y - b)^2 + z^2}} \\ &- \frac{x + a}{\sqrt{(x + a)^2 + (y - b)^2 + z^2}} \Bigg). \end{aligned} \tag{22}$$

Aus Symmetriegründen wird zunächst die Komponente B_4 berechnet, damit sich letztlich durch Vorzeichenwechsel die anderen beiden Komponenten ergeben,

$$B_4 = -\frac{\mu_0 I}{4\pi} \frac{(z \cdot \vec{e}_x - (x+a) \cdot \vec{e}_z)}{(x+a)^2 + z^2} \left. \frac{y - y'}{\sqrt{(x+a)^2 + (y-y')^2 + z^2}} \right|_{-b}^{b} \tag{23}$$

$$= -\frac{\mu_0 I}{4\pi} \frac{(z \cdot \vec{e}_x - (x+a) \cdot \vec{e}_z)}{(x+a)^2 + z^2} \left(\frac{y - b}{\sqrt{(x+a)^2 + (y-b)^2 + z^2}} \right. \tag{24}$$

$$\left. - \frac{y + b}{\sqrt{(x+a)^2 + (y+b)^2 + z^2}} \right).$$

Die letzten beiden Komponenten ergeben sich aus den Komponenten 1 und 4, wobei die Vorzeichen „geschickt" vertauscht werden. Zur besseren Übersicht werden abschließend vier Faktoren definiert:

$$B_{01} = -\frac{\mu_0 I}{4\pi} \cdot \frac{z \cdot \vec{e}_y + (b-y) \cdot \vec{e}_z}{(y-b)^2 + z^2}, \tag{25}$$

$$B_{02} = -\frac{\mu_0 I}{4\pi} \cdot \frac{z \cdot \vec{e}_x + (a-x) \cdot \vec{e}_z}{(x-a)^2 + z^2}, \tag{26}$$

$$B_{03} = -\frac{\mu_0 I}{4\pi} \cdot \frac{-z \cdot \vec{e}_y + (b+y) \cdot \vec{e}_z}{(y+b)^2 + z^2}, \tag{27}$$

$$B_{04} = -\frac{\mu_0 I}{4\pi} \cdot \frac{-z \cdot \vec{e}_x + (a+x) \cdot \vec{e}_z}{(x+a)^2 + z^2}. \tag{28}$$

Die Einzelfelder bilden sich nun aus den Vorfaktoren und dem Ergebnis der Integration:

$$B_1 = B_{01} \left(\frac{a + x}{\sqrt{(x+a)^2 + (y-b)^2 + z^2}} + \frac{a - x}{\sqrt{(x-a)^2 + (y-b)^2 + z^2}} \right), \tag{29}$$

$$B_2 = B_{02} \left(\frac{b - y}{\sqrt{(x-a)^2 + (y-b)^2 + z^2}} + \frac{b + y}{\sqrt{(x-a)^2 + (y+b)^2 + z^2}} \right), \tag{30}$$

$$B_3 = B_{03} \left(\frac{a+x}{\sqrt{(x+a)^2 + (y+b)^2 + z^2}} + \frac{a-x}{\sqrt{(x-a)^2 + (y+b)^2 + z^2}} \right), \qquad (31)$$

$$B_4 = B_{04} \left(\frac{b-y}{\sqrt{(x+a)^2 + (y-b)^2 + z^2}} + \frac{b+y}{\sqrt{(x+a)^2 + (y+b)^2 + z^2}} \right). \qquad (32)$$

3 Das Lomb-Scargle-Periodogramm

Ein Signal $h(x) = f(x_i)$ mit n Stützstellen, das nicht gleichmäßig abgetastet ist und sehr niedrige Frequenzen enthält, kann mithilfe der FT oder der Wavelettransformation nur schlecht in die spektralen Anteile zerlegt werden. Dies begründet sich durch die Forderung der FT nach einer äquidistanten Abtastung und der Periodisierbarkeit des Signals $h(x)$. Hat ein Signal $h(x)$ sehr wenige Stützstellen, versagt ebenso die Analyse mittels Wavelettransformation, da hier die Orts- und Frequenzauflösung eines solchen Signals unzureichend sind. Letztere ist dabei von der Länge des Datensatzes abhängig, so dass eine Frequenz, die mit rund einer Wellenlänge im Datensatz enthalten ist, nicht genau ermittelt werden kann.

Das Verfahren nach Lomb und Scargle stellt eine Alternative zu den genannten Integraltransformationen dar. Im Kern handelt es sich um die Lösung eines Optimierungsproblems mittels der Methode der Minimierung der quadratischen Abweichung („kleinste Quadrate“). Das nachfolgend vorgestellte Vorgehen beschreibt einen statistischen Ansatz, die spektrale Zusammensetzung eines Signals zu *schätzen*.

Im Gegensatz zu den üblichen Integraltransformationen wird ein Signal $h(x)$ auf m verschiedene Frequenzen ω_k, mit $k = \{1, \ldots, m\}$, hin untersucht. Der gegebene Datenvektor habe dabei im Allgemeinen eine nicht gleichmäßige Abtastung

$$\Delta x = x_{n-1} - x_n \neq \text{const.}\,. \tag{1}$$

Diese Eigenschaft ermöglicht es zusätzlich, Frequenzen zu analysieren, die wesentlich höher liegen als die durchschnittliche Nyquistfrequenz

$$\overline{f_c} = \frac{n}{2(\max(x) - \min(x))} < f_{\max}|_{\triangle x=\text{const.}}\,. \tag{2}$$

Bei n Datenpunkten kann ein Signal $h_i \equiv h(x_i) = f(x_i)$ mit $i = \{1, \ldots, n\}$ durch das Modell

$$h(x) = A\cos(\omega(t - t)) + B\sin(\omega(t - t)) \tag{3}$$

beschrieben werden. Dabei ist

$$\omega = 2\pi f \tag{4}$$

durch eine Frequenz f des Signals definiert.

Nach Lomb und Scargle ist das hier vorgestellte Verfahren eine Minimierung der kleinsten Fehlerquadrate. Dabei wird die Orthogonalität der Kosinus- und Sinusfunktionen ausgenutzt. Diese Eigenschaft ermöglicht es nach R. Penrose [170], eine

Berechnung des optimalen Models in einem einzigen Iterationsschritt durchzuführen. Im Gegensatz zur iterativen Optimierung der kleinsten Quadrate, bietet diese Herangehensweise enorme Geschwindigkeitsvorteile. Wichtig für die Orthogonalität der beiden sin- und cos-Terme aus Gleichung (3) ist der von Lomb eingeführte Verschiebungsparameter τ_k. Dieser ist so zu bestimmen, dass

$$\sum_{i=1}^{N} \cos\left(\omega_k\left(x_i - \tau_k\right)\right) \cdot \sin\left(\omega_k\left(x_i - \tau_k\right)\right) = 0 \tag{5}$$

erfüllt wird.

Es kann gezeigt werden, dass sich mit der Einführung des Parameters τ_k der Fehler des Periodogramms gegenüber einer normalen Quadraturdemodulation minimiert. Aus Formel (5) lässt sich die Berechnungsvorschrift für τ_k ableiten

$$\tan\left(2\omega_k \tau_k\right) = \frac{\sum_i \sin(2\omega_k x_i)}{\sum_i \cos(2\omega_k x_i)}. \tag{6}$$

Zur Berechnung der Amplituden werden noch die folgenden Beziehungen definiert. Der Mittelwert

$$\overline{h} \equiv \frac{1}{n} \sum_{i=1}^{n} h_i \tag{7}$$

und die empierische Standardabweichung

$$s^2 \equiv \frac{1}{n-1} \sum_{i=1}^{n} \left(h_i - \overline{h}\right)^2 \tag{8}$$

des Signals sind durch die üblichen Gleichungen beschrieben. Schließlich ergibt sich der mittelwertfreier Datenvektor

$$y_i \equiv h_i - \overline{h}. \tag{9}$$

Für die Berechnung des Periodogramms werden zur Wahrung der Übersicht die folgenden Substitutionen definiert. Es wird sich zeigen, dass diese Parameter sehr ähnlich zum Real- und Imaginärteil der Fouriertransformation gebraucht werden:

$$R(\omega_k) \equiv \sum_i y_i \cos(\omega_k (x_i - \tau_k)), \tag{10}$$

$$I(\omega_k) \equiv \sum_i y_i \sin(\omega_k (x_i - \tau_k)), \tag{11}$$

$$C(\omega_k) \equiv \sum_i \cos^2(\omega_k (x_i - \tau_k)), \tag{12}$$

$$S(\omega_k) \equiv \sum_i \sin^2(\omega_k (x_i - \tau_k)). \tag{13}$$

Der auf die quadratische Streuung normierte Leistungsspektralwert

$$P(\omega_k) = \frac{1}{2\sigma^2}\left(\frac{R(\omega_k)^2}{C(\omega_k)} + \frac{I(\omega_k)^2}{S(\omega_k)}\right) \tag{14}$$

ist für ein bestimmtes ω_k gegeben. Durch die Normierung auf die empirische Streuung s^2 besitzt der Amplitudenwert P Eigenschaften einer χ^2-Verteilung, falls die Grundgesamtheit $n \gg 1$, so dass $s \to \sigma$ konvergiert.

Schließlich kann als Bewertung der Amplitude einer bestimmten Frequenz die „False Alarm Probability“ berechnet werden:

$$p(P < P_0) = 1 - \left(1 - \mathrm{e}^{-P}\right)^M. \tag{15}$$

Ausdruck (15) besagt, dass mit der Wahrscheinlichkeit p kein größeres P als P_0 existiert, das sich aus M voneinander *unabhängigen* Frequenzen berechnet [171]. Zur Näherung des Signifikanzwertes p bei sehr kleinen Werten von p, kann auch

$$p(p < p_0) \approx M\mathrm{e}^{-P}\Big|_{p\ll 1} \tag{16}$$

heran gezogen werden.

In einer Arbeit von A. Mathias [162] wird darüber hinaus gezeigt, dass das Periodogramm nach Lomb und Scargle ein konsistenter Schätzer ist. Er konvergiert für viele Messwerte bei äquidistanter Abtastung gegen die Fouriertransformation und kann daher als echter Schätzer zum Bestimmen von Frequenzspektren genutzt werden.

Das Amplitudenspektrum

$$A(\omega_k) = \sqrt{\frac{2}{n}\left(\frac{R(\omega_k)^2}{C(\omega_k)} + \frac{I(\omega_k)^2}{S(\omega_k)}\right)} \tag{17}$$

des Signals $h(x)$ entspricht dem nicht normierten Leistungsspektrum. Der Phasenbetrag

$$\varphi = -\left(\tan^{-1}\left(\frac{I}{R}\right) + \omega_k\tau_k\right) \tag{18}$$

einer bestimmten Frequenz ω_k lässt sich aus den Komponenten $R(\omega_k)$ und $I(\omega_k)$ sowie dem Korrekturfaktor τ_k errechnen.

Für die Programmierung des Phasenwinkels sollte die Funktion arctan2 eingesetzt werden, da diese die Vorzeichenberechnung für den Arkustangens übernimmt. An dieser Stelle ist es aber notwendig die Argumente wie folgt zu übergeben, da es sonst zu Fehlern bei der Phasenschätzung kommt [150, 151, 172][173, S. 569],

$$\varphi = -\left(\text{arctan2}\left(\frac{I}{n}, \frac{R}{n}\right) + \omega_k\tau_k\right). \tag{19}$$

Eine Rekonstruktion des Signals aus einem gegebenen Lomb-Spektrum spielt für die vorliegende Arbeit keine weitere Rolle. Die Anwendung des Lomb-Scargle-Schätzers beschränkt sich in der Anwendung auf die Analyse eines Datensatzes bezüglich einer einzigen bekannten Frequenz.

4 Herleitung der diskreten Fourier-Transformation

Die Herleitung der diskreten Fourier-Transformation (DFT) soll detailliert die in Abschnitt 2.4 ausgenutzten Eigenschaften, wie die periodischen Spektren nach der Zerlegung, näher beleuchten. Zunächst wird dazu die allgemeine reell-wertige Funktion

$$y = x(t) : \{t \in \mathbb{R} \rightarrow x(t) \in \mathbb{R} \tag{1}$$

definiert, die später abgetastet werden soll.

Um die Abtastung mathematisch zu formulieren wird die Dirac-Funktion

$$\delta(t) = \begin{cases} \infty, & t = 0 \\ 0, & t \neq 0 \end{cases} \tag{2}$$

$$\text{mit } 1 = \int_{-\infty}^{\infty} \delta(t)\,\mathrm{d}t \tag{3}$$

eingeführt. Mit ihrer Hilfe wird die so genannte Ausblendeigenschaft formuliert, die zu einem bestimmten Zeitpunkt $t = 0$ nur einen Funktionswert ϕ im Definitionsbereich zulässt. Die Eigenschaft (3) macht die Dirac-Funktion zu einer Distribution und ermöglicht so für die Fourier-Transformation die entscheidende Vereinfachung:

$$\int_{-\infty}^{\infty} \delta(t)\,\phi(t)\,\mathrm{d}t = \phi(0)\,. \tag{4}$$

Die Abtastung der Funktion $x(t)$ lässt sich also abbilden, indem die Kammfunktion $\sum_{n=-\infty}^{\infty} \delta(t - nT_\mathrm{s})$ an n Stützstellen mit der Funktion $x(t)$ multipliziert wird. Es entsteht die Abtastreihe $A(t)$:

$$\begin{aligned} A(t) &= x(t) \sum_{-\infty}^{\infty} \delta(t - nT_\mathrm{s}) \\ &= \sum_{-\infty}^{\infty} x(nT_\mathrm{s})\,\delta(t - nT_\mathrm{s})\,. \end{aligned} \tag{5}$$

Die Funktion $A(t)$ ist in diesem Sinn eine Summe mit einem Wert ∞.

Der nächste Schritt besteht darin, die Abtastreihe $A(t)$ in das Fourier-Integral einzusetzen und die Gleichung neu zu sortieren und zu vereinfachen. Das Fourier-Integral überführt eine Funktion $x(t)$ in den Bildbereich. Es handelt sich dabei um eine Integraltransformation, welche eine bijektive Abbildung $x(t) \leftrightarrow X(\omega)$ realisiert.

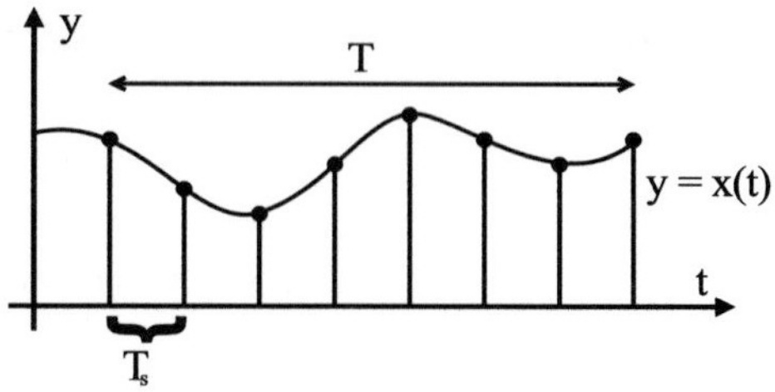

Abbildung 2: Allgemeine bandbegrenzte reell-wertige Funktion. Die Stütz- oder Abtastpunkte sind gleichmäßig verteilt und haben den Abstand T_s.

Die Zielfunktion

$$X(\omega) = \int_{-\infty}^{\infty} x(t)\, \mathrm{e}^{-\mathrm{i}\omega t}\, \mathrm{d}t \tag{6}$$

ist dabei eine komplexwertige Funktion.

Für ein reales, kausales, also zeitlich begrenztes Signal, lassen sich die Integrationsgrenzen bestimmen und es verbleibt die Darstellung der Fourierreihe

$$X(m) = \frac{1}{T} \int_{0}^{T} x(t)\, \mathrm{e}^{-\mathrm{i}m\omega_0 t}\, \mathrm{d}t. \tag{7}$$

Durch Einsetzen der Abtastfunktion $A(t)$ erhält man

$$X(m) = \frac{1}{T} \int_{0}^{T} \underbrace{\sum_{n=-\infty}^{\infty} x(nT_s)\, \delta(t - nT_s)}_{A(t)}\, \mathrm{e}^{-\mathrm{i}m\omega_0 t}\, \mathrm{d}t. \tag{8}$$

Mit der Distributions- und Ausblendeigenschaft (4) und durch Umsortieren der Koeffizienten im Hinblick auf die Eigenschaften der Dirac-Funktion ergibt sich letztlich die Diskrete Fouriertransformation DFT [10, 146],

$$X(m) = \frac{1}{T} \sum_{n=-\infty}^{\infty} x(nT_s)\, \mathrm{e}^{-\mathrm{i}m\omega_0 nT_s} \tag{9}$$

Für einen endlichen Datensatz mit N Datenpunkten und $\omega = \omega_0 = \frac{2\pi}{T}$ mit $T = NT_s$, der bei m Frequenzen untersucht werden soll, gilt:

$$X(m) = \frac{1}{NT_s} \sum_{n=0}^{N-1} x(nT_s)\, \mathrm{e}^{-\mathrm{i}m\frac{2\pi}{NT_s}nT_s} = \frac{1}{N} \sum_{n=0}^{N-1} x(n)\, \mathrm{e}^{-\mathrm{i}m\frac{2\pi}{N}n}. \tag{10}$$

Diese Transformation hat nun gewisse Eigenschaften, welche den Charakter des

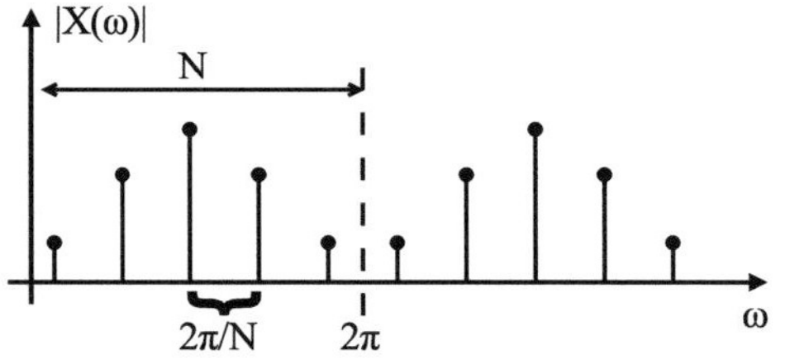

Abbildung 3: DFT mit periodischem Spektrum

diskreten Spektrums $X(m)$ bestimmen.

1. Das Spektrum ist mit $\frac{2\pi}{N}$ periodisch, das heißt es sind nur $m = N$ Frequenzen nötig, um eine eindeutige Abbildung zu erlangen.

2. Das Ergebnis ist ein Linienspektrum, da nur diskrete $\omega = \frac{2\pi}{N}m$ untersucht werden.

Die periodischen Spektren führen dazu, dass Signalanteile eines nicht bandbegrenzten Signals, die eine höhere Frequenz besitzen als die Abtastfrequenz, sich auch im unteren Frequenzbereich $0 < \omega < 2\pi/N$ abbilden. Eine eindeutige Zuordnung dieser Amplituden zu einem physikalischen Signal ist in diesem Fall nur mithilfe von zusätzlichen Informationen möglich.

5 Herleitung der Sinc-Interpolation

Für ein bandbegrenztes Signal $x(t)$, das abgetastet wurde und in äquidistanten Messpunkten vorliegt, kann man mithilfe der Sinc-Interpolation beliebige Zwischenwerte generieren. Die Herleitung erfolgt dabei aus der Samplingreihe. Durch Rückwärtseinsetzen ergibt sich schließlich die Interpolationsformel.

Es gilt allgemein, dass ein bandbegrenztes Signal $x(t)$ aus den spektralen Koeffizienten $X(\omega)$ vollständig rekonstruiert werden kann.

$$x\left(t\right)=\frac{1}{2\pi}\int_{-\frac{\pi}{T_{\mathrm{s}}}}^{\frac{\pi}{T_{\mathrm{s}}}}X(\omega)\mathrm{e}^{\mathrm{i}\omega t}\,\mathrm{d}\omega \tag{1}$$

Das komplexe Spektrum $X(\omega)$ lässt sich seinerseits aus den transformierten Messpunkten $x\left(k\right)$ durch die diskrete Transformationsvorschrift berechnen und in die obige Gleichung einsetzen:

$$x\left(t\right)=\frac{T_{\mathrm{s}}}{2\pi}\int_{-\frac{\pi}{T_{\mathrm{s}}}}^{\frac{\pi}{T_{\mathrm{s}}}}\left[\sum_{k=-\infty}^{\infty}x\left(k\right)\mathrm{e}^{-\mathrm{i}\omega kT_{\mathrm{s}}}\right]\mathrm{e}^{\mathrm{i}\omega t}\,\mathrm{d}\omega,\ k\in\mathbb{N} \tag{2}$$

$$=\sum_{k=-\infty}^{\infty}x\left(k\right)\frac{T_{\mathrm{s}}}{2\pi}\int_{-\frac{\pi}{T_{\mathrm{s}}}}^{\frac{\pi}{T_{\mathrm{s}}}}\mathrm{e}^{\mathrm{i}\omega(t-kT_{\mathrm{s}})}\,\mathrm{d}\omega. \tag{3}$$

Auflösen des Integrals und Einsetzen der Euler'schen Beziehung für

$$\sin\alpha=\frac{1}{2\mathrm{i}}\left(\mathrm{e}^{\mathrm{i}\alpha}-\mathrm{e}^{-\mathrm{i}\alpha}\right)$$

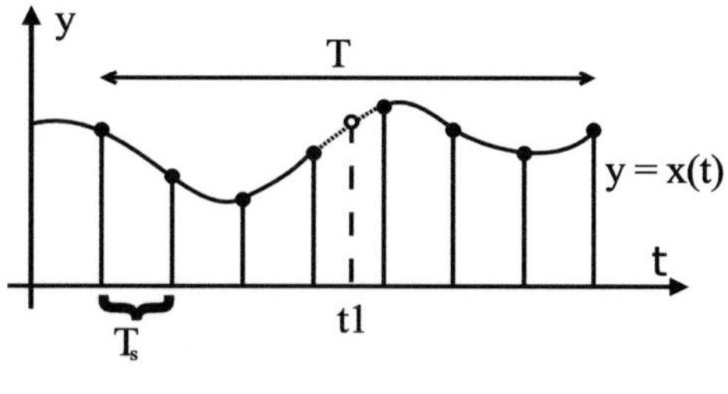

Abbildung 4: Interpolation zwischen zwei Stützstellen.

ergibt:

$$x(t) = \sum_{k=-\infty}^{\infty} x(k) \frac{\mathrm{e}^{\mathrm{i}\frac{\pi}{T_\mathrm{s}}(t-kT_\mathrm{s})} - \mathrm{e}^{-\mathrm{i}\frac{\pi}{T_\mathrm{s}}(t-kT_\mathrm{s})}}{2\mathrm{i}\frac{\pi}{T_\mathrm{s}}(t-kT_\mathrm{s})}, \tag{4}$$

$$= \sum_{k=-\infty}^{\infty} x(k)\,\mathrm{si}\left(\frac{\pi(t-kT_\mathrm{s})}{T_\mathrm{s}}\right). \tag{5}$$

Dies ist die Formel für die ideale Interpolation. Sie ist gültig, wenn das bandbegrenzte Signal $x(t)$ eine Bandbreite von $\omega_x = \omega_s/2$ aufweist. Wenn allerdings $\omega < \omega_s/2$ gilt, was bei natürlichen Signalen meistens der Fall ist, dann rekonstruiert die Sinc-Interpolation die ursprüngliche Funktion $x(t)$ fehlerhaft.

6 Herleitung der Induktionsgleichung für die MHD

In der Magnetohydrodynamik ist die nachfolgend hergeleitete Induktionsgleichung

$$\frac{\partial \vec{B}}{\partial t} = \nabla \times \left(\vec{v} \times \vec{B}\right) + \frac{1}{\mu_0 \sigma} \nabla^2 \vec{B} \tag{1}$$

von zentraler Bedeutung, da sie die Gesetze der Elektrodynamik zusammenfasst. Das Ergebnis der folgenden Ausführungen ist also eine partielle Differentialgleichung, welche die zeitliche Magnetfeldänderung in Abhängigkeit der Strömungsgeschwindigkeit und der Diffusion des Magnetfeldes innerhalb des betrachteten Fluids angibt.

Aufgrund der fehlenden magnetischen Eigenschaften und wegen der hervorragenden elektrischen Leitfähigkeit gilt für die Materialkonstanten der in dieser Arbeit betrachteten Metallschmelzen $\mu = \mu_0$ und $\varepsilon = \varepsilon_0$.

Für die Herleitung werden zunächst die Gleichungen der Elektrodynamik formuliert. Begonnen wird mit dem Faraday'schen Gesetz:

$$\frac{\partial \vec{B}}{\partial t} = -\nabla \times \vec{E}. \tag{2}$$

Das Ampère'sche Gesetz lautet:

$$\nabla \times \vec{B} = \mu_0 \vec{J} + \frac{1}{c_0^2} \frac{\partial \vec{E}}{\partial t}. \tag{3}$$

Die Lichtgeschwindigkeit $c = c_0$ wird durch

$$c_0^2 = \frac{1}{\mu_0 \varepsilon_0} \tag{4}$$

ausgedrückt, so dass die dielektrische Konstante ε_0 in (3) entfällt. Mit dem Gauß'schen Gesetz wird zusätzlich ein Zusammenhang zwischen der Ladungsdichte ρ_{el} im Medium und der Divergenz des E-Feldes gegeben:

$$\nabla \cdot \vec{E} = \frac{\rho_{el}}{\varepsilon_0}. \tag{5}$$

Die Quellenfreiheit des Magnetfeldes $\vec{B}$ bringt

$$\nabla \cdot \vec{B} = 0 \tag{6}$$

zum Ausdruck. Das Ohm'sche Gesetz

$$\vec{E}' = \frac{1}{\sigma}\vec{J} \tag{7}$$

bildet abschließend den Zusammenhang zwischen dem elektrischen Feld $\vec{E}'$ in einem Leiter und der Stromdichte $\vec{J}$ durch denselben.

Für den bewegten Leiter im Raum kann das elektrische Feld $\vec{E}'$im Leiter aus der Lorentztransformation und einem globalen elektrischen Feld $\vec{E}_0$ gewonnen werden. Sofern der Beobachter ruht und sich der Leiter relativ zu ihm bewegt, gilt dann allgemein die relativistische Form

$$\vec{E}' = \frac{\vec{E}_0 + \vec{v} \times \vec{B}}{\sqrt{1 - \frac{|\vec{v}|^2}{c_0^2}}} + \left(1 - \frac{1}{\sqrt{1 - \frac{|\vec{v}|^2}{c_0^2}}}\right) \frac{\vec{E}_0 \cdot \vec{v}}{|\vec{v}|^2}\vec{v}. \tag{8}$$

Für die meisten Anwendungen in der Magnetohydrodynamik ist es völlig ausreichend die Näherung für nicht relativistische Geschwindigkeiten

$$\frac{v_0^2}{c_0^2} \ll 1, \text{mit } |\vec{v}|^2 = v_0^2 \tag{9}$$

einzuführen, da die Strömungsgeschwindigkeiten der hier betrachteten Fluide und alle damit verbundenen Änderungen viel langsamer stattfinden als mit Lichtgeschwindigkeit c_0.

Mit dieser Näherung lässt sich die nachstehende Vereinfachung

$$\sqrt{1 - \frac{v_0^2}{c_0^2}} \approx 1 \tag{10}$$

einführen. Es folgt aus Gleichung (10) das Ohm'sche Gesetz für kleine Geschwindigkeiten

$$\vec{J} = \sigma\left(\vec{E}_0 + \vec{v} \times \vec{B}\right), \tag{11}$$

das es erlaubt die Fluidbewegung in die Gleichungen hinein zu bringen.

Gleichung (11) wird als nächstes nach $\vec{E}_0$ umgestellt und in das Gesetz von Faraday (2) eingesetzt,

$$\frac{\partial \vec{B}}{\partial t} = -\nabla \times \left(-\vec{v} \times \vec{B} + \frac{1}{\sigma}\vec{J}\right). \tag{12}$$

Aus dem Ampère'schen Gesetz (3) kann die Ersetzung für $\vec{J}$ entnommen werden. Eingesetzt in (12) muss schließlich der letzte Summand $\frac{1}{c_0^2}\frac{\partial \vec{E}}{\partial t}$, der den Verschiebungsstrom charakterisiert, diskutiert werden [68, S. 35–42]. Es ergibt sich

$$\frac{\partial \vec{B}}{\partial t} = -\nabla \times \left(-\vec{v} \times \vec{B} + \frac{1}{\mu_0 \sigma} \left(\nabla \times \vec{B} - \underbrace{\frac{1}{c_0^2} \frac{\partial \vec{E}}{\partial t}}_{\approx 0} \right) \right). \tag{13}$$

Ausgehend vom Ampère'schen Gesetz (3) lässt sich dieser Term abschätzen. Dafür wird angenommen, dass die Änderung des elektrischen Feldes durch eine sinusförmige Schwingung mit der Frequenz ω ausgedrückt werden kann. Gesucht ist das Verhältnis zwischen Verschiebungsstrom und induziertem Strom

$$\frac{\left| \frac{1}{c_0^2} \frac{\partial \vec{E}}{\partial t} \right|}{\left| \nabla \times \vec{B} \right|} \sim \frac{E_0 \omega / c_0^2}{B_0 / L_\mathrm{c}} \sim \frac{v_0 \omega L_\mathrm{c}}{c_0^2} \sim \frac{v_0^2}{c_0^2} \ll 1. \tag{14}$$

Für ein ideal leitfähiges Fluid, $1/\sigma \to 0$ geht aus Gleichung (11) hervor, dass eine Geschwindigkeit $v_0 = |\vec{v}|$ durch den Zusammenhang $v_0 \sim E_0/B_0$ abgeschätzt werden kann, sofern $E_0 \perp B_0$ gilt. Es sei darüber hinaus $v_0 \sim \omega L_\mathrm{c}$, so dass für niedrige Frequenzen ω die Näherung nach Gleichung (14) folgt. Aus diesen Überlegungen lässt sich schlussfolgern, dass für langsame Vorgänge mit der Geschwindigkeit $v_0^2 \ll c_0^2$ der Term für den Verschiebungsstrom vernachlässigt werden kann. Auf diese Weise entsteht die vorläufige Induktionsgleichung

$$\frac{\partial \vec{B}}{\partial t} = -\nabla \times \left(-\vec{v} \times \vec{B} + \frac{1}{\mu_0 \sigma} \nabla \times \vec{B} \right), \tag{15}$$

die sich weiter zusammenfassen lässt. Der Entwicklungssatz

$$\nabla \left(\nabla \cdot \vec{A} \right) - \nabla^2 \vec{A} \equiv \nabla \times \left(\nabla \times \vec{A} \right) \tag{16}$$

hilft schließlich

$$\frac{\partial \vec{B}}{\partial t} = \nabla \times \left(\vec{v} \times \vec{B} \right) - \frac{1}{\mu_0 \sigma} \left(\nabla \times \left(\nabla \times \vec{B} \right) \right) \tag{17}$$

$$= \nabla \times \left(\vec{v} \times \vec{B} \right) - \frac{1}{\mu_0 \sigma} \left(-\nabla^2 \vec{B} + \nabla \underbrace{\left(\nabla \cdot \vec{B} \right)}_{=0} \right) \tag{18}$$

$$= \nabla \times \left(\vec{v} \times \vec{B} \right) + \frac{1}{\mu_0 \sigma} \nabla^2 \vec{B}$$

handlicher zu gestalten, wobei die $\nabla \cdot \vec{B} = 0$ nach Gleichung (6) beachtet werden muss [68, S. 35–42] [174]. Damit ist Gleichung (1) hergeleitet.

7 Entdimensionalisieren der Navier-Stokes Gleichungen in Zylinderkoordinaten

Die Navier-Stokes Gleichungen beschreiben Eigenschaften und Zustände von Fluiden in der Hydrodynamik. Werden diese Gleichungen auf eine, dem zu lösenden Problem charakteristische Geometrie L_c, Zeit und Geschwindigkeit normiert, kann ein ähnliches Problem durch dieselbe Lösung der normierten oder auch entdimensionalisierten Gleichung beschrieben werden. Die folgende Herleitung bezieht sich zunächst auf die reine Hydrodynamik inkompressibler Fluide ohne die Einflüsse von Lorentzkräften, die aus angelegten Magnetfeldern herrühren könnten.

Mit der kinematischen Viskosität $\nu = \eta_\mathrm{F}/\rho$ stellt die Impulsgleichung der NSG

$$\frac{\partial \vec{v}}{\partial t} + (\vec{v} \cdot \nabla)\,\vec{v} = -\frac{\nabla p}{\rho} + \nu \nabla^2 \vec{v} \tag{1}$$

den Ausgangspunkt für die Normierung dar.

Die folgenden Ausführungen beziehen sich auf einen Taylor-Couette-Aufbau, wobei die charakteristische Länge L_c des Doppelzylindersystems zunächst undefiniert bleibt. Die Substitutionen

$$\vec{v}' = \frac{\vec{v}}{\Omega_\mathrm{i} r_\mathrm{i}}, \quad r' = \frac{r}{L_\mathrm{c}}, \quad z' = \frac{z}{L_\mathrm{c}}, \quad t' = \frac{t}{L_\mathrm{c}/\left(\Omega_\mathrm{i} r_\mathrm{i}\right)}, \quad p' = \frac{p}{\rho \left(\Omega_\mathrm{i} r_\mathrm{i}\right)^2} \tag{2}$$

der einzelnen Größen werden so gewählt, dass die gesamte Gleichung dimensionslos wird. Die Ableitungen der Gleichung sind durch

$$\nabla' = L_\mathrm{c} \nabla, \quad \frac{\mathrm{d}t'}{\mathrm{d}t} = \frac{\Omega_\mathrm{i} r_\mathrm{i}}{L_\mathrm{c}} \tag{3}$$

zu ersetzen. Als nächstens können alle Substitutionen in (1) eingesetzt werden. Kürzen mit $\left(\Omega_\mathrm{i} r_\mathrm{i}\right)^2 / L_\mathrm{c}$ führt zu einem Zwischenergebnis, das sich mit der Einführung der dimensionslosen Kennzahlen zusammenfassen lässt:

$$\begin{aligned}
\frac{\partial \vec{v}}{\partial t} + {} & (\vec{v} \cdot \nabla)\,\vec{v} = {} & -\nabla \frac{p}{\rho} + {} & \nu \nabla^2 \vec{v}, \\
\frac{\left(\Omega_\mathrm{i} r_\mathrm{i}\right)^2}{L_\mathrm{c}} \frac{\partial \vec{v}'}{\partial t'} + \frac{\left(\Omega_\mathrm{i} r_\mathrm{i}\right)^2}{L_\mathrm{c}} & (\vec{v}' \cdot \nabla')\,\vec{v}' = {} & -\frac{\left(\Omega_\mathrm{i} r_\mathrm{i}\right)^2}{L_\mathrm{c}} \nabla' p' + {} & \frac{\left(\Omega_\mathrm{i} r_\mathrm{i}\right)\nu}{L_\mathrm{c}} \nabla'^2 \vec{v}', \\
\frac{\partial \vec{v}'}{\partial t'} + {} & (\vec{v}' \cdot \nabla')\,\vec{v}' = {} & -\nabla' p' + {} & \frac{\nu}{L_\mathrm{c}\left(\Omega_\mathrm{i} r_\mathrm{i}\right)} \nabla'^2 \vec{v}'.
\end{aligned} \tag{4}$$

Mit der einheitenlosen Reynolds-Zahl

$$Re = \frac{(\Omega_{\mathrm{i}} r_{\mathrm{i}})\, L_{\mathrm{c}}}{\nu} \tag{5}$$

lässt sich nun die Impulsgleichung in der dimensionslosen Form angeben. Sie hängt dabei ausschließlich von Re und den dimensionslosen Größen v', t', p' ab:

$$\frac{\partial \vec{v}'}{\partial t'} + (\vec{v}' \cdot \nabla')\, \vec{v}' = -\nabla' p' + \frac{1}{Re} \nabla'^2 \vec{v}'. \tag{6}$$

Die Gleichung für die Masseerhaltung $\nabla \cdot \vec{v} = 0$ wurde hier nicht explizit aufgeführt, da sie in der normierten Form gleichermaßen gilt.

8 Entdimensionalisieren der MHD-Gleichungen in Zylinderkoordinaten

Die Navier-Stokes Gleichungen in Verbindung mit den Maxwell-Gleichungen beschreiben Eigenschaften und Zustände von Fluiden in der Magnetohydrodynamik. Werden diese Gleichungen auf eine dem zu lösenden Problem charakteristische Geometrie L_c, Zeit und Geschwindigkeit normiert, kann ein ähnliches Problem durch dieselbe Lösung der normierten oder auch entdimensionalisierten Gleichung beschrieben werden. Nachfolgend wird eine mögliche Entdimensionalisierung vorgestellt, die sich an die Ausführungen von Anlage 7 anschließt.

Mit $\nu = \eta_F/\rho$ stellt die folgende Form der Impulsgleichung der NSG

$$\frac{\partial \vec{v}}{\partial t} + (\vec{v} \cdot \nabla)\,\vec{v} = -\frac{\nabla p}{\rho} + \nu \nabla^2 \vec{v} + \frac{1}{\mu_0 \sigma}\left(\nabla \times \vec{B}\right) \times \vec{B} \tag{1}$$

den Ausgangspunkt für die Normierung der MHD-Gleichungen für inkompressible Fluide dar. Die Substitutionen

$$\vec{v}\,' = \frac{\vec{v}}{\Omega_i r_i}, \quad r' = \frac{r}{L_c}, \quad z' = \frac{z}{L_c}, \quad t' = \frac{t}{L_c/\left(\Omega_i r_i\right)}, \quad p' = \frac{p}{\rho\left(\Omega_i r_i\right)^2}, \quad \vec{B}\,' = \frac{\vec{B}}{B_i} \tag{2}$$

werden eingeführt, indem die einzelnen Größen auf zum Beispiel die Umfangsgeschwindigkeit $v_\varphi = \Omega_i r_i$ des inneren Zylinders oder auch der charakteristischen Länge L_c normiert werden. Die örtlichen und zeitlichen Ableitungen sind ebenfalls durch die Substitutionen

$$\nabla' = L_c \nabla \text{ und } \frac{\mathrm{d}t'}{\mathrm{d}t} = \frac{\Omega_i r_i}{L_c} \tag{3}$$

zu ersetzen. Als nächstens können alle Ersetzungen angewendet werden. Kürzen mit $\left(\Omega_i r_i\right)^2/L_c$ führt zu einem Zwischenergebnis, das sich mit Einführung der dimensionslosen Kennzahlen zusammenfassen lässt:

$$
\begin{aligned}
\frac{\partial \vec{v}}{\partial t} + \quad (\vec{v}\cdot\nabla)\,\vec{v} &= -\nabla\frac{p}{\rho} + \nu\nabla^2\vec{v} \\
&\quad + \frac{1}{\mu_0\sigma}\left(\nabla\times\vec{B}\right)\times\vec{B}, \\
\frac{(\Omega_\mathrm{i} r_\mathrm{i})^2}{L_\mathrm{c}}\frac{\partial \vec{v}'}{\partial t'} + \frac{(\Omega_\mathrm{i} r_\mathrm{i})^2}{L_\mathrm{c}}(\vec{v}'\cdot\nabla')\,\vec{v}' &= -\frac{(\Omega_\mathrm{i} r_\mathrm{i})^2}{L_\mathrm{c}}\nabla' p' + \vec{v}'\frac{(\Omega_\mathrm{i} r_\mathrm{i})\,\nu}{L_\mathrm{c}}\nabla'^2 \\
&\quad + \frac{B_\mathrm{i}^2}{\mu_0\sigma}\frac{1}{L_\mathrm{c}}\left(\nabla'\times\vec{B}'\right)\times\vec{B}', \qquad (4)\\
\frac{\partial \vec{v}'}{\partial t'} + \quad (\vec{v}'\cdot\nabla')\,\vec{v}' &= -\nabla' p' + \frac{\nu}{L_\mathrm{c}\,(\Omega_\mathrm{i} r_\mathrm{i})}\nabla'^2\vec{v}' \\
&\quad + \frac{B_\mathrm{i}^2}{\mu_0\sigma}\frac{1}{(\Omega_\mathrm{i} r_\mathrm{i})^2}\cdot \\
&\quad \left(\nabla'\times\vec{B}'\right)\times\vec{B}'
\end{aligned}
$$

Mit der Hartmann-Zahl Ha, der magnetischen Prandtl-Zahl Pm und der Reynolds-Zahl,

$$
Re = \frac{\Omega_\mathrm{i} r_\mathrm{i} L_\mathrm{c}}{\nu}, \quad Ha^2 = \frac{B_\mathrm{i}^2 L_\mathrm{c}}{\mu_0\rho\nu\eta_\mathrm{M}}, \quad Pm = \frac{\nu}{\eta_\mathrm{M}}, \qquad (5)
$$

welche die Strömungsgeschwindigkeit, das Magnetfeld und die Stoffparameter abbilden, lässt sich nun die Gleichung umschreiben.

Zunächst wird der Vorfaktor $\frac{B_\mathrm{i}^2}{\mu_0\sigma}\frac{1}{(\Omega_\mathrm{i} r_\mathrm{i})^2}$ des letzten Terms in (4) erweitert und neu sortiert:

$$
\begin{aligned}
\frac{B_\mathrm{i}^2}{\mu_0\sigma}\frac{1}{(\Omega_\mathrm{i} r_\mathrm{i})^2}\left(\frac{L_\mathrm{c}\nu}{L_\mathrm{c}\nu}\right)^2\frac{\eta_\mathrm{M}}{\eta_\mathrm{M}} &= \underbrace{\frac{B_\mathrm{i}^2 L_\mathrm{c}}{\mu_0\rho\sigma\eta_\mathrm{M}}}_{Ha^2}\underbrace{\frac{\nu^2}{(\Omega_\mathrm{i} r_\mathrm{i} L_\mathrm{c})^2}}_{Re^{-2}}\underbrace{\frac{\eta_\mathrm{M}}{\nu}}_{Pm^{-1}}, \qquad (6)\\
&= \frac{Ha^2}{Re^2 Pm}. \qquad (7)
\end{aligned}
$$

Durch Zusammenfassen lässt sich (6) ausschließlich durch Re, Ha, und Pm ausdrücken. Die normierte Impulsgleichung hat jetzt die folgende Form:

$$
\frac{\partial \vec{v}'}{\partial t'} + (\vec{v}'\cdot\nabla')\,\vec{v}' = -\nabla' p' + \frac{1}{Re}\nabla'^2\vec{v}' + \frac{Ha^2}{Re^2 Pm}\left(\nabla'\times\vec{B}'\right)\times\vec{B}'. \qquad (8)
$$

In ähnlicher Weise muss die Induktionsgleichung (1) behandelt werden, um einen dimensionslosen Ausdruck zu erhalten. Werden die Substitutionen aus (2) eingesetzt und die magnetische Diffusivität $\eta_\mathrm{M} = (\mu_0\sigma)^{-1}$ definiert, entsteht der folgende vorläufige Ausdruck:

$$\frac{\partial \vec{B}}{\partial t} = \nabla \times \left(\vec{v} \times \vec{B}\right) + \frac{1}{\mu_0 \sigma} \nabla^2 \vec{B},$$

$$\frac{\Omega_\mathrm{i} r_\mathrm{i}}{L_\mathrm{c}} B_\mathrm{i} \frac{\partial \vec{B}\,'}{\partial t'} = \frac{\Omega_\mathrm{i} r_\mathrm{i}}{L_\mathrm{c}} B_\mathrm{i} \nabla' \times \left(\vec{v}\,' \times \vec{B}\,'\right) + \frac{\eta_\mathrm{M} B_\mathrm{i}}{L_\mathrm{c}} \nabla'^2 \vec{B}\,'. \tag{9}$$

Nachdem mit $B_\mathrm{i}\Omega_\mathrm{i}r_\mathrm{i}/L_\mathrm{c}$ gekürzt wurde, können die Kennzahlen Re und Pm in der Gleichung abgelesen werden. Umsortieren und Erweitern mit ν/ν liefert schließlich den nachstehenden Zwischenschritt:

$$\frac{\partial \vec{B}\,'}{\partial t'} = \nabla' \times \left(\vec{v}\,' \times \vec{B}\,'\right) + \underbrace{\frac{\nu}{\Omega_\mathrm{i} r_\mathrm{i} L_\mathrm{c}}}_{Re^{-1}} \underbrace{\frac{\eta_\mathrm{M}}{\nu}}_{Pm^{-1}} \nabla'^2 \vec{B}\,' \tag{10}$$

$$= \nabla' \times \left(\vec{v}\,' \times \vec{B}\,'\right) + \frac{1}{Re\,Pm} \nabla'^2 \vec{B}\,'. \tag{11}$$

Die magnetische Reynolds-Zahl Rm ist dabei das Produkt aus magnetischer Prandtl-Zahl und Reynolds-Zahl, so dass die dimensionslose Induktionsgleichung

$$\frac{\partial \vec{B}\,'}{\partial t'} = \nabla' \times \left(\vec{v}\,' \times \vec{B}\,'\right) + \frac{1}{Rm} \nabla'^2 \vec{B}\,' \tag{12}$$

nur von Rm bestimmt wird. Mit dieser Normierung wird die in Anlage 7 präsentierte hydrodynamische Variante um die magnetischen Erweiterungen ergänzt. Auffällig ist, dass die magnetische Prandtl-Zahl mit der Reynolds-Zahl jeweils im Nenner von (8) und (12) auftaucht. Für eine numerische Simulation mit $Re \approx \mathcal{O}\left(10^{-1\ldots3}\right)$ realistischer Flüssigmetallversuche folgt, dass mit $Pm \approx \mathcal{O}\left(10^{-6}\right)$ diese Summanden unter Umständen sehr groß werden können. Rundungsfehler der verwendeten Routinen haben an dieser Stelle einen starken numerischen Effekt, so dass sie das Ergebnis deutlich verfälschen oder gar nicht erst gegen eine konstante Lösung konvergieren. Die Herausforderung der Numerik besteht demnach darin, Methoden zu entwickeln, die es auch zulassen Simulationen für realistische $Pm \ll 1$ durchzuführen.

9 Hydrodynamische Stabilität der Taylor-Couette-Strömung

Eine wichtige Klasse von fluidmechanischen Experimenten sind die Taylor-Couette-Experimente. Es handelt sich hierbei um eine Doppelzylinderanordnung in der zwei Zylinder konzentrisch und drehbar gelagert sind. Im Zylinderspalt befindet sich das Fluid, das durch die Rotation der beiden Zylinderwände in Bewegung versetzt wird. Für die Grundströmung existiert eine analytische Lösung unter der Randbedingung, dass der betrachtete Zylinderspalt unendlich lang ist. Aufgrund der besonderen Geometrie können Zylinderkoordinaten zur Berechnung der Gleichungen benutzt werden. Weiterhin wird angenommen, dass die stationäre Lösung der laminaren Strömung nur Komponenten in φ-Richtung besitzt und nur vom Radius abhängt. Daraus folgt, dass die Geschwindigkeitskomponenten in z- und r-Richtung null sind. Gesucht sind also alle Lösungen für $\vec{v}_\varphi(r)$.

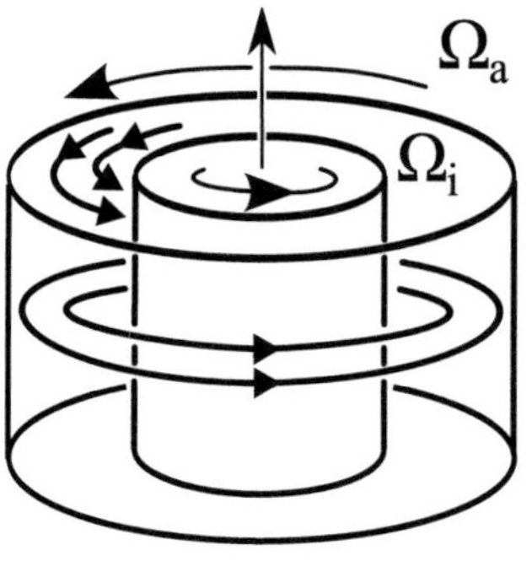

Randbedingungen für einen unendlich langen, d. h. $z \to \infty$, Doppelzylinder:

$$\vec{v} = \begin{pmatrix} v_r \\ v_\varphi \\ v_z \end{pmatrix} = \vec{e}_\varphi v_\varphi(r).$$

Weiterhin gilt, dass es keine φ-Abhängigkeit der Geschwindigkeit $\frac{\partial}{\partial\varphi} v_\varphi = 0$ gibt. Für die Druckverteilung gilt: $\frac{\mathrm{d}\bar{p}}{\mathrm{d}z} = 0$. Außerdem wird $\Omega_{\mathrm{i,a}} = 2\pi f_{\mathrm{i,a}}$ gesetzt.

Abbildung 5: Randbedingungen der Taylor-Couette-Anordnung

Für die Geschwindigkeiten v_φ am Außen- und Innenrand an den Radien r_a und r_i des Zylinderspalts gilt weiterhin:

$$v_\varphi\left(r_\mathrm{i}\right) = \Omega_\mathrm{i} r_\mathrm{i}, \text{und } v_\varphi\left(r_\mathrm{a}\right) = \Omega_\mathrm{a} r_\mathrm{a}. \tag{1}$$

Dabei ist das Verhältnis der Rotationsraten $\hat{\mu}$ und der Quotient der Radien $\hat{\eta}$ definiert durch

$$\hat{\mu} = \frac{\Omega_\mathrm{a}}{\Omega_\mathrm{i}}, \text{und } \hat{\eta} = \frac{r_\mathrm{i}}{r_\mathrm{a}}. \tag{2}$$

Berechnung der Grundströmung Ausgehend von der Navier-Stokes Gleichung

$$\rho\left(\frac{\partial\vec{v}}{\partial t}+(\vec{v}\cdot\nabla)\,\vec{v}\right)=-\nabla p+\eta_{\mathrm{F}}\nabla^2\vec{v} \tag{3}$$

werden jetzt die einzelnen Komponenten ohne zusätzliche Volumenkräfte betrachtet und vereinfacht, um schließlich eine gewöhnliche Differenzialgleichung zu erhalten.

Beginnend mit der linken Seite der Gleichung fordert eine stationäre Lösung, dass es keine Änderung der Geschwindigkeit mit der Zeit gibt. Es folgt

$$\frac{\partial\vec{v}}{\partial t}=0. \tag{4}$$

Der nächste Term $(\vec{v}\cdot\nabla)\,\vec{v}$ muss in Zylinderkoordinaten betrachtet werden. Dabei gilt die Transformationsvorschrift für kartesische Koordinaten nach Zylinderkoordinaten für den ∇-Operator entsprechend. Es wird mit dem geklammerten Skalarprodukt

$$\begin{aligned}\vec{v}\cdot\nabla&=\begin{pmatrix}v_r\\ v_\varphi\\ v_z\end{pmatrix}\cdot\begin{pmatrix}\frac{\partial}{\partial r}\\ \frac{\partial}{\partial\varphi}\frac{1}{r}\\ \frac{\partial}{\partial z}\end{pmatrix},\\ &=\underbrace{v_r\frac{\partial}{\partial r}}_{=0}+\frac{v_\varphi}{r}\frac{\partial}{\partial\varphi}+\underbrace{v_z\frac{\partial}{\partial z}}_{=0}=\frac{v_\varphi}{r}\frac{\partial}{\partial\varphi}\end{aligned} \tag{5}$$

begonnen. Für die Auflösung des gesamten Terms gilt, dass die Einheitsvektoren $\{\vec{e}_r;\,\vec{e}_\varphi;\,\vec{e}_z\}$ mit in die Multiplikation einbezogen werden müssen, so dass

$$(\vec{v}\cdot\nabla)\,\vec{v}=\frac{v_\varphi}{r}\frac{\partial}{\partial\varphi}\left(v_r\vec{e}_r+v_\varphi\vec{e}_\varphi+v_z\vec{e}_z\right), \tag{6}$$

da hier in krummlinigen Koordinaten gerechnet wird. Mit $v_r=v_z=0$ muss nur noch die v_φ-Komponente

$$\frac{v_\varphi}{r}\frac{\partial v_\varphi\vec{e}_\varphi}{\partial\varphi}=\frac{v_\varphi}{r}\left(v_\varphi\frac{\partial\vec{e}_\varphi}{\partial\varphi}+\vec{e}_\varphi\frac{\partial v_\varphi}{\partial\varphi}\right) \tag{7}$$

betrachtet werden. Der Term $v_\varphi\frac{\partial\vec{e}_\varphi}{\partial\varphi}$ wird mithilfe der Transformation für Zylinderkoordinaten $\vec{e}_r = \cos(\varphi)\,\vec{e}_x + \sin(\varphi)\,\vec{e}_y$ nach φ abgeleitet:

$$\begin{aligned} v_\varphi \frac{\partial \vec{e}_\varphi}{\partial \varphi} &= v_\varphi \frac{\partial}{\partial \varphi} \left(-\sin(\varphi)\,\vec{e}_x + \cos(\varphi)\,\vec{e}_y\right), \\ &= v_\varphi \left(-\cos(\varphi)\,\vec{e}_x - \sin(\varphi)\,\vec{e}_y\right), \\ &= -v_\varphi \vec{e}_r. \end{aligned} \tag{8}$$

Es folgt schließlich der Ausdruck

$$(\vec{v} \cdot \nabla)\,\vec{v} = \begin{pmatrix} -\frac{1}{r} v_\varphi^2 \\ 0 \\ 0 \end{pmatrix}. \tag{9}$$

Die Navier-Stokes Gleichung hat nun die Form

$$-\frac{\rho}{r} v_\varphi^2 \vec{e}_r = -\nabla p + \eta_\mathrm{F} \nabla^2 \vec{v}. \tag{10}$$

Als nächstes wird der Ausdruck $\nabla^2 \vec{v} \equiv \Delta \vec{v}$ der rechten Seite von (10) in Zylinderkoordinaten betrachtet, um weitere Vereinfachungen zu finden. Durch die Identität für den Laplace-Operator, angewendet auf Vektoren,

$$\Delta \vec{v} = \begin{pmatrix} \Delta v_r - \frac{v_r}{r^2} - \frac{2}{r^2} \frac{\partial v_\varphi}{\partial \varphi} \\ \Delta v_\varphi - \frac{v_\varphi}{r^2} - \frac{2}{r^2} \frac{\partial v_r}{\partial \varphi} \\ \Delta v_z \end{pmatrix} = \begin{pmatrix} 0 \\ \Delta v_\varphi - \frac{v_\varphi}{r^2} \\ 0 \end{pmatrix}, \tag{11}$$

ergeben sich die einzelnen Vektorkomponenten. Gesucht sind immer noch axialsymmetrische Lösungen in φ-Richtung, so dass es keine v_r- und v_z-Komponenten gibt und die Ableitungen $\partial/\partial\varphi = 0$ sind. Auf gleiche Weise kann der Druckgradient

$$\nabla p = \begin{pmatrix} \frac{\partial p}{\partial r} \\ \frac{1}{r} \frac{\partial p}{\partial \varphi} \\ \frac{\partial p}{\partial z} \end{pmatrix} = \begin{pmatrix} \frac{\partial p}{\partial r} \\ 0 \\ 0 \end{pmatrix} \tag{12}$$

vereinfacht werden. Zusammengefasst entsteht die folgende Form der NSG,

$$\rho \begin{pmatrix} -\frac{1}{r}v_\varphi^2 \\ 0 \\ 0 \end{pmatrix} = - \begin{pmatrix} \frac{\partial p}{\partial r} \\ 0 \\ 0 \end{pmatrix} + \eta_{\mathrm{F}} \begin{pmatrix} 0 \\ \Delta v_\varphi - \frac{v_\varphi}{r^2} \\ 0 \end{pmatrix} \tag{13}$$

aus der sich zwei Gleichungen ablesen lassen.

Die Differentialgleichung in Zylinderkoordinaten für die Geschwindigkeit lautet:

$$\Delta v_\varphi - \frac{v_\varphi}{r^2} = 0. \tag{14}$$

Für den Druck gilt die Beziehung

$$\rho \frac{1}{r} v_\varphi^2 = \frac{\partial p}{\partial r}. \tag{15}$$

Zunächst wird Gleichung (14) gelöst, um ein Geschwindigkeitsprofil zu erhalten. Die Berechnung des Druckes erfolgt anschließend mithilfe der gefundenen Lösung aus Gleichung (14).

Zur Lösung der Gleichung (14) wird als erstes der Term Δv_φ für skalare Ausdrücke in Zylinderkoordinaten betrachtet,

$$\Delta v_\varphi = \frac{1}{r}\frac{\partial}{\partial r}\left(r \frac{\partial}{\partial r} v_\varphi\right). \tag{16}$$

Durch Einsetzen von (16) in (14) entsteht die folgende Differentialgleichung:

$$\frac{1}{r}\frac{\partial}{\partial r}\left(r \frac{\partial}{\partial r} v_\varphi\right) - \frac{v_\varphi}{r^2} = 0. \tag{17}$$

Gesucht ist nun ein Ausdruck $v_\varphi(r)$, welcher die obige Gleichung erfüllt und nur vom Radius abhängt. Als Ansatz wird die Form $v_\varphi(r) = r^a$ gewählt.

$$
\begin{aligned}
\frac{1}{r}\frac{\partial}{\partial r}\left(r\frac{\partial}{\partial r}v_\varphi\right) - \frac{v_\varphi}{r^2} &= 0,\\
\frac{1}{r}\frac{\partial}{\partial r}\left(r\frac{\partial}{\partial r}r^a\right) - \frac{r^a}{r^2} &= 0,\\
\frac{1}{r}\frac{\partial}{\partial r}\left(\underbrace{ra\,r^{a-1}}_{=ar^a}\right) - \frac{r^a}{r^2} &= 0,\\
\frac{a^2 r^{a-1}}{r} - \frac{r^a}{r^2} &= 0.
\end{aligned}
\tag{18}
$$

Die letzte Zeile kann weiter vereinfacht werden, indem mit r multipliziert wird:

$$0 = a^2 r^{a-1} - r^{a-1}. \tag{19}$$

Mit den beiden Lösungen $a = \pm 1$ lässt sich die Funktion für die Geschwindigkeit als Summe

$$v_\varphi(r) = C_1 r^1 + C_2 r^{-1} \tag{20}$$

mit den beiden Konstanten C_1 und C_2 schreiben. Schließlich werden die Randbedingungen für die Zylinderanordnung eingesetzt, um die Konstanten zu bestimmen.

Indem man durch r_i bzw. r_a dividiert, berechnet sich die Konstante C_2:

$$
\begin{aligned}
v_\varphi(r_\mathrm{i}) = \Omega_\mathrm{i} r_\mathrm{i} &= C_1 r_\mathrm{i} + \frac{C_2}{r_\mathrm{i}} \quad \Big| : r_\mathrm{i},\\
\Rightarrow \Omega_\mathrm{i} &= C_1 + \frac{C_2}{r_\mathrm{i}^2},
\end{aligned}
\tag{21}
$$

$$
\begin{aligned}
v_\varphi(r_\mathrm{a}) = \Omega_\mathrm{a} r_\mathrm{a} &= C_1 r_\mathrm{a} + \frac{C_2}{r_\mathrm{a}} \quad \Big| : r_\mathrm{a},\\
\Rightarrow \Omega_\mathrm{a} &= C_1 + \frac{C_2}{r_\mathrm{a}^2}.
\end{aligned}
\tag{22}
$$

Subtrahieren beider Gleichungen eliminiert C_1 und es kann

$$C_2 = \frac{\Omega_\mathrm{i} - \Omega_\mathrm{a}}{\frac{1}{r_\mathrm{i}^2} - \frac{1}{r_\mathrm{a}^2}} = \Omega_\mathrm{i} r_\mathrm{i}^2 \frac{1-\hat{\mu}}{1-\hat{\eta}^2} \tag{23}$$

abgelesen werden. Die Konstante C_1 errechnet sich in ähnlicher Weise, indem nur mit r_i bzw. r_a multipliziert wird:

$$\begin{aligned} v_\varphi(r_\mathrm{i}) = \Omega_\mathrm{i} r_\mathrm{i} &= C_1 r_\mathrm{i} + \frac{C_2}{r_\mathrm{i}} \quad \Big| \cdot r_\mathrm{i}, \\ \Rightarrow \Omega_\mathrm{i} r_\mathrm{i}^2 &= C_1 r_\mathrm{i}^2 + C_2, \end{aligned} \tag{24}$$

$$\begin{aligned} v_\varphi(r_\mathrm{a}) = \Omega_\mathrm{a} r_\mathrm{a} &= C_1 r_\mathrm{a} + \frac{C_2}{r_\mathrm{a}} \quad \Big| \cdot r_\mathrm{a}, \\ \Rightarrow \Omega_\mathrm{a} r_\mathrm{a}^2 &= C_1 r_\mathrm{a} + C_2. \end{aligned} \tag{25}$$

Die Subtraktion beider Gleichungen eliminiert C_2 und liefert

$$C_1 = \frac{\Omega_\mathrm{i} r_\mathrm{i}^2 - \Omega_\mathrm{a} r_\mathrm{a}^2}{r_\mathrm{i}^2 - r_\mathrm{a}^2} = \Omega_\mathrm{i} \frac{\hat{\eta}^2 - \hat{\mu}}{\hat{\eta}^2 - 1} \tag{26}$$

entsprechend. Zusammengefasst kann die Funktion

$$v_\varphi(r) = \Omega_\mathrm{i} r_\mathrm{i} \left(\frac{r}{r_\mathrm{i}} \frac{\hat{\eta}^2 - \hat{\mu}}{\hat{\eta}^2 - 1} + \frac{r_\mathrm{i}}{r} \frac{1 - \hat{\mu}}{1 - \hat{\eta}^2} \right) \tag{27}$$

durch die Geometrieparameter $\hat{\eta}$ und $\hat{\mu}$ ausgedrückt werden.

Damit ist die stationäre Lösung des Geschwindigkeitsfeldes für eine Anordnung unendlich langer konzentrischer Zylinder berechnet. Es wurden dabei die in der Literatur üblichen Parameter $\hat{\eta}$ und $\hat{\mu}$ verwendet [59, 69, 79].

Die Lösung der Druckgleichung erhält man schließlich, indem in (10) die allgemeine Lösung von v_φ aus (20) eingesetzt wird:

$$\rho \frac{\left(C_1 r + \frac{C_2}{r}\right)^2}{r} = \frac{\partial p}{\partial r}. \tag{28}$$

Durch Ausmultiplizieren und Integrieren entsteht

$$\begin{aligned} \rho \int \left(C_1^2 r + \frac{C_1 C_2}{r} + \frac{C_2^2}{r^3} \right) \mathrm{d}r &= p(r), \\ \rho \left(\frac{C_1^2 r^2}{2} + C_1 C_2 \ln(r) - \frac{C_2^2}{2r^2} \right) + c &= p(r), \end{aligned} \tag{29}$$

ein Ausdruck für den Druck. Die Integrationskonstante c muss letztlich durch die Randbedingungen oder andere Informationen zusätzlich bestimmt werden.

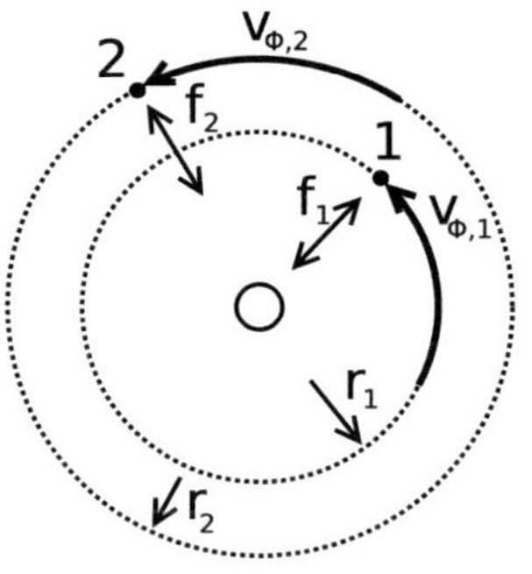

Abbildung 6: Bewegung eines Fluidteilchens um die Achse

Herleitung des Rayleigh-Stabilitätskriteriums Es gilt nun zu untersuchen, inwiefern eine Grundströmung $\vec{V}_0 = \vec{v}_\varphi(r)$ stabil gegenüber einer Störung von außen ist. Für nicht viskose Fluide und für axialsymmetrische Strömungen hat Rayleigh ein notwendiges und hinreichendes Kriterium für Stabilität gefunden, das als Rayleigh-Kriterium bekannt ist [1]. Nachfolgend soll die inhaltliche und physikalische Herangehensweise für dieses Kriterium dargestellt werden. Eine analytische Lösung ist in Quelle [69] hergeleitet.

Beginnend mit den NSG für reibungsfreie Fluide, d. h. $\eta_\mathrm{F} = 0$,

$$\rho\left(\frac{\partial\vec{v}}{\partial t} + (\vec{v}\cdot\nabla)\,\vec{v}\right) = -\nabla p \tag{30}$$

folgen die einzelnen Komponenten in Zylinderkoordinaten für eine axialsymmetrische Strömung $\frac{1}{r}\frac{\partial}{\partial\varphi} = 0$ wie folgt:

$$\frac{\partial\vec{v}}{\partial t} + \begin{pmatrix} v_r\frac{\partial v_r}{\partial r} + v_z\frac{\partial v_r}{\partial z} - \frac{v_\varphi^2}{r} \\ v_r\frac{\partial v_\varphi}{\partial r} + v_z\frac{\partial v_\varphi}{\partial z} + \frac{v_r v_\varphi}{r} \\ v_r\frac{\partial v_z}{\partial r} + v_z\frac{\partial v_z}{\partial z} \end{pmatrix} = \frac{1}{\rho}\begin{pmatrix} -\frac{\partial p}{\partial r} \\ 0 \\ -\frac{\partial}{\partial z} \end{pmatrix}. \tag{31}$$

Die φ-Komponente in Gleichung (31) kann bei einer Grundströmung $\vec{V}_0 = \vec{v}_\varphi(r)$ nach (20) unter der Bedingung $v_r = v_z = 0$ vereinfacht werden.

Zunächst ist die zeitliche Ableitung der Geschwindigkeit null. Die Bewegung eines Fluidteilchens ist damit zeitlich konstant. Es folgt daraus, dass ebenfalls der Drehimpuls zeitlich konstant sein muss:

$$\frac{\mathrm{d}}{\mathrm{d}t}\left(rv_\varphi\right) = \frac{\mathrm{d}}{\mathrm{d}t}\left(r^2\Omega\left(r\right)\right) = 0. \tag{32}$$

In Abbildung 6 ist zu erkennen, wie sich zwei Fluidteilchen auf konzentrischen Bahnen um einen Achsmittelpunkt bewegen. Nun geht aus (31) und (32) hervor, dass die Bahngeschwindigkeiten und der damit verbundene spezifische Drehimpuls $L \propto r^2 \Omega(r)$ der betrachteten Fluidteilchen 1 und 2 zeitlich konstant sind. Bei gleichbleibender Geschwindigkeit lässt sich die wirkende Zentrifugalkraft

$$f = -\rho \frac{v_\varphi^2}{r} = -\rho \frac{L^2}{r^3} \tag{33}$$

durch den Impuls L des rotierenden Fluidteilchens ausdrücken. Diese Kraft wird dabei als Volumenkraft dargestellt, sodass in der Gleichung lediglich die Dichte des Mediums verbleibt.

Da L eine Konstante für die Bewegung des betrachteten Teilchens ist, entspricht die kinetische Energie

$$\int f \, \mathrm{d}r = \frac{\rho L^2}{2} \frac{1}{r^2} = \frac{\rho v_\varphi^2}{2} \propto E_{\text{kin}} \tag{34}$$

in φ-Richtung ebenso einer potentiellen Energie, bezogen auf den Achsmittelpunkt. Dies ist die Ausgangssituation für das nachfolgende Gedankenexperiment.

Angenommen, zwei infinitesimal dünne konzentrische Ringe 1 und 2 gleicher Masse rotieren um eine gemeinsame Achse, ähnlich Abbildung 6, auf den Bahnen r_1 und r_2. Es gelte $r_2 > r_1$. Ring 1 habe dabei den Drehimpuls L_1 und Ring 2 dem entsprechend L_2. Gesucht werde die Energieänderung $\mathrm{d}W$ des gesamten Systems, falls die zwei Ringe vertauscht würden. Da während des Tauschens weder die Masse noch der Impuls der beiden Ringe geändert wird, ergibt sich die Energieänderung der Größenordnung nach, durch

$$\mathrm{d}W \propto \underbrace{\left(\frac{L_2^2}{r_1^2} + \frac{L_1^2}{r_2^2}\right)}_{\text{nach Tausch}} - \underbrace{\left(\frac{L_1^2}{r_1^2} + \frac{L_2^2}{r_2^2}\right)}_{\text{vor Tausch}} = \left(L_2^2 - L_1^1\right) \underbrace{\left(\frac{1}{r_1^2} - \frac{1}{r_2^2}\right)}_{>0} \tag{35}$$

und ist dabei lediglich abhängig vom Radius r.

Die Interpretation von Gleichung (35) ist die Folgende: Falls nach dem Vertauschen der Ringe $\mathrm{d}W < 0$ ist, wurde durch die Veränderung im System Energie frei. Andersherum bedeutet $\mathrm{d}W > 0$ für das betrachtete System Stabilität, da Energie zugeführt werden muss, um den neuen Zustand herbeizuführen. Aus diesen Überlegungen heraus hat Rayleigh geschlussfolgert, dass $L_2^2 > L_1^2$ eine notwendige Bedingung für eine stabile Strömung ist. Das bedeutet, dass das Quadrat des Drehimpulses $L^2(r)$

monoton mit dem Radius wachsen muss, also

$$\frac{\mathrm{d}L^2}{\mathrm{d}r} = \frac{\mathrm{d}}{\mathrm{d}r}\left(r^2 \Omega\left(r\right)\right)^2 > 0 \tag{36}$$

damit die Grundströmung stabil ist. Aus dieser physikalischen Argumentation kann nun durch Einsetzen von (27) in Gleichung (36) und Umstellen eine Bedingung bezüglich der Parameter $\hat{\eta}$ und $\hat{\mu}$ abgeleitet werden.

Eine nicht viskose Strömung ist demnach stabil, sobald

$$\hat{\mu} > \hat{\eta}^2 \tag{37}$$

erfüllt ist. Es lässt sich darüber hinaus durch einen analytischen Ansatz zeigen, dass (36) eine hinreichende Bedingung für die Stabilität viskoser Fluide $\eta_{\mathrm{F}} > 0$ ist [69, S. 277ff.]. Anders ausgedrückt ist eine Zylinderströmung eines Fluids konstanter Dichte und konstanter Viskosität stets stabil, sobald die Grundströmung $\vec{V}_0 = \vec{v}_\varphi\left(r\right)$ die Bedingung von (36) erfüllt.

Die weiterführenden Untersuchungen der auftretenden Instabilitäten beschäftigen die Wissenschaft bis heute. Einen Einblick in die komplexe Thematik geben H. S. Dou [175] sowie die umfassenden Arbeiten von C. D. Andereck [176].

10 Maßnahmen zur Verbesserung der Signalqualität

Zu Beginn der Experimentierreihe sind einige Schwierigkeiten aufgetreten, die sich durch zusätzliche Konstruktionen beheben ließen. Diese einzelnen Maßnahmen sind nachfolgend dokumentiert.

Die Vakuumisolation Das Rohr, welches den Strom durch die Mitte des Aufbaus leitet, erwärmt sich trotz der Wasserkühlung stark. Diese Temperaturerhöhung würde im Spalt zwischen Leiter und Innenzylinder des Experiments zu einer konvektiven Luftströmung führen. Dieser Kamineffekt hätte zur Folge, dass sich die Temperatur des inneren Zylinders ändert und einen Einfluss auf die Flüssigmetallströmung nicht ausgeschlossen werden kann. Aus diesem Grund war von Anfang an eine Vakuumisolation vorgesehen.

Darunter ist ein Aufbau zu verstehen, der konzentrisch über den Kupferleiter geschoben wird. Der entstehende Hohlraum wird evakuiert, so dass kein Wärmetransport durch Konvektion mehr stattfinden kann. Eine wichtige Anforderung ist dabei, dass die im Wesentlichen starre Vakuumisolation die thermische Ausdehnung des Kupferleiters kompensieren kann. Eine Messung der Rohrtemperaturen ergab, dass sich bei aktiver Wasserkühlung das Kupfer um 30 K auf 50°C erhitzt. Bei einer Raumtemperatur von 20°C und einer Rohrlänge von 1,5 m dehnt sich das Kupferrohr demnach um mindestens 0,75 mm aus. Die Längenänderung

$$\begin{aligned}\triangle l &= l_0 \cdot \triangle T \cdot \alpha_0 \\ &= 1{,}5\,\mathrm{m} \cdot 30\,\mathrm{K} \cdot 16{,}8 \cdot 10^{-6}\,\mathrm{K}^{-1} \\ &\approx 0{,}75\,\mathrm{mm}\end{aligned} \tag{1}$$

muss also von der Isolation aufgenommen werden, ohne dabei die Dichtungen durch die Dehnbewegung zu verschleißen, da sonst die dauerhafte Dichtheit nicht gewährleistet werden kann. Die zu Beginn vorliegende Variante der Vakuumisolation hatte kein elastisches Element, um die angesprochene Ausdehnung zu kompensieren.

In Folge dessen hat das Rohr an den Dichtungen gerieben, wobei es zu Gummiabrieb kam. Dieser sammelte sich im evakuierten Hohlraum sowie in den Flanschen.

Abbildung 7 zeigt die verbesserte Konstruktion. Hier wird die gesamte thermische Ausdehnung des Kupferrohres Δl durch den elastischen Faltenbalg (1) aufgenommen. Die beiden Zentrierflansche sind so dimensioniert, dass die O-Ringe beim Festziehen der Schrauben sich in die Fase zwischen dem Flanschelement und dem zugehörigen Rohr drücken. Mit einem Füllfaktor von 79% bis 91% sind die Fasen so ausgelegt,

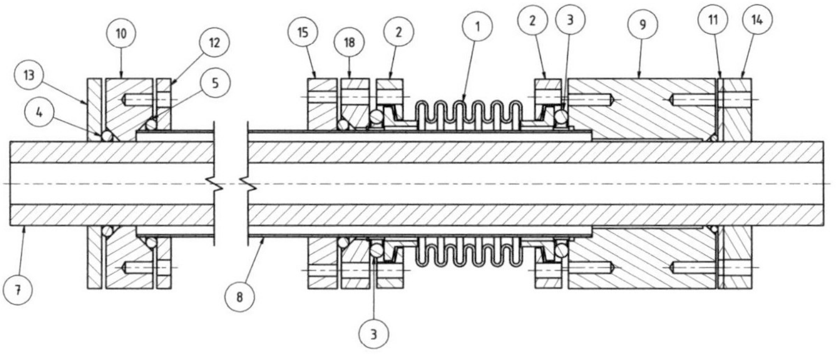

Abbildung 7: Faltenbalg (1), Zentrierflansch 1 (2, 3, 9, 11, 14) Befestigungsflansch (15, 18, 2), Edelstahlrohr (8), Zentrierflansch 2 (4, 5, 10, 12, 13), Kupferleiter (7)

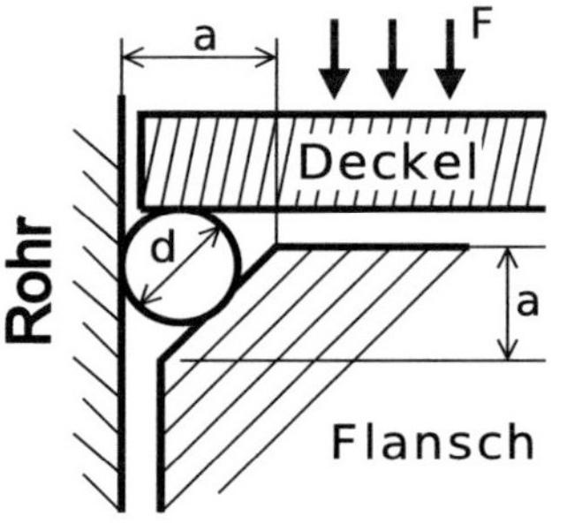

Abbildung 8: Schematische Schnittdarstellung für eine Dichtung mit Fase. Der Parameter d bezeichnet den Schnurdurchmesser des Dichtringes und a die resultierende Geometrie der Fase.

dass die Dichtringe mit ihrer eigenen Elastizität dichten und dabei nicht beschädigt werden [177].

Das Fasenmaß a ergibt sich durch

$$a = \sqrt{\pi d^2 / (2e)}. \tag{2}$$

Dabei ist d der Schnurdurchmesser der Dichtung und e der gewünschte Füllfaktor. Die Kraft F, welche den Deckel auf den Flansch presst, verformt die Dichtung elastisch. Diese passt sich der Fase an, dichtet ab und fixiert den Flansch auf dem Rohr.

Für eine Abdichtung gegen Vakuum müssen alle Oberflächen poliert werden, damit keine Haarrisse oder andere Unebenheiten die Dichtheit einschränken. Die Flanschteile (9), (18) und (10) sind aus Kunststoff gefertigt, damit die elektrische Isolation gegenüber dem Edelstahlrohr gewährleistet ist.

Abbildung 9: Umsetzung der Vakuumisolation

Wie in Abbildung 9 zu sehen ist, zentriert der obere Stern den Aufbau gegenüber den vier Haltestangen. Es gibt eine Befestigungsschraube in diesem Element, die das Kupferrohr gegen vertikale Bewegung fixieren soll. Diese Schraube muss gelöst werden, da sich sonst, wegen der thermischen Ausdehnung des elektrischen Leiters, der gesamte Aufbau verziehen kann.

Durch einen Test mit einem Strom von 16 kA durch den Leiter konnte die Wirkungsweise der Isolation nachgewiesen werden. Die Abbildung 10 zeigt den Verlauf der wichtigsten Parameter. Auffällig ist, dass die Temperatur des Edelstahlrohres keine signifikante Änderung über der Zeit aufweist. Der Korrelationskoeffizienten $R^2 \approx 0{,}58$ bestätigt, dass es keine Abhängigkeit bezüglich der Zeit gibt. Dies lässt die Schlussfolgerung zu, dass die verbesserte Vakuumisolation entsprechend der Anforderung funktioniert.

Zur Messung der Temperaturen wurde in der Mitte des Edelstahlrohres, als auch etwa in der Mitte des Experiments und am Kupferrohr jeweils ein Thermoelement installiert.

Verbessern der Signalqualität Das Ultraschallsystem DOP3010 und die dazugehörige Auswertesoftware UDOP berechnen aus den Echosignalen Strömungsgeschwindigkeiten entlang einer Linie in Richtung der Sensoren. Die ermittelten Werte entsprechen der Vektorkomponente v_z der Geschwindigkeit, die in Richtung des Sensors zeigt. In einer Tiefe d bewegt sich also ein Fluidelement entweder auf den Sensor zu oder von ihm weg.

In Abbildung 11 ist ein typisches Ultraschallsignal zu erkennen, wie es ohne Maßnahmen zur Rauschunterdrückung gemessen wurde. In der Nähe des Sensors ist

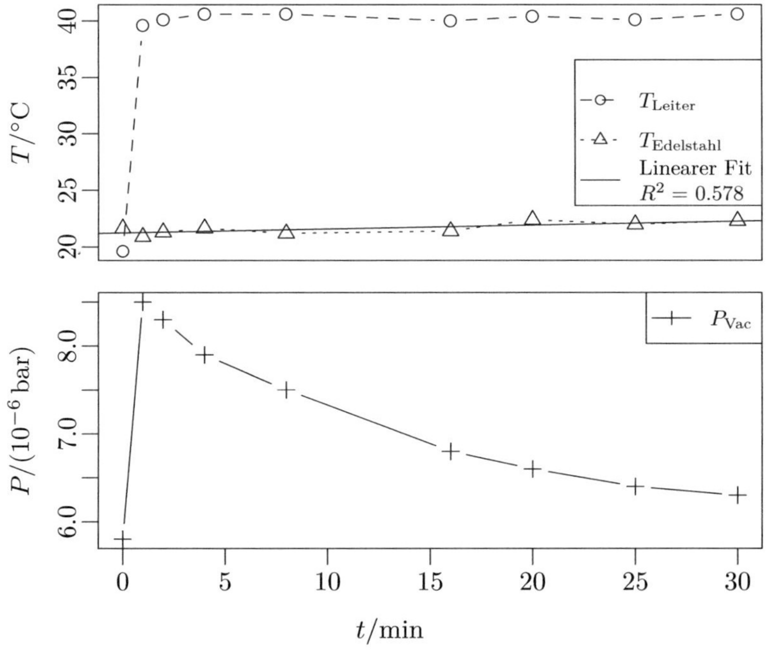

Abbildung 10: Funktionstest der Vakuumisolation

Tabelle 2: Messwerttabelle Vakuumisolation

Zeit in min	$T_{Edelstahl}$ *in* °C	T_{Leiter} *in* °C	*Druck in* 10^{-6} bar
0	21,65	19,6	5,8
1	20,9	39,6	8,5
2	21,3	40,1	8,3
4	21,65	40,6	7,9
8	21,2	40,6	7,5
16	21,4	40,0	6,8
20	22,4	40,4	6,6
25	22,0	40,1	6,4
30	22,3	40,6	6,3

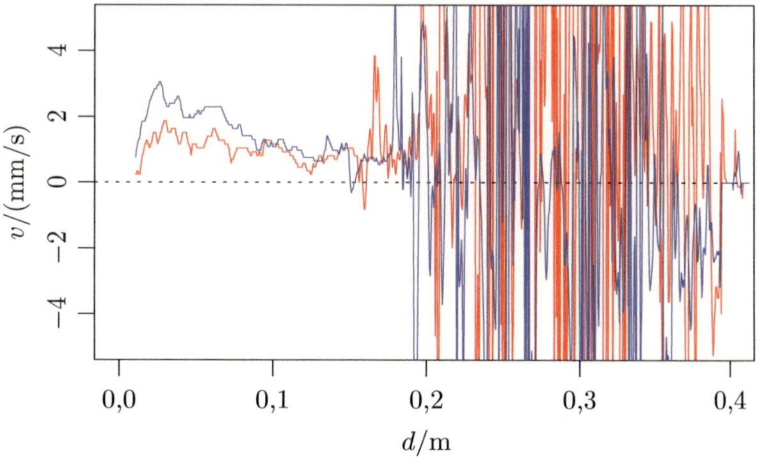

Abbildung 11: Typisches Bild eines verrauschten Signals (identisch mit Abbildung 2.12)

das Geschwindigkeitsprofil in Abhängigkeit der Tiefe d klar und unverrauscht. Ab etwa 200 mm Tiefe setzt ein massives Rauschen ein. Dieses Signalrauschen ist auf elektromagnetische Störungen der zehn Stromquellen zurück zu führen. Der geringen Signalspannung des Ultraschallechos, die in der Größenordnung von einigen µV liegt, überlagert sich eine, von den Stromquellen emitierte Störspannung.

Dass die Geschwindigkeitswerte so stark zwischen den Maximalwerten hin- und herspringen, liegt an dem Korrelationsalgorithmus mit dessen Hilfe aus den Ultraschallechosignalen das Geschwindigkeitsprofil rekonstruiert wird. Die verrauschten Daten nehmen dabei den Wert von $v = \pm v_{\max}$ an. Die Überlagerung des Sensorsignals findet durch induktive und kapazitive Kopplung zwischen dem Aufbau und dem zentrierten Kupferleiter statt. Obwohl die Quellen innerhalb ihrer spezifizierten Normen arbeiten, ist der Einfluss dieser Ankopplung so stark, dass sie die Geschwindigkeitsmessung erheblich beeinflussen.

Der typische Aufbau einer Leistungsstromquelle ist in Abbildung 12 dargestellt. Der Eingangstransformator spannt die Netzspannung von 400 V auf eine Niederspannung um. Der Zwischenkreis und der Ausgang der Quelle sind damit potenzialfrei und galvanisch von der Netzspannung getrennt. Die Zwischenkreiswechselspannung wird mithilfe eines aktiven Gleichrichters gleichgerichtet. An dieser Stelle findet, in der hier stark vereinfachten Darstellung, die Regelung der Ausgangsgröße statt. Das Gleichrichten der Zwischenkreisspannung ist ein Vorgang, bei dem mithilfe von Schalttransistoren in Kombination mit einem induktiven Filter ein Gleichstrom erzeugt wird. Aufgrund dieser Arbeitsweise entstehen durch das Schalten der Gleichrichter

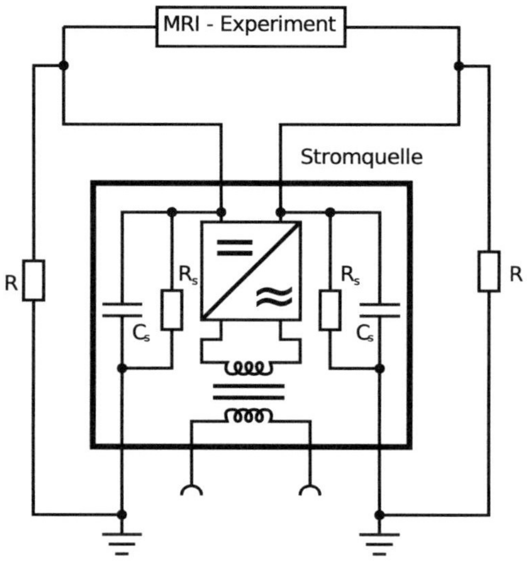

Abbildung 12: Schematische Darstellung eines Schaltnetzteiles
(identisch mit Abbildung 2.13)

hochfrequente elektromagnetische Signale, die außerhalb des Gerätes als elektromagnetische Welle propagieren können. Die Störungen werden über die Zuleitungen von den Stromquellen zum Experiment transportiert, wo sie die Ultraschallmessung beeinflussen.

Die schematische Darstellung einer Stromquelle in Abbildung 12 zeigt ebenfalls die parasitären Elemente, die durch resistive und kapazitive Kopplung in der Quelle (R_s, C_s) die ansonsten galvanisch getrennten Ausgänge beeinflussen.

Da die Ausgänge der Quellen kein definiertes Potenzial haben, kann sich dieses über

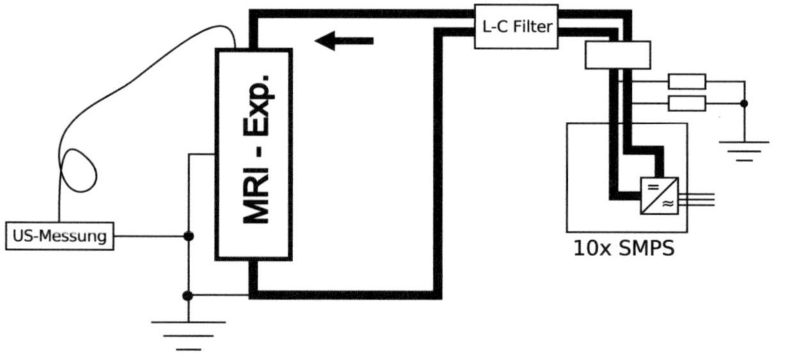

Abbildung 13: Ersatzschaltbild des AMRI-Experiments

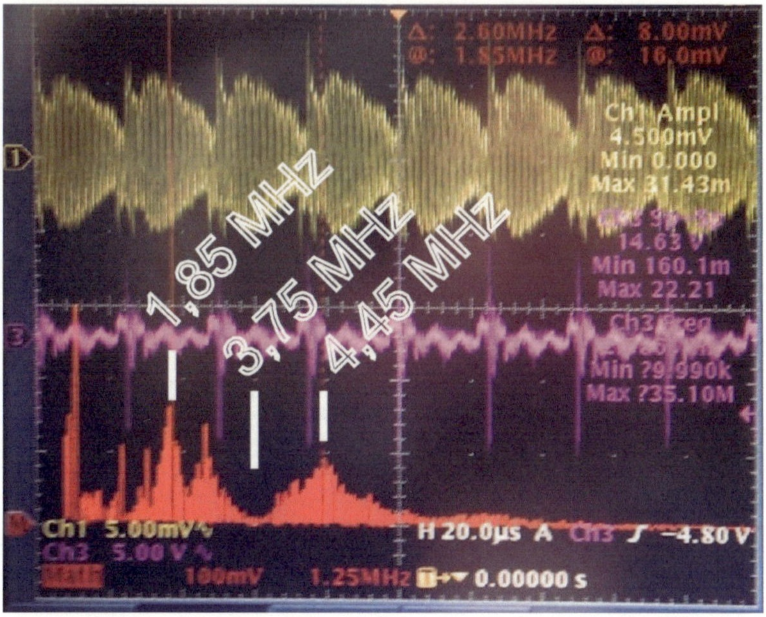

Abbildung 14: CH1(gelb): magnetisches Streufeld; CH3(lila): Spannung auf dem Leiter; M(rot): FFT von CH1.[1] (identisch mit Abbildung 2.14)

[1] Genehmigter Nachdruck der Abbildung aus M. Seilmayer et al., Flow Measurements and Instrumentation, DOI:10.1016/j.flowmeasinst.2015.08.008, 2015, [140]. Copyright 2015, Elsevier B.V.

R_s und C_s unkontrolliert einstellen. Eine vereinfachte Skizze des Versuchsstandes aus elektrotechnischer Sicht gibt Abbildung 13 wieder. Darin enthalten sind die zehn Stromquellen, die parallelen Zuleitungen, die große Spule, die vor der Taylor-Couette-Zelle durch die Zuleitungen aufgespannt wird, und das Experiment selbst, nebst Ultraschall und Erdung.

Während eines Versuches wird mit einem konstanten Magnetfeld gearbeitet. Somit sind die Abweichungen um diesen Absolutwert von Interesse. Die spektrale Zerlegung einer AC-Messung der Spannung auf einer der Zuleitungen zwischen dem LC-Filter und dem Experiment gibt Aufschluss darüber, in welchen Frequenzbereichen die Schaltnetzteile arbeiten und abstrahlen.

In Abbildung 14 ist als gelber Graph, Kanal CH1, das magnetische Streufeld, welches über eine nahe gelegene Luftspule ausgekoppelt wird, zu erkennen. Die Funktion von Kanal CH3 (lila) stellt die Spannungsspitzen dar, welche direkt auf der Zuleitung abgenommen werden. Schließlich zeigt die rote Funktion in Abbildung 14 die spektrale Verteilung der gemessenen Spannung (lila). Das ermittelte Spektrum weist ein Minimum bei etwa 3,75 MHz und zwei Maxima bei 1,85 MHz und 4,45 MHz

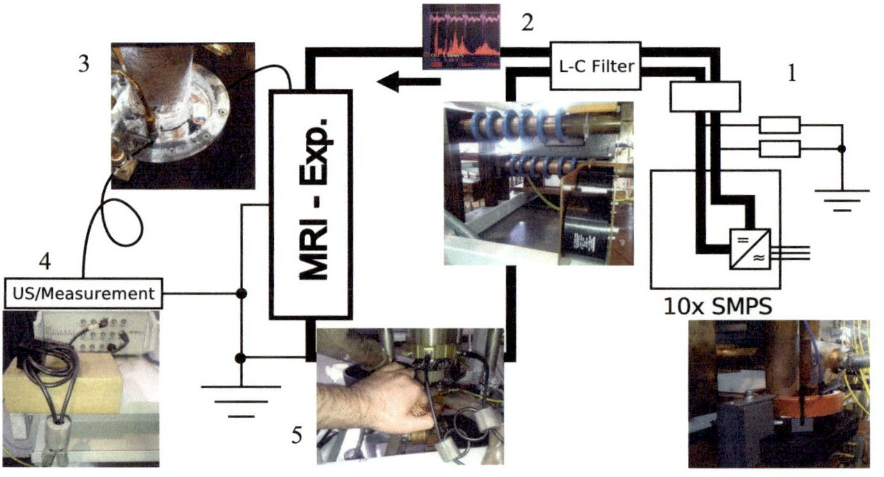

Abbildung 15: Die kleinen Abbildungen sehen symbolisch für die einzelnen Positionen. Die einzelnen Punkte werden nachfolgend besprochen und die Abbildungen vergrößert dargestellt. (identisch zu Abbildung 2.15)

auf.

Aus diesen Erkenntnissen können nun die Maßnahmen abgeleitet werden, die in Summe das EMV induzierte Rauschen im Ultraschallsignal minimieren sollen. Die in Abbildung 13 aufgezeigte Struktur des Experimentes lässt sich in fünf Abschnitte aufteilen:

1. Stromquellen, bestehend aus 10 Schaltnetzteilen
2. Zuleitungen
3. Experiment und Kastenspule
4. Ultraschallmessgerät
5. Erdungspunkte

An diesen Abschnitten können jeweils geeignete Maßnahmen ergriffen werden, welche die Auswirkungen der EMV-Störungen minimieren. Abbildung 15 fasst alle Maßnahmen zusammen, welche die Signalqualität verbessern sollen. Aus Abbildung 14 geht außerdem hervor, dass das Spektrum der Störsignale sich bis in den MHz-Bereich erstreckt. Demnach müssen alle Maßnahmen so ausgelegt werden, dass sie in der Lage sind, Signale in diesem Frequenzbereich und mit entsprechender Leistung zu handhaben.

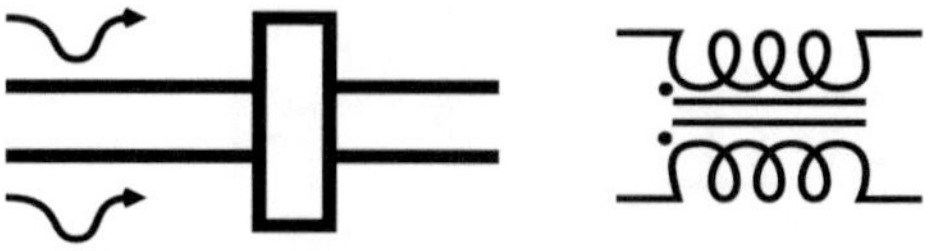

Abbildung 16: Gleichtaktunterdrückung, schematisch

Die Stromquellen Wie in Abbildung 12 dargestellt, besteht jede der zehn Stromquellen aus einem aktiven Gleichrichter, der asynchron zu den jeweils anderen Netzteilen bei etwa 300 kHz schaltet. Diese Entkopplung führt dazu, dass sich durch Überlagerung der AC-Anteile der Ausgangsströme jeder Quelle eine Art Schwebung ausbildet, die auf der Zuleitung propagiert. Andererseits sind ebenfalls die Schaltspitzen auf dem Oszillogramm in Abbildung 14 (CH3; lila Kurve) eindeutig zu erkennen. Diese Art der Störung kann nun in zwei Klassen aufgeteilt werden. Einmal in eine Gleichtaktstörung und andererseits in eine Gegentaktstörung.

Bei einer Gleichtaktstörung werden sowohl die positive als auch die negative Zuleitung mit dem gleichen Störsignal belegt. Ein solcher Effekt kann mithilfe einer stromkompensierten Drossel minimiert werden. Die Hin- und Rückleitung sind hierbei über einen Kern magnetisch miteinander gekoppelt und müssen die gleiche Wickelrichtung um den Kern haben. Die Ströme durch die Leitungen erzeugen Magnetfelder im Kern der Drossel, die sich gegenseitig aufheben, für den Fall, dass sie verschiedene Vorzeichen besitzen. Der DC-Hin- und Rückstrom beider Leitungen wird dabei nicht verändert. Andererseits löscht sich das Magnetfeld von Strömen gleicher Polarität, wie in Abbildung 16 angedeutet, im Kern der Drossel nicht aus, so dass die verbleibende Induktivität auf die Signale wirkt.

Im vorliegenden Fall fließt in den Zuleitungen ein Strom von bis zu 20 kA. Die Leitung selbst besteht aus wassergekühlten Kupferrohren mit einem Durchmesser von 50 mm, die sich schlecht um einen Kern winden lassen. Daher bleibt zur Realisierung der Gleichtaktunterdrückung nur die Option, die Rohre mithilfe eines übergestülpten Ferritringes mit einander zu verkoppeln. Abbildung 17 zeigt die installierten Ringe aus Trafoblech (schwarzer Ring) bzw. Ferritfolie (brauner Ring). Problematisch bei dieser Anordnung ist die Tatsache, dass die Feldstärken auf der Rohroberfläche bei bis zu 300 mT liegen können. Diese Magnetfeldstärke reicht aus, um die meisten käuflich verfügbaren Materialien in Sättigung zu bringen. Geht man jedoch davon aus, dass sich die beiden DC-Felder der Hin- und Rückleitung aufheben oder zumindest sehr stark dämpfen, wird die Sättigungsfeldstärke der Ringe nicht mehr überschritten.

Eine weitere wichtige Maßnahme, die Ausgangssignale der Quellen zu verbessern, ist die Definition eines gemeinsamen Potentials. Aus Abbildung 12 geht hervor,

Abbildung 17: Umsetzung der Gleichtaktunterdrückung. Zu sehen sind die jeweils vertikalen Hin- und Rückleiter, die gemeinsam von einem Weicheisenkern (unten, schwarz) und einem μ-Metallfolien-Ringkern (orange) umschlossen sind.

dass Schaltnetzteile durch die Übertragertransformatoren eine galvanische Trennung zwischen Eingang und Ausgang herstellen. Damit sind die Ausgänge potentialfrei. Die Spannung dieser Leitungen stellt sich gegenüber dem Referenzpunkt (hier die Masse) nur über die Isolationswiderstände R_s aus Abbildung 12 oder den parasitären Kapazitäten C_{Case} oder der Umgebung C_{Envir} ein. Da die Stromversorgung aus zehn parallel geschalteten Einzelgeräten besteht, setzen sich die angeführten parasitären Elemente C_{Envir}, C_{Case} und R_s durch Anteile der Einzelstromquellen sowie dem Einfluss der Leitungsführung zusammen. Die asynchrone Taktung der Geräte führt zusätzlich zu Schwebungseffekten, die sich im Oszilloskop in einer wiederkehrenden durchlaufenden Welle beobachten lassen.

Die Schaltvorgänge im Netzteil erzeugen hochfrequente Impulse, die sich über die kapazitive und induktive Kopplung der Leitungen auf diese übertragen können. Die so induzierte elektromagnetische Welle kann sich über die Zuleitungen bis hin zum Experiment ausbreiten und dort die Messelektronik beeinflussen. Eine wirkungsvolle Maßnahme ist, das freie Potenzial der Zuleitungen über die Widerstände R, welche als $3\,\Omega$ Konstantan Draht ausgeführt sind, zu definieren. Sie schließen die in Abbildung 18 schematisch dargestellten Kapazitäten kurz, und minimieren so das unkontrollierte Driften des Leitungspotenzials. Zusätzlich wird die Energie der emittierten elektromagnetischen Störungen minimiert. Der Erdungspunkt dieser

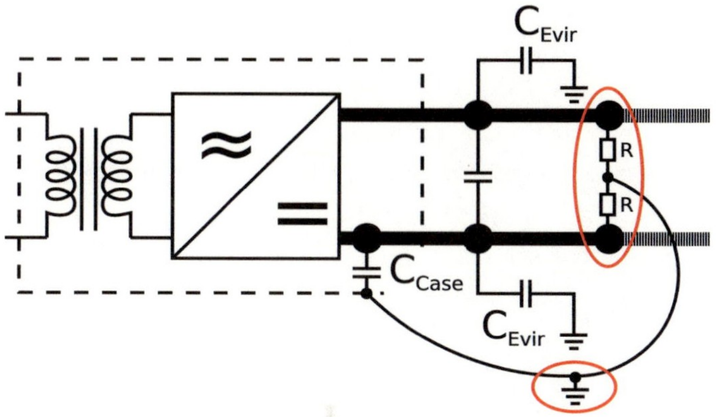

Abbildung 18: Kopplung der Leitungen (identisch zu Abbildung 2.17).[1]

[1] Genehmigter Nachdruck der Abbildung aus M. Seilmayer et al., Flow Measurements and Instrumentation, DOI:10.1016/j.flowmeasinst.2015.08.008, 2015, [140]. Copyright 2015, Elsevier B.V.

Widerstände ist dabei eine Schraubverbindung am Gestell der Stromquellen.

Die Zuleitungen Die Zuleitungen des Experiments versorgen nicht nur den Aufbau mit dem nötigen Strom, um ein Magnetfeld zu generieren, sie können auch die Schaltspitzen aus den Schaltnetzteilen bis zu den empfindlichen Ultraschallsensoren und der Messelektronik transportieren. Unter der Annahme, dass die umliegenden Aufbauten keinen weiteren Einfluss haben, lässt sich diese Anordnung nun durch das Problem der Ausbreitung von elektromagnetischen Wellen auf einer parallelen Leitung beschreiben.

Der vorliegende Strompfad besteht dabei aus einer stückweise parallelen Anordnung von Kupferrohren, die ihrerseits durch massive Kreuzkupplungen mit einander verbunden sind. An jeder dieser Kontaktstellen existiert eine Grenzfläche zu einem nächsten Leiterabschnitt. An dieser Stelle kann nun eine elektromagnetische Welle zum Teil reflektiert und zu einem anderen Teil weitergeleitet werden. Eine beidseitig mit dem Wellenwiderstand

$$Z_{\mathrm{W}} = \frac{120\,\Omega}{\sqrt{\varepsilon_{\mathrm{r}}}} \ln\left(\frac{a}{d} + \sqrt{\left(\frac{a}{d}\right)^2 - 1}\right) \tag{3}$$

abgeschlossene Leitung gilt als reflexionsfrei. Die Energie der Welle wird theoretisch in den Abschlusswiderständen an beiden Enden vollständig umgesetzt, so dass sie sich nicht weiter ausbreiten kann [178, 179]. Gleichung (3) gilt dabei für ein unendlich langes Leiterpaar. Die Parameter a und d geben den Durchmesser und den Abstand

Tabelle 3: Wellenwiderstand der Leiterpaare. Durchmesser d, Abstand a und Länge l

Leiterpaar	d [m]	a [m]	l [m]	Z_W [Ω] [179]
L1	0,05	2,1	1,38	531,68
L2	0,03	1,38	2,1	542,60
L3	0,05	0,26	0,75	279,89
L4	0,05	0,085	1,7	134,79
L5	0,05	0,17	0,4	227,35

zwischen dem Leitern an.

Die Anlage kann in die fünf Abschnitte L1 ... L5 unterteilt werden, die mit ihren Wellenwiderständen abgeschlossen werden müssen.

Das in Abbildung 19a dargestellte Schema zerlegt die Stromversorgung in Teilabschnitte, die auf die Begebenheiten im Labor Bezug nehmen. Abbildung 19b zeigt die Installation eines Abschlusswiderstands zwischen zwei Leitern. Die Berechnung der Werte Z_W erfolgt über die Geometrieparameter a und d unter der Annahme, dass die Umgebung Luft ist und alle Teilleiterstücke ohne weitere Kopplung mit der Umgebung verbunden sind. Die berechneten Widerstandswerte der eingesetzten Bauelemente werden zum nächsten Wert der E12 Reihe aufgerundet.

Zu den Abschlusswiderständen kann ein LC-Tiefpassfilter einen zusätzlichen Effekt erzielen. Da es hier ebenfalls darauf ankommt, dass alle Bauteile sowohl die großen Felder als auch die hohen Frequenzen bzw. Leistungen vertragen, kann eine vorherige Dimensionierung des Filters kaum durchgeführt werden. Es ist wichtig, dass die benötigten Bauteilwerte käuflich erhältlich sind. Hinzu kommt, dass es unklar ist, wie groß die resultierende Filterkapazität sein darf, bis die Regelung der Stromquellen an ihre Stabilitätsgrenze gelangt. Um eine Beschädigung der Netzteile zu vermeiden, wurde der Kundendienst des Herstellers „plating electronic GmbH“ kontaktiert, der allerdings keine Aussage über die Stabilitätsgrenzen der Regelung geben wollte.

Der aufgebaute Tiefpassfilter besteht in Summe aus 12 Ringkernen des Typs B64290L0730X37 der Firma Epcos, mit einem Induktivitätswert pro Windung von $A_\mathrm{L} = 7000\,\mathrm{nH}$ und einer Zusammenstellung von Leistungskondensatoren mit einer Gesamtkapazität von $C_\Sigma = 102\,\mu\mathrm{F}$. Die gewählten Kondensatoren der Firma „Elektrocon“ zeichnen sich durch eine sehr geringe Längsinduktivität $L_\mathrm{S} \approx 15\,\mathrm{nH}$ und durch einen minimalen Serienwiderstand $R_\mathrm{S} < 3\,\mathrm{m}\Omega$ aus. Es ergibt sich damit eine

(a) Abschlusswiderstand an L_5

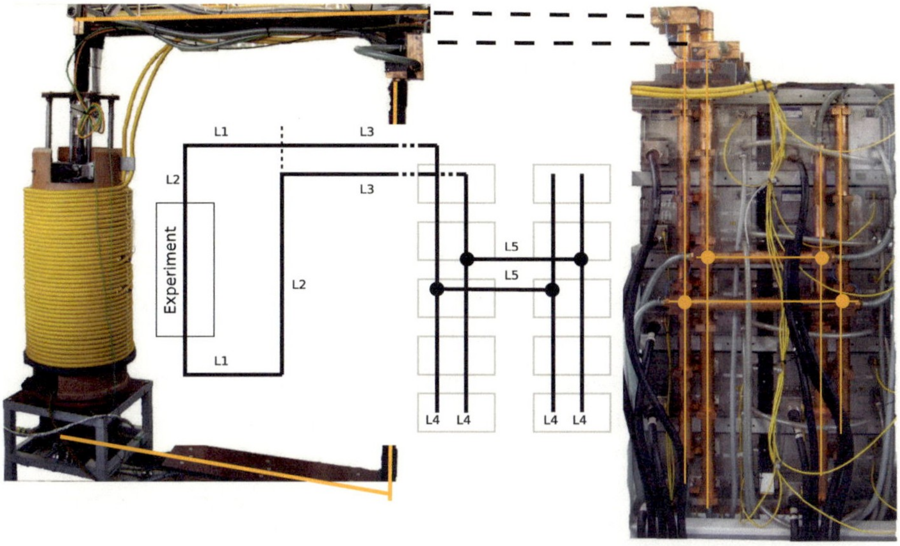

(b) Leitungsschema (Experiment und Sammelschienen der Quellen).[1]

Abbildung 19: Stückweise parallele Leiter

[1]Genehmigter Nachdruck der Abbildung aus M. Seilmayer et al., Flow Measurements and Instrumentation, DOI:10.1016/j.flowmeasinst.2015.08.008, 2015, [140]. Copyright 2015, Elsevier B.V.

Abbildung 20: Die blauen Komponenten des L-C-Tiefpassfilters sind Ferritringe, welche die Leitungsinduktivität erhöhen; Unten rechts im Bild sind ein paar der Leistungskondensatoren zu erkennen.

theoretische Grenzfrequenz des Tiefpassfilters von:

$$f_{\mathrm{LC}} = \frac{1}{2\pi\sqrt{LC}} \approx 2{,}4\,\mathrm{kHz}. \qquad (4)$$

Da die Ringkerne nur auf die Rohre aufgesteckt wurden und nicht als Windung um den Kern liegen, gilt diese Anordnung als halbe Windung. Die Gesamtinduktivität ist demnach $L = 0{,}5 \cdot 12 A_{\mathrm{L}}$. Die berechnete Grenzfrequenz gilt außerdem nur solange, bis das Material der eingesetzten Ringkerne in Sättigung geht. Bei einem Strom von $I = 20\,\mathrm{kA}$ und einem Kerninnendurchmesser von $d_{\mathrm{i}} = 58\,\mathrm{mm}$ ergibt sich die im Material ($\mu_{\mathrm{r}} = 5500$) herrschende Flussdichte

$$B_{\mathrm{Kern}} = \frac{\mu_0 \mu_{\mathrm{r}} I}{\pi d_{\mathrm{i}}} \approx 758\,\mathrm{T}. \qquad (5)$$

Aus dem Datenblatt zum Material T37 von Epcos geht allerdings hervor, dass die Sättigungsfeldstärke $B_{\mathrm{s}} = 358\,\mathrm{mT}$ beträgt [180]. Die eingesetzten Kerne, werden also in Sättigung betrieben, was die errechnete Grenzfrequenz f_{LC} weit nach oben verschiebt. Weiterhin sind die Kontaktierungen der Kondensatoren an den Rohren für die HF-Anwendung relevant. Diese müssen sowohl für die großen Ströme als auch für die hohen Frequenzen von einigen Megahertz geeignet sein.

Experiment und Kastenspule Direkt am Experiment lassen sich ebenfalls Maßnahmen ergreifen, die das Messsignal der Ultraschallmesstechnik verbessern. Im vorangegangenen Unterabschnitt sollten ein LC-Tiefpass und ein geeigneter Abschluss der Zuleitungen dafür sorgen, dass die sich ausbreitenden elektromagnetischen Wellen hinreichend gedämpft werden. Die nachfolgend vorgestellten Ideen zur Signalverbesserung konzentrieren sich im Gegensatz dazu auf die Ableitung und Schirmung der Störsignale.

Der Aufbau des Versuchs besteht aus einer Doppelzylinderanordnung. Ein Strom fließt dabei elektrisch isoliert auf der Achse der Zylinder und erzeugt ein Magnetfeld. Als Isolator zwischen Innenzylinder und axialem Rohr dient Luft. Dieser Aufbau kann auch als Zylinderkondensator aufgefasst werden, so dass es zwischen dem stromführenden Rohr und dem zylindrischen elektrisch leitfähigen Fluid eine kapazitive Kopplung gibt. Eine hochfrequente Spannungsänderung des Rohres, als Überlagerung einer Störung, hat also eine Ladungsverschiebung im Fluid zur Folge.

Abbildung 21 zeigt die eingesetzten Ultraschallsensoren, welche in direktem elektrischen Kontakt mit dem Fluid stehen. Das eingekoppelte Störsignal kann sich so, über den elektrischen Kontakt zum Fluid, dem Messsignal überlagern. Die Idee ist,

Abbildung 21: Sensorbefestigung mit Erdung und oberer Deckel.[1]

[1] Genehmigter Nachdruck und Übersetzung der Abbildung aus M. Seilmayer et al., Flow Measurements and Instrumentation, DOI:10.1016/j.flowmeasinst.2015.08.008, 2015, [140]. Copyright 2015, Elsevier B.V.

die Metallschmelze und die leitfähigen Kupferzylinder separat zu erden, so dass die Fehlerströme abgeleitet werden können. Die elektrische Kontaktierung wird zum einen durch eine Verbindung zwischen dem Kupferzylinder und der Schirmung der Sensoren hergestellt. Zusätzlich stellt eine extra Schirmung aus Alufolie einen Kontakt vom Schirm zum Fluid her. Zum Schutz der Folie wurde die zusätzliche Schirmung mit Kaptonband umwickelt und erscheint in Abbildung 21 in orangenem Farbton.

Ultraschallmessgerät und Funktionserdung Die Verbesserungen am Ultraschallmessgerät und die Gedanken zur Funktionserdung sind in Abbildung 2.16 und Abbildung 13 dokumentiert. Der Unterabschnitt 2.2.2 dokumentiert diese im Detail. Den gesamten Effekt aus dem Zusammenspiel aller aufgeführten Verbesserungen stellt Abbildung 2.18 beispielhaft dar.

11 Technische Parameter des AMRI-Experiments

Die technischen Randbedingungen des AMRI-Experiments stellt die nachfolgende Tabelle dar.

Tabelle 4: Tabelle der wichtigsten technischen Parameter

Gruppe	*Parameter*	*Symbol*	*Wert*
Taylor-Couette	Rotationsrate des inneren Zylinders	f_i	$\{-0{,}3\ldots 0{,}3\}$ Hz
	Rotationsrate des äußeren Zylinders mit $\Omega_\mathrm{i}\,(\Omega_\mathrm{a}) = 2\pi f_\mathrm{i}(f_\mathrm{a})$	f_a	$\{-0{,}05\ldots 0{,}05\}$ Hz
	Höhe	h	40 cm
	Radius innen	r_i	4 cm
	Radius außen	r_a	8 cm
Kühlsystem	Vorlauftemperatur	T_vor	20°C
	Vorlaufdruck	p_vor	6 bar
	maximale Kühlleistung	P_max	200 kW
	Rücklaufdruck	$p_\mathrm{rück}$	0,4 bar
	Rohrdurchmesser im Experiment	$\varnothing_\mathrm{Cu}$	30 mm
Magnetfeld	maximaler Strom	I_max	20 kA
	maximales B-Feld auf der Oberfläche des Innenzylinders	B_max	$\approx 0{,}1$ T

Das Radienverhältnis sei als Parameter $\hat{\eta}$ bekannt,

$$\hat{\eta} = \frac{r_\mathrm{i}}{r_\mathrm{a}} = 0{,}5. \tag{1}$$

Zur Berechnung verschiedener Kennzahlen muss außerdem der charakteristische Durchmesser

$$L_\mathrm{c} = \sqrt{r_\mathrm{i}\,(r_\mathrm{a} - r_\mathrm{i})} = r_\mathrm{i} \tag{2}$$

definiert werden.

12 Technische Parameter des Tayler-Experiments

Die technischen Parameter des Tayler-Experiments ist in nachfolgender Tabelle gegeben. Die Werte der Kühlanlage sind der Anlage 11 zu entnehmen. Die Stoffparameter des GaInSn sind in Anlage 1 gegeben.

Tabelle 5: Technische Parameter des Tayler-Experiments

Gruppe	*Parameter*	*Symbol*	*Wert*
Geometrie	Innenradius	r_i	$\{0;\ 6;\ 12{,}5\}$ mm
	Außenradius	r_a	5 cm
	Elektrodenabstand / Höhe	h	75 cm
	Geometrieparameter	$\hat{\eta}$	$\leq 0{,}25$
Magnetfeld	Max. Feldstärke am Zylindermantel bei 8 kA und $r_i = 0$	$B_{\varphi,\mathrm{max}}$	32 mT
	Alfvén Geschw.	$v_{\mathrm{a,max}}$	0,36 m/s
Elektrisch	el. Widerstand der Fluidsäule	R	$\approx 30\,\mu\Omega$
	max. Leistung	P	≈ 2 kW

Die charakteristische Länge ergibt sich aus den hydraulischen Durchmesser

$$\begin{aligned} L_\mathrm{c} &= \frac{V}{A} \\ &= \frac{2\pi\left(r_\mathrm{a} - r_\mathrm{i}^2\right)h}{2\pi\left(r_\mathrm{a} - r_\mathrm{i}^2\right)} = 75\,\mathrm{cm}. \end{aligned} \tag{1}$$

Die Alfvén Geschwindigkeit errechnet sich durch

$$v_{\mathrm{a,max}} = \frac{B_{\varphi,\mathrm{max}}}{\sqrt{\rho\mu_0}}. \tag{2}$$

13 Virtuelle Sensoren S3 und S4

Das Experiment zur AMRI ist, wie in Unterabschnitt 2.2.1 dokumentiert, mit zwei gegenüberliegenden Ultraschallsensoren ausgestattet. In Abschnitt 2.4 wird gezeigt, dass die Anordnung der Sensoren dazu dient, die gemessene Geschwindigkeitsverteilung in die geraden und ungeraden Anteile aufzuspalten. Am Ende des Datenflusses, wie ihn Abbildung 2.22 zeigt, entstehen zwei Datensätze, die als „virtuelle“ Sensoren bezeichnet werden. Als Herleitung der angewendeten Berechnung der virtuellen S3 und S4 Daten, welche die geraden und ungeraden Moden darstellen, sollen die folgenden Ausführungen dienen.

Die Geschwindigkeitskomponente v_z einer einzigen Welle, die entlang der Sensorachse gemessen wird, kann im ruhenden Laborsystem als Funktion einer von der Tiefe abhängigen Amplitudenverteilung $A_m\left(d,t\right)$ bezüglich der Winkelposition φ definiert werden,

$$v_z(d,\varphi,t) = A_m\left(d,t\right)\cos\left(\underbrace{m\varphi}_{\mathrm{MRI-Mode}} - \underbrace{\omega_D t}_{\mathrm{Drift}} + \phi_0\right). \tag{1}$$

Der Parameter m heißt azimutale Modenzahl und gibt die Periodizität der Welle bezogen auf den Umfang an. Die Drift der untersuchten Struktur wird hier mit $\omega_D t$ angegeben. Der Phasenwinkel sei hierbei ϕ_0. Zur Vereinfachung der weiteren Berechnungen, wird die Geschwindigkeit

$$\underline{v_z}\left(d,\varphi,t\right) = A_m\left(d,t\right)\mathrm{e}^{\mathrm{i}(m\varphi-\omega_D t+\phi_0)} \tag{2}$$

komplexwertig geschrieben. Mit $\mathrm{e}^{\mathrm{i}\omega} = \cos\left(\omega\right) + \mathrm{i}\sin\left(\omega\right)$ folgt, dass der Realteil

$$\mathfrak{Re}\left(\underline{v_z}\left(d,\varphi,t\right)\right) = v_z\left(d,\varphi,t\right) \tag{3}$$

das ursprüngliche Signal v_z repräsentiert.

Die am äußeren Rand des Außenzylinders befestigten Sensoren sind um den Winkel π versetzt angeordnet und überstreichen die darunterliegenden Strukturen. Diese Bewegung ist ebenfalls zu 2π periodisch. Die zeitabhängige Winkelposition $\varphi(t)$ der Sensoren S1 und S2 kann wie folgt definiert werden:

$$\begin{aligned}\varphi_{\mathrm{S1}} &= \omega_s t\\ \varphi_{\mathrm{S2}} &= \omega_s t + \pi.\end{aligned} \tag{4}$$

Die Geschwindigkeitsverteilung im bewegten Sensorkoordinatensystem ergibt sich durch Einsetzen der Bewegungsgleichung (4) in v_z:

$$\underline{V_{z,\mathrm{S}x}}\left(d,t\right) = \underline{v_z}\left(d,\varphi_{\mathrm{S}x}\left(t\right),t\right), \quad x \in \{1;\,2\}. \tag{5}$$

Der Index x bezeichnet dabei die Sensornummer.

Die Geschwindigkeitsfelder $\underline{V_{z,\mathrm{S1}}}$ und $\underline{V_{z,\mathrm{S2}}}$ entsprechen nun einer zweidimensionalen Zeitreihe, die von der Zeit t und von der Tiefe d abhängt. Gleichzeitig repräsentiert diese Darstellung die tatsächliche Datengewinnung der Sensoren S1 und S2, welche sich im mitbewegten Sensorkoordinatensystem befinden,

$$\underline{V_{z,\mathrm{S1}}} = A_m\left(d,t\right)\mathrm{e}^{\mathrm{i}\left(m\omega_s t - \omega_D t + \phi_0\right)}, \tag{6}$$

$$\begin{aligned}\underline{V_{z,\mathrm{S2}}} &= A_m\left(d,t\right)\mathrm{e}^{\mathrm{i}\left(m\left(\omega_s t + \pi\right) - \omega_D t + \phi_0\right)},\\ &= A_m\left(d,t\right)\mathrm{e}^{\mathrm{i}\left(m\omega_s t + m\pi - \omega_D t + \phi_0\right)}.\end{aligned} \tag{7}$$

Nun soll noch gezeigt werden, dass eine Addition die $m = 0$- und eine Subtraktion die $m = 1$-Mode verstärkt. Der virtuelle Sensor S3, welcher die gerade $m = 0$-Mode enthält berechnet sich dazu wie folgt:

$$\begin{aligned}\underline{V_{z,\mathrm{S3}}} &= \frac{1}{2}\left(\underline{V_{z,\mathrm{S1}}} + \underline{V_{z,\mathrm{S2}}}\right)\\ &= \frac{1}{2}A_m\left(d,t\right)\left(\underbrace{\mathrm{e}^{\mathrm{i}\left(m\omega_s t - \omega_D t + \phi_0\right)}}_{\mathrm{S1}} + \underbrace{\mathrm{e}^{\mathrm{i}\left(m\omega_s t + m\pi - \omega_D t + \phi_0\right)}}_{\mathrm{S2}}\right)\\ &= \frac{1}{2}A_m\left(d,t\right)\left(\mathrm{e}^{\mathrm{i}\left(m\omega_s t - \omega_D t + \phi_0\right)} + \underbrace{\mathrm{e}^{\mathrm{i}m\pi}}_{=1|_{m=2n \text{ mit } n\in\mathbb{Z}}}\mathrm{e}^{\mathrm{i}\left(m\omega_s t - \omega_D t + \phi_0\right)}\right)\\ &= \begin{cases} 0 & \text{für } m = 2n+1 \text{ mit } n \in \mathbb{Z}\\ A_m\left(d,t\right)\mathrm{e}^{\mathrm{i}\left(m\omega_s t - \omega_D t + \phi_0\right)} & \text{für } m = 2n \text{ mit } n \in \mathbb{Z}.\end{cases}\end{aligned} \tag{8}$$

Eine Subtraktion der Sensorwerte filtert ebenso die $m = 1$-Strukturen, wie nachfolgende Rechnung zeigt. Das Ergebnis ist die Geschwindigkeitsverteilung des virtuellen

Sensors S4:

$$\begin{aligned}
\underline{V_{z,\mathrm{S4}}} &= \frac{1}{2}\left(\underline{V_{z,\mathrm{S1}}} - \underline{V_{z,\mathrm{S2}}}\right) \\
&= \frac{1}{2} A_m(d,t)\left(\underbrace{\mathrm{e}^{\mathrm{i}(m\omega_s t - \omega_D t + \phi_0)}}_{\mathrm{S1}} - \underbrace{\mathrm{e}^{\mathrm{i}(m\omega_s t + m\pi - \omega_D t + \phi_0)}}_{\mathrm{S2}}\right) \\
&= \frac{1}{2} A_m(d,t)\left(\mathrm{e}^{\mathrm{i}(m\omega_s t - \omega_D t + \phi_0)} - \underbrace{\mathrm{e}^{\mathrm{i}m\pi}}_{=-1|_{m=2n+1 \text{ mit } n\in\mathbb{Z}}} \mathrm{e}^{\mathrm{i}(m\omega_s t - \omega_D t + \phi_0)}\right) \\
&= \begin{cases} A_m(d,t)\,\mathrm{e}^{\mathrm{i}(m\omega_s t - \omega_D t + \phi_0)} & \text{für } m = 2n+1 \text{ mit } n \in \mathbb{Z} \\ 0 & \text{für } m = 2n \text{ mit } n \in \mathbb{Z}. \end{cases}
\end{aligned} \tag{9}$$

Demnach können durch Addition oder Subtraktion die geraden oder ungeraden Moden aus dem Datensatz herausgefiltert werden.

14 Berechnung des Magnetfeldes eines zylindrischen Hohlleiters

Durch einen unendlich langen Hohlleiter mit dem Außenradius r_a und dem Innenradius r_i fließt ein axialer und zeitlich konstanter elektrischer Strom $I = \mathrm{const.}$ Das magnetische Feld besteht in diesem Fall aus nur einer einzigen Komponente $\vec{B} = B_\varphi \vec{e}_\varphi$. Diese berechnet sich mithilfe der Maxwell'schen Gleichungen in zylindrischen Koordinaten wie folgt:

$$\oint_s \vec{H}\,\mathrm{d}\vec{s} = \int_A \vec{J}\,\mathrm{d}\vec{A}. \tag{1}$$

Die Stromdichte $\vec{J} = J_z \cdot \vec{e}_z$ sei an jedem Punkt konstant und gleichverteilt. Damit kann sie vor das Integral gezogen werden. Unter der Annahme eines isotropen Stoffes gilt für das Magnetfeld die lineare Verknüpfung der Flussdichte $\mu H_\varphi = B_\varphi$. Die Integranden $\mathrm{d}s = r\,\mathrm{d}\varphi$ und $\mathrm{d}A = r\,\mathrm{d}r\,\mathrm{d}\varphi$ sind in zylindrischen Koordinaten gegeben. Durch

$$\frac{1}{\mu}\oint_s B_\varphi\,\mathrm{d}s = J_z \int_r \int_\varphi r\,\mathrm{d}r\,\mathrm{d}\varphi \tag{2}$$

$$\text{mit } J_z = \frac{I_\mathrm{ges}}{A} = \frac{I_\mathrm{ges}}{\pi\left(r_\mathrm{a}^2 - r_\mathrm{i}^2\right)} \tag{3}$$

kann die Integralgleichung nun erweitert werden. Nach Integration über φ bleibt der Ausdruck

$$\frac{rB_\varphi}{\mu}\int_0^{2\pi}\mathrm{d}\varphi = \frac{I_\mathrm{ges}}{\pi\left(r_\mathrm{a}^2 - r_\mathrm{i}^2\right)} \cdot 2\pi \cdot \int_{r_\mathrm{i}}^{r'} r\,\mathrm{d}r \tag{4}$$

stehen. Eine weitere Integration beider Seiten und Umstellen ergibt schließlich

$$\frac{2\pi r B_\varphi}{\mu} = \frac{I_\mathrm{ges}}{\pi\left(r_\mathrm{a}^2 - r_\mathrm{i}^2\right)} \cdot 2\pi \cdot \frac{1}{2}\left(r^2 - r_\mathrm{i}^2\right). \tag{5}$$

Die vom Radius abhängige Flussdichte innerhalb eines stromdurchflossenen Leiters ergibt sich damit aus

$$B_\varphi(r) = \frac{\mu}{2\pi}\frac{I_\mathrm{ges}}{r}\frac{r^2 - r_\mathrm{i}^2}{\left(r_\mathrm{a}^2 - r_\mathrm{i}^2\right)}. \tag{6}$$